# 生态理念下的山地建筑设计研究

彭 峰 王 川 著

电子科技大学出版社
University of Electronic Science and Technology of China Press
·成都·

图书在版编目(CIP)数据

生态理念下的山地建筑设计研究 / 彭峰, 王川著
. — 成都 : 电子科技大学出版社, 2020.11
ISBN 978-7-5647-8398-3

Ⅰ. ①生… Ⅱ. ①彭… ②王… Ⅲ. ①山地-建筑设计-研究 Ⅳ. ①TU29

中国版本图书馆CIP数据核字(2020)第204631号

**生态理念下的山地建筑设计研究**

SHENGTAI LINIANXIA DE SHANDI JIANZHU SHEJI YANJIU

**彭 峰 王 川 著**

策划编辑 李述娜 杜 倩
责任编辑 陈松明
助理编辑 龚 煜
出版发行 电子科技大学出版社
成都市一环路东一段159号电子信息产业大厦九楼 邮编 610051
主 页 www.uestcp.com.cn
服务电话 028-83203399
邮购电话 028-83201495

印 刷 石家庄汇展印刷有限公司
成品尺寸 170mm × 240mm
印 张 18.75
字 数 354千字
版 次 2020年11月第1版
印 次 2020年11月第1次印刷
书 号 ISBN 978-7-5647-8398-3
定 价 98.00元

# 前言

在我们赖以生存的地球上，表面有 71% 的面积被海洋所覆盖，在剩下的陆地面积中，平原地区占 33%，山地占了将近 70%，远远超过了平原面积。在我国，山地面积约占陆地面积的 2/3。在社会发展中，山地是逐渐被人们忽略和遗忘的地方。随着社会生产力的发展，人类应付外界侵袭的能力逐渐加强，人们对山地这一自然屏障的依赖减弱，人们的生存空间逐渐移向平地。此外，由于平原地带的易通达性，加速了人口聚集和信息传播，使平原对人类的吸引力大大增强。因此，山地与平原地带的经济出现了严重的不平衡。平原地带的不断发展，更加凸显出山地区域各方面的落后，而山地区域的落后，又促使人们向平原流动。恶性循环的结果是，山地逐渐被人们忽视。然而，随着世界人口的增长，地球上的平原资源已逐渐被人类消耗，人类必须不断拓展生存空间，寻找新的聚居点。于是，人类的目光移向了山地——这个占地球陆地面积 70% 的广阔空间。随着科技水平和工业发展的进步，各种自然资源对于人类的生存和发展已经是越来越重要。各种矿产、林木、水力等资源的供给成了现代社会物质文明的基本保障。为了开发获取资源，人们必须开发山地——这个蕴藏着各种自然资源的宝贵地域。此外，生活于现代物质文明中的人类，渴望舒缓由高节奏、高竞争生活带来的紧张、压抑心情。于是，亲近自然、寄情山水，成了人们逃离物质文明喧嚣的最好手段。这样，人们需要回归山地——这个便于人们旅游、休闲的胜地。上述这些因素不仅提醒着人类开发山地地区，更要求人类在开发过程中要时刻秉持生态理念，只有如此才能促进山地地区可持续发展。本书正是基于这一大的环境和需求创作完成的。

本书以生态理念为指导，从理论和实践两大方面对山地建筑设计展开研究。理论篇共分为四章，第一章主要阐述了生态理念，第二章讲述了山地建筑设计中的生态系统，第三章从山地建筑方面讲述了其设计的影响因素和形态，第四章从适应性的角度分析了山地生态建筑设计的相关内容。实践篇主要以应用为主，共分为四章，从山地住宅建筑、山地公共建筑、山地旅游度假别墅建筑及山地大学校园建筑的角度，采用理论与案例相结合的手法，分析了生态理念下山地建筑设计的实践应用。本书采用理论和实践融合的创作方法，穿插了大量典型的山地建筑设计的案例及图片，内容丰富新颖，创意十足，适合研究山地建筑的人员阅读与参考。

本书由江西理工大学彭峰与南阳理工学院王川合著。第一章、第二章、第六章至第八章由彭峰老师撰写，共计约 17.7 万字；第三章至第五章由王川老师负责撰写，共计约 17.3 万字。本书在写作过程中得到学校同仁的帮助和学校领导的支持，再次表示衷心感谢。由于作者水平有限，写作时间较为仓促，难免会有疏漏不足之处，敬请各位专家学者及同行及时提出修改意见或建议，以便进一步修订改正，以臻完善。

彭峰　王川

2020 年 6 月

# 目 录

## 第一篇 生态理念下的山地建筑理论

## 第二篇 生态理念下的山地建筑设计实践

# 第一篇　生态理念下的山地建筑理论

# 第一章 生态理念基本概述

## 第一节 生态的内涵及演变

### 一、生态的概念

生态（eco-）这个概念在本质的意义上是指一切生物在一定的自然环境下生存与发展的状态，它表达了对健康、美好与和谐事物的蕴含；而后在其内涵逐步发展的过程中，它包含了生物之间以及它与环境之间息息相关的关系，更体现了一种人与外部生存环境及生存条件紧密关联性的体现。它包含了自然生态、社会生态及综合生态。自然生态是人类外在的生存整体环境，是非人类动植物与地球的三大系统——空气、水和土壤环境的相互作用及融合；社会生态即人类自身不同个体与不同群体之间的关系；综合生态是人类与生物种群之间及不同生物种群之间的联系与平衡。

若说生态是一个包容万象的大壳子，那么环境则是生态这个大壳中一个须臾不可分离的小壳子。因为生态是以一定生态关系为核心构成的整体系统，而环境是以整个生物界为主体构成的外部空间与无生命物质组成的概念。具体地说，环境（environment）又称“栖息地”或“生境”，以水、空气、土壤、阳光及其他无生命的物质为主要组成部分，它构成生物界不同生命形式生存的外部条件。环境是生态的重要组成部分，生态是环境的延伸与扩展。在一种视域交融的意义上，生态环境这个概念也是由生态与环境这两个概念组合在一起使用，主要强调由生物群落及非生物自然因素所构成的不同生态系统，在间接地、潜在地、长远地对人类的生活形成影响的层面所融汇成的整体。

### 二、生态的演变与发展

生态一词源于古希腊，意思是家庭关系及其维持。古希腊的生态并不是指自然，而是借家庭构成比喻事物存在的整体性和关联性。1866 年，德国的生物学家恩斯特·海克尔（Ernst Haeckel）创造性地使用了生态学（ecology）这一概念。他认为，生态就是自然有机生命物与周围世界的关系，生态学就是研究这种关系的学科[①]。同时，生态还可以理解为生物在一定环境下生存与发展的状态，也指生物的生理特性和生活习性。现代意义上的生态，强调各种生命、非生命要素之间的普遍联系或各种生物群落之间相互关联和相互依存的关系，包括人与自然环境之间的关系，人也是自然有机体的一部分，要适应生态的内在规律[②]，如今，对生态的理解更加宽泛，生态渗透到了生产和生活的各个领域，所涉及的范畴也越来越广，人们常用生态来定义许多美好的事物[③]，如“健康的、无公害的、和谐的、无污染的、自然的”，等等。这些词汇均可用“生态”一词来修饰，“生态”这一名词成为“美好”寓意的形容词。这个词语的使用热度也在不断上升，特别是当下的各个旅游景点，好像只要冠以“生态”一词，就能表明旅游景点的绿色生态，能够疗养身心，是对人类和环境有益的[④]。因此，生态从一个中性词变成了一个褒义词，也就具有了积极意义，成为追求理想生产和完美生活的象征。

## 第二节　生态理念的概念及特征

### 一、生态理念的概念

古代西方哲学家们认为“理念”是一个抽象的词语，属于哲学范畴，含义丰富，意蕴深远。有认知、观念、思维、理想、信念、精神、理智之义。体现了目的、宗旨、原则、规范、追求等意蕴。笔者认为“理念”属于哲学范畴，具有意识、精神层面的综合性、上位性，指认知、认识、理念等主观领域对物质、现实等客观领域的科学反映，指人们在理性认知的基础上追求理想的过程中形成的观念体系，具有指向性、稳定性、延续性。

进入20世纪以后，许多学者认为自然的价值依附于人的价值，是人类发展

① 刘成纪．重新认识中国当代美学中的自然美问题[J].郑州大学学报（哲学社会科学版），2006（5）：121-127.

② 刘晓陶．生态设计[M].济南：山东美术出版社，2006：20-24.

③ 张海涛．宋庄的生态艺术与艺术生态的焦虑[J].美术文献，2012（3）：12-17.

④ 张玉钧．设计结合自然，让民众在游玩中受到教育[N].中国绿色时报，2013-09-17(A04).

自己、满足自己欲望的工具，自然本身不具备任何价值。在追求经济增长动机的驱使下，人类无止境地开发利用自然，地球的生态环境和自然资源惨遭破坏，人与自然的关系出现了前所未有的矛盾与冲突。以人与自然关系为核心的生态危机在全球范围内爆发，生态危机的解决事关人类的生存与发展，世界各国为解决生态危机做出了许多努力，然而众多的努力却没有从根本上化解生态危机。化解生态危机首先要寻找生态危机产生的根源，国内外许多学者对生态危机产生的根源进行了深刻的反思，认为当代生态问题产生的背后蕴藏着非常复杂的历史和文化问题，仅靠科学技术来解决生态危机是治标不治本。生态问题既是一个发展问题，也是一个观念问题，要有效化解生态危机，必须培育生态理念。

何为生态理念？生态理念是一种思维方式，就是思维的主体用生态学的观点去观察和认识事物，运用生态学的原理做事，并用生态学的理论作为自己言行的准则。经过漫长的演变，生态理念得到了不断完善和充实。从根本上说，生态理念考虑的是人类与大自然的和谐相处，自然界的资源不是取之不尽，用之不竭的，因此要考虑人类的开发利用与资源的协调，人本来就是自然生态系统的一部分，用以维持人类自身的发展所需的物质来自大自然，所以也要考虑人类自身的发展与整个自然生态系统协调。与科学发展观里可持续发展观一致，生态理念是人类认识对自身和自然界关系的一个飞跃。也是人类认识自然，尊重自然、利用自然，与自然界和谐相处的表现。

## 二、生态理念的特征

### （一）生态理念具有时代性

生态理念产生于严峻的环境形势下，虽然古代哲学家们对生态相关问题也进行过一定的思考，但是古代没有现代意义上的生态理念。首先，古人对生态的思考带有主观唯心主义或朴素唯物主义等不理性的世界观；其次，古人对生态问题的思考不是为了解决现实中的生态问题，而是进行形而上学的哲学思辨。生态理念的呈现方式具有时代性，20 世纪 70 年代以前，生态伦理学还没形成，生态理念也就无法用生态伦理学来具体呈现。生态伦理、生态哲学、生态美学等与生态有关的学科都是由不成熟到成熟，其发展的每个阶段所展现的理论水平和形态也都不尽相同，所以生态理念在不同的时代和阶段呈现的理论形态的完整性也不同①。生态理念在不同时代的侧重点不同，或侧重生态伦理、或侧重生态哲学、或侧重生态美学，或侧重理论、或侧重实践。

① 陈烈荣．“美丽中国”视域下的大学生思想政治教育[J]．思想教育研究，2013（1）：36-38.

### （二）生态理念兼具全球性和民族性

1. 生态理念的全球性

首先，从生态理念产生的背景来看，生态理念具有全球性。生态危机是生态理念产生的最大背景，生态危机不是某个国家、民族单独面对的问题，而是全球性问题。其次，从生态理念的理论体系来看，生态理念具有全球性。生态理念是吸收了全人类的智慧而形成的理论体系，不仅仅是某个民族的智慧。最后，从生态理念的服务对象来看，生态理念具有全球性，生态理念是对生态问题研究的理论成果，这些理论可以有效地解决生态问题，而解决生态问题是全人类的愿望。

2. 生态理念的民族性

首先，生态理念是一种理论形态，在观念的表述中必然带有浓厚的民族色彩。关于和谐，中国的表述是“天人合一”“和实生物，同则不继”，这是中国独有的表述方式，具有中国特色。其次，生态理念在不同的民族具有不同的地位。在相对落后而环境条件较好的民族，生态理念处于次要地位，不足以被广泛讨论。在经济发展较快，且环境问题较严重的民族，生态理念就处于相对重要的位置。

### （三）生态理念有层次性

我们很容易发现日常生活中人们理解的生态理念与本文中的生态理念指向的内涵不吻合。生态理念是一座理论大厦，是由许许多多的楼层叠加而成的，不同的楼层有不一样的风景，然而正是“横看成岭侧成峰”凸显了生态理念的迷人魅力。最容易理解也是生态理念最表面的含义是生态观念，生态观念是人们对任何事物的评价都夹杂着是否符合节约、环保、清洁等价值标准，如消费方式是否环保、购买的产品是否清洁、生活垃圾是否分类、企业的排污是否符合标准、企业的生产方式是否集约，等等。再进一步的生态理念便是以人与自然的和谐为评价标准，如法律的制定是否会破坏人与自然的关系、政策的制定是否考虑了人与自然的关系、经济的发展是否破坏人与自然的和谐等。再一步的生态理念便认为生态理念是一门学问，是因生态危机而产生的科学的理论，这一层次的理解将生态理念看成一门单独的有自己特殊领域的学科。最后一层次的生态理念被认为是包含了生态哲学、生态伦理学、生态美学等理论、流派的大学科，是尊重自然、顺应自然、保护自然的包罗万象的理论体系。

### （四）生态理念是一种观念体系

成熟的生态理念是一种理论体系，涵盖了生态领域的各个方面，是由生态领域中不同的学科和理论组成的理论体系。生态理念由生态哲学、生态伦理学等相关理论架构而成[①]。生态哲学研究人与自然之间的关系，从人们对生态问题的关切开始，传递新的世界观，以古代传统环境哲学为思想根源，以马克思主义生态思想为指导，在批判现代哲学的范式上形成的哲学。生态哲学是生态理念的基础，为生态理念的形成提供了世界观和方法论。生态伦理研究人类对自然环境的伦理责任，包括三个方面，对自然的价值和权利的研究、人对自然道德原则的确立与道德行为规范的研究、现实生活领域中环境伦理问题的研究。生态伦理是伦理学向自然环境领域的延伸和创新。生态理念是这些林林总总的理论在生态哲学的基础上形成的错落有致的理论体系，是生态领域的理论大厦。

## 第三节　传统与现代的生态思想内容

### 一、传统的生态思想理论

在中国传统的文化思想中蕴藏着丰富的人与自然和谐相处的智慧。我们可以从儒释道等各种思想流派中找到充满智慧的生态观念，如“天人合一”的整体观，“民胞物与”的泛爱思想等。它们在不同时空中，却有着共同的目的，就是处理好人与自然的矛盾，让人能够诗意地栖居。这些传统思想中所蕴含的生态精神及伦理观念，对转变人们当下的生存方式，减少环境破坏，拯救人们疲惫的灵魂，实现可持续发展具有重要的现实意义。现就中国传统生态思想中儒释道三家的某些哲理智慧做如下论述。

#### （一）儒家的生态观

1. 天人合一

儒家的“天人合一”思想是中国古代先哲们对人与自然关系的反复思考的结果，揭示了人与自然的整体统一关系。儒家将天、地、人作为一个整体来进行思考。儒家“天人合一”中的人具有很强的能动性，具有积极主动的一面。也就是人要主动去与自然沟通，协调自然万物。儒家认为，“人者，天地之心也”(《礼记・礼运》)，“人者，天地之性最贵者也。”(《说文解字・人部》) 人是万物之灵，人与自然万物相比，“最为天下贵”，但人虽贵，却不是中心，儒家仍然保持着对天地自然的敬畏与尊重。儒家认为“惟天地，万物父母；惟

① 丛玮．论生态电影之和谐重生美学精神[D].南京：南京师范大学，2012：56.

人，万物之灵。”人虽然贵为万物之灵，但仍然要以天地自然为父母，需要尊重自然。这也是儒家所表现出来的特有的亲近自然的思想。

人在自然中不是一个自傲的征服者，而是一个谦逊的学习者和辅助者，只有这样，人才能够做到像《周易》上所说：“与天地合其德，与日月合其明，与四时合其序，与鬼神合其凶”，真正做到“天人合一”。儒家的“天人合一”生态观是高扬人的价值，“人在宇宙中是高于万物，而与天地卓然并立；人在自然中的作用，是协助天地化育万物，促进万物自然生长；人与天地万物是互济互利，相互依存的协调关系”。可见，在儒家智者的眼中，人与天地自然是一体的，人有沟通天地、协调自然万物的优势。

2. 仁爱万物

儒家的“仁爱”观，既要爱物，又要爱人，不能因为爱物而损害人的利益，也不能因为爱人而损害物的利益，富有深刻的生态内涵。在孔子的思想里，“仁”具有重要的地位，“仁”也是儒家学说的核心概念。孔子提倡“仁”，认为“仁”就是“爱人”，“泛爱众”，并提出“仁民爱物”的观点，或者说是“兼爱”“泛爱”观。孔子从仁学出发，提出了“知者乐水，仁者乐山”(《论语·雍也》)。要求人们热爱自然，体现了孔子的“仁爱”精神。孟子进一步扩展了孔子的“仁爱”思想，提出“亲亲而仁民，仁民而爱物。”(《孟子·尽心上》)孟子认为仁的思想是从亲属的“亲亲”，亲自己，到爱于民，爱别人，从爱别人再扩大到爱于物，是人本性中“仁”“善”思想的扩展。因此，在儒家的“仁”“善”思想研究中，有学者进一步指出：“‘仁者爱人’实则是‘天道爱人’，天道爱人亦可理解为天道让人生存，即‘爱生’义，因为只有首先‘使人生存’，才能做到爱人。而做到使人生存的前提，则首先使宇宙万物生存。故而，最广泛的仁爱乃是‘爱生’或‘大生’，即不仅使人‘生’，而且亦使‘万物生’。”①

### （二）道家的生态观

1. 道法自然

老子在《道德经》中认为，自然拥有至高无上的地位和价值，自然与人类是平等的，人应该尊重自然规律，向自然学习。倡导道法自然、自然无为、节制贪欲的立身准则和行为方式。

在道家的思想中，万物都是自然而然地生长，自然而然地灭亡，一切顺应

① 郭继民．先秦儒家生态思想探微——以孔、孟、荀为例[J]．华南理工大学学报（社会科学版），2011，13（5）：73-79，87.

天道，处在一种无意识的生长变化之中，遵循着自然的规律，自生自灭，生生不息。在老子的意识形态中，万物莫不“尊道而贵德”。在老子看来“德”是尊道所形成的一种自然的和谐和秩序。“德”也是一种生生不息的力量和能量。在道家看来，所有的自然灾害都是因为人没有遵循自然规律而形成的。“不知常，妄作凶”，意思就是人如果不顾自然常理，胡作非为，就会招来灾难。人类只有顺应自然的发展，才可以避免“妄作凶”的不良后果。以此，可以看出老子对自然规律的深刻认识和领悟，也体现出了老子自然朴素的生态思想。[①]

2. 崇尚自然

道家主张“道法自然”，倡导“回归自然”，与大自然亲密接触，享受自然生活，高扬自然而然，反对人为理念，与当下的自然生态理念颇为接近。老子说:“信言不美，美言不信”，意思是未经修饰的语言是诚实可信的，表面华美的语言并不真实，也不可靠。老子追求朴素，反对藻饰，喜欢自然的语言风格。庄子继承了老子的自然朴素观，在《齐物论》中，子游曰:“地籁则众窍是已，人籁则比竹是已，敢问天籁。”子綦曰:“夫吹万不同，而使其自己也。咸其自取，怒者其谁邪？”[②] 在庄子看来“天籁”是大自然的声音，是最美妙、最动听、最具审美特征的声音，是在没有人工外力的作用下，大自然自发的律动，没有斧凿之痕。这与老子体认的“大音希声，大象无形”异曲而同工。美妙的音乐都不需要人为雕琢，都是无形无迹的。庄子崇尚朴素平淡，反对浮华艳丽，反对矫揉刻意的技巧，主张自然流露。这种自然而然的生态思想对中国的文艺产生了深远的影响。晚唐司空图的“不著一字，尽得风流”就是反对人工的介入。此外，苏轼的“随物赋形”的自由风格，严羽的“别材别趣”的提出，元好问崇尚自然天成的诗美境界，李贽的“童心”说等，均属此类。

## 二、现代生态思想理论

当代中国的生态思想在吸收传统文化的基础上，积极从西方的生态伦理和生态哲学中寻找理论资源，从而形成了具有中国特色、结合中国实践的当代生态思想内涵。为了消除日益严峻的环境污染，实现人类的健康发展，各种生态观念、生态主张不断提出，为人类的生产和生活实践提供了有价值的思想指导，从而开启了现代文明的生态转向。

---

① 老子. 道德经[M]. 北京：中国社会出版社，1999：213-215.

② 庄子. 庄子（双色插图版）[M]. 北京：中国致公出版社，2003：15-16.

### （一）人与自然的协调发展观

从工业文明向生态文明转型，要求人类重新建立人与自然的和谐统一关系，改变以往人类对自然野蛮破坏的状态，实现人与自然的和谐共存。在建设生态文明中，不仅仅要求社会经济的进步和发展，还需要自然生态的共同进步，使人与自然协同进化。生态文明强调自然界是人类生存的基础，人类与自然界是相互作用和共同发展的。人类既离不开自然界，自然界的进化也需要人类的平衡。正如汤因比（Arnold Toynbee）所说："人类如果想使自然正常地存续下去，自身也要在必需的自然环境中生存下去的话，归根结底必须和自然共存。"

"人与自然的协调发展"主张基于人类与自然的和谐，以实现人的全面发展。体现了高度的人文关怀。"人与自然的协调发展"反对传统的极端人类中心主义。反对掠夺式的侵犯自然，去达到人类的繁荣，强调人与自然的和谐双赢。强调人不是自然的主宰，要充分尊重自然，服从自然生态系统的整体利益。"人与自然的协调发展"要求人类社会的所有实践，都要自觉统一到人与自然的生态系统中去把握，重构人与自然和谐统一的整体性关系。"人与自然的协调发展"也明确了人对自然的责任和义务，维护自然生态的平衡是人类的根本利益。认为人与人、人与自然是平等的，只有在平等的基础上，才能实现经济、社会的全面发展。习近平在致生态文明贵阳国际论坛 2013 年年会的贺信中指出：中国将按照尊重自然、顺应自然、保护自然的理念，贯彻节约资源和保护环境的基本国策，更加自觉地推动绿色发展、循环发展、低碳发展，把生态文明建设融入经济建设、政治建设、文化建设、社会建设各方面和全过程，形成节约资源、保护环境的空间格局、产业结构、生产方式、生活方式，为子孙后代留下天蓝、地绿、水清的生产生活环境。

### （二）可持续的发展观

党的十八大把生态文明建设纳入中国特色社会主义事业五位一体总体布局，明确提出大力推进生态文明建设，努力建设美丽中国，实现中华民族永续发展。

1. 建设资源节约型社会

资源节约型消费观主张用最少的资源消耗获取最大的经济和社会效益，以此来保障社会的可持续运行。建设资源节约型社会关键在于督促节约资源，主要做到以下几点：首先，要做到不该浪费的要尽到最大努力减少浪费；其次，防止资源的浪费，要尽量减少资源的消耗，特别是不可再生资源；再次，提升资源的利用率和单位资源的人口承载能力。地球的资源是有限的，耗损是不可逆的，所以，要充分利用好资源，处理好资源与人口的配置关系，以延缓和化解资源的供需矛盾。最后，建设资源节约型社会，关键是全社会要树立节约的良好道德风尚，近些年的“光盘运动”“禁止胡乱吃喝”“禁止公车私用”等，都是回归“节俭”传统的体现，符合环保需要。在增强全民节俭意识的同时，培养环境忧患意识，自觉维护自然环境。节约型社会需要摒弃西方社会建立的高污染、高能耗的不可持续的消费模式，提倡可持续的适度消费模式。可持续消费模式主要是唾弃对物质的无节制欲求，消解人们的过度物质欲望，增加精神和文化方面的消费投入。

2. 构建“循环经济”

党的十八大以来，以习近平同志为核心的党中央对发展循环经济作出一系列重要指示和要求。据不完全统计，习近平先后五十多次谈及循环经济，对循环经济与经济社会发展的关系，循环发展对生态文明建设的作用，循环经济在国家重大战略、实现碳达峰碳中和、推动国际合作等领域如何发挥作用等进行了深刻阐述，并提出了明确要求和工作部署。

“循环经济”主张资源的高效利用和循环利用。以少投入、少消耗、少排放、多产出和高效率为基本特征，遵循减量化（少量化）、重新利用和资源优化原则，通过发展清洁生产加工技术、环境无污染无害化技术、生态产业链系统集成技术和资源再利用、优化利用技术，实现由传统的加工生产技术向开放型和循环型经济转变。为了达到和实现资源的少消耗和高效利用的目的，需要建构物质流、能量流、信息流高效率耦合的生态化产业链，发挥好它们的最大功效，从而减少不必要的资源浪费和对环境的损害。经济的发展和自然进化一样，需要有生产者、消费者和分解者，要想实现社会的可持续和良性发展，就得综合协调这三大功能，有机调配，达到健康流畅运行。循环经济并不是简单的“废物利用”，它是要求以极少的资源获得最大的经济社会效益。循环经济不仅强调社会物质资源的高效率循环利用，而且注重节约生产、流通、消费过程的资源。循环经济要求我们认真向大自然学习，转变过去单个局部的观察习惯，要从整体角度观察生物发展情况，要把整个生态系统都定为观察的对象，通过系统循环方法解决生态系统的矛盾，发展集约型和环境友好型社会。同时，要求经济活动生态化和可持续发展，经济活动不仅仅是经济社会过程，而且也是自然作用过程。需要我们不断反思人类与自然发展的不足，谦虚学习和改进，通过不断的反馈和改进，把经济发展与生态理念统一起来。

### （三）生态的思维方式

相对于工业文明时期的“人类中心”思维方式来说，生态文明所倡导的思维方式更适合时代发展的需要，生态思维方式中的“着眼整体性，承认多样性”“尊重自然性，强调自律性”从生态的视角为原生态包装设计解决生态问题提供了的更高层次的思考方法。

1. 着眼整体性，承认多样性

生态思维方式与人类中心主义的思维方式不同，人类中心主义的思维方式是把人从自然中独立出来，只考虑人的利益得失，而生态的思维方式不仅仅是考虑人的利益，同时也要考虑环境的利益，要着眼整体，看待利弊得失。自然界孕育万物，万事、万物之间都是相互影响和联系的。地球的生态系统并不是各个部分的机械叠加和拼凑，而是一个有机整体，任何一个部分的变化都会影响到其他部分的变化，甚至整个系统的变化。它将全人类都联系到了一起，一个地区出现了环境问题，都会影响全球的生态变化，与整个人类的利益息息相关。因此，从整体上来看，人类是不能自私自利的，应该互相帮助，共同解决全球性的生态灾难，为了生态大我可以牺牲小我的一点利益。在地球上，人与人、人与社会、人与自然都是息息相关的命运共同体，任何一个局部失衡，都会导致其他部分失衡，甚至整体失衡。每个人都有关爱他人，关爱社会，关爱自然的责任和义务。信息化让地球变成了地球村，生态化让地球变成了共同体，人类的整体意识也因此获得了空前的提升，人类需要将自己的眼光放得更远，要具有全球眼光，不能当井底之蛙，要从整体的角度看问题，不能管中窥豹，需要时刻考虑人类需要的可持续性和资源的有限性。在生产时，人类需要考虑好整个的循环系统与人和自然的关系，减少对人和环境的不利影响，也是减少对自己的不利影响。生态的思维方式要时刻考虑到地球上的所有生命和非生命的事物，要尊重生命，善待生命，保护生物的多样性，强调人、社会、自然的多样性存在，认可地球上的所有物种都有其存在的价值。意识到物种之间的共生关系与“和而不同”的特征，反对机械式的一刀切，倡导发展的多路径，生活的多姿态，文化的多元化。

2. 尊重自然性，强调自律性

生态思维方式强调尊重自然，加强自律，不能随意蛮干，盲目实践，为所欲为。德国哲学家康德说过，人类可以敬畏的东西有两样，一样是头顶上的星空，一样是心中的道德法则。敬畏是对自然的感激和自省，是人类在面对神圣对象时的警示、规范和准则。敬畏自然并不是抹杀对自然的主体能动性，而是要人们明白面对大自然时什么可为，什么不可为，什么可控，什么不可控。是要人把自己的主观能动性发挥到极致，达到古人所说的“天人合一”的境界。在现代人的观念中要形成生态文明的观念，用文明的方式对待自然，突出自然生态的重要性，在改造自然的过程中，人要尊重自然和爱护自然。人类应该努力，正确、全面地认识自然，时刻反省和修正自己的错误，改善人与自然的关系。人与自然是相互依存、相互融合和促进的关系，人类在改造自然的过程中，不能以自我为中心，要时刻记住自己是自然生态系统中的一员，要摆正自己的位置，不能凌驾于自然之上，人对自然的改造是有限度的，如果人的改造活动对自然有害，即使是有很大的利润，也不能盲目为之，除非找到对环境有利的处理办法，解决好人与环境冲突的矛盾，方可为之。在人类的自身的发展中是不能浮躁和急功近利的，需要节制欲望。特别是当下社会，在金钱的驱使下，人人都想一夜暴富，追名逐利，升官发财，人都不顾，何谈自然。在这种境遇下，转变人们的思维方式，形成生态思维的习惯，具有非常积极的生态意义。自然环境存在的问题，归根结底还是人的问题，要拉近人与自然的距离，消解人的主宰欲望，培育人的生态欲望，改变人的行为方式，只有培养热爱自然、尊重自然的良好习惯，才能实现人与自然的协调平衡发展。

### （四）生态审美观

随着经济的快速发展，我们的物质生活得到了空前的发展，人们的生活水平也有了很大改善，然而，我们的环境和人性却遭受了前所未有的破坏和扭曲，“人类中心主义”的现代工业文明发展模式，助长了人类的物质贪欲。精神扭曲，自私自利，心胸狭隘，虚伪狡诈，人性尽失。既脱离了人之为人的原则，也脱离了自然链条。对自然进行疯狂的、野蛮的征服和进行贪婪的索取，割裂了人与自然的关系，造成了人与自然的对立和背离。全球自然灾难频发，地震、海啸、洪水、大旱、土地沙化、森林减少、物种灭绝、温室效应、水质污染、大气污染等，环境的恶化威胁到了人类的生存和可持续发展，每年因环境污染死亡的人数都在不断上升，生态危机已经不再是区域性的问题，而是全球性问题。整个人类都面对着环境的巨大困扰，如何处理好人与自然的矛盾，解决好环境污染问题，改善生态系统，实现人与自然的和谐发展，成为人类共同的话题，也是世界面临的重大研究课题。生态美学就是在这种背景下产生的，也决定了生态美学产生和发展的必然性。为了解决环境危机，化解人与自然的矛盾，生态审美观主张“超越人与自然的对立，回归人与自然浑然不分的一体化状态，主张在万物一体化的生态平衡状态中保护生态的整体和谐美”①，以期通过美的观念来教化人类，走向正途。

① 王万发．从《画山水序》看中国山水画的生态审美观[J]．铜仁学院学报，2008（5）：96-98，101.

1. 自然本真

关于生态美的定义理解有很多，曾繁仁从狭义和广义两方面给生态美学下了定义，他认为狭义上的生态美学是指建立一种人与自然的亲和和谐的生态审美关系；而广义上的生态美学则是指建立一种人与自然、社会、他人、自身的生态审美关系，走向人的诗意地栖居，从根本上说是一种符合生态规律的当代存在论美学。他所主张的人与自然的美学应该回归到一种本真存在。徐恒醇则认为生态审美观是以生态观念为价值取向而形成的审美意识，它体现了人对自然的依存和人与自然的生态审美关联，生态审美反映了主体内在与外在自然的和谐统一性。这些学者对什么是“生态美”从不同角度做出了科学合理的定义，可以看出生态美强调的是人与人、人与社会、人与自然的和谐美，生态美关注的核心问题是人与自然的和谐问题。人与自然的和谐之美在中国传统的山水画论中也得到了充分的体现。在宗炳的《画山水序》中提出了“含道映物，澄怀味象”的命题，认为自然山水有自我灵气和媚“道”的能力，肯定了自然山水的独立内容，认为人所追求的“道”不能在人自身上求得，要在自然山水中去感悟，要求人要亲近自然，与自然融为一体，去认识和把握自然规律，做到“心”“物”浑然一体。从自然本真中寻求人的内心安宁平静，从自然本真中获得文化启示意义，在自然本真中体味天人合一的自由空灵。正如王万发在评论郭熙的《林泉高致》中所表述的那样，“自然山水在很大程度上满足了人们回归自然、返璞归真的本性需求，他用‘常厌、常乐、常适、常亲、常处’道出了人与自然和谐共生的基本特性，正是因为人与自然之间具有这种和谐的相通性与一致性，山水才能与人们构成审美关系，人们才喜欢接近自然，才能在与自然的相处中获得快乐、舒适的心境”。[①] 由此可见，在中国传统的艺术审美中，把人与自然的和谐本真视为审美的理想标准。

从生态美的本质来看，徐碧辉在《从实践美学看“生态美学”》一文中认为：“生态美的实质是人的自然化与自然的自然化，或曰自然的本真化，即是在自然人化的基础上人对自然的回归和依赖。”关于人的自然化，他认为，人的自然化是建立在自然人化的基础上，没有自然的人化就没有人的自然化，只有当自然在一定程度上被人化后，人才把自然当作审美对象来看待。由此可见，人产生于自然，不可能脱离自然，更不可能一味地索取和改造，即单向的人化自然。人作为自然之子，人与自然还存在另一层关系，被研究者称之为更为本源的关系，就是人对自然在精神上和物质上的依赖和皈依。因此，人既要

① 王万发.《林泉高致》的“和谐”之美探析[J].艺术探索，2011，25（1）：13-14.

认识、利用和改造自然，同时，也要在自然基础上与自然亲近、和谐、共生、共在，这就是生态美。在生态美的本质中，自然的自然化是指人类必须保留一部分未被现在文明染指的自然，被研究者视为人类的生存之根，只有保留这些根基，才能实现人与自然的和谐相处。另外，研究者还认为：生态美是“介于自然美与社会美之间，既有自然美的因素，也有社会美的因素。”[①]

2. 自然整体

自然整体观与生态审美观关系紧密，有着许多共同之处，既认同自然的生态性存在对人是有益的，也肯定人与自然不可分割、共生共在，同时，还认为人的存在相对于自然存在具有超越性品质。所以，自然整体是走向生态审美的重要方式，在物我合一性、万物整体性等生态联系上有着许多共同的特征。自然生态美又与传统的自然美不同，传统的自然美是指自然物产生的美，只要能唤起人们愉悦的自然之物都具有自然美的特征。然而，自然生态美关注的是生态系统中自然物之间相互关系的美，不是单个物的美，是所有生物与环境相互作用所构成的神奇的生态系统，是一种让人称奇的自然关系的美，是除了人和社会以外的自然物质系统的总和，即生态思想中的自然整体观。如果说自然美更多关注的是大自然的色彩、声音、光线、形态等自然形式的美，那么自然生态美除了关注自然美的这些悦人的显性形式外，更多关注的是自然生物与环境的关系，以及生物之间的相互关系和作用是否和谐、平衡，如果失衡就是丑的。比如一个草原，如果在它之上生存的所有物种的数量是平衡的，那么就会显现出生机勃勃的生态之美，如果其中一个物种灭绝，食物链被破坏，造成了草原沙化，牧民无法放牧，整个草原就会生意全无，生命也无法维持，最终走向死寂，也就失去了自然的生态之美。因此，坚持自然整体观是生态审美的不可或缺的一个环节。

从根源上来看，自然美的根源是人的实践，而生态美的根源是自然界创生的结果。是地球四大生态圈作用的结果，包括人在内。生态系统各要素的相互影响、相互作用、相互平衡协调产生了自然生态系统稳定、和谐的美。在宇宙系统中，与其他星球相比，地球被人们称之为美丽的蓝珍珠。在地球的进化过程中形成了生命的结构美，自然相互依生的动态平衡美，有序运动的生命节律美，都是由自然的各个要素相互作用产生的。自然生态美虽然是大自然自身力量的创生结果，但并不排除人的作用，人可以按照自己理想创造人工的自然生态美。但是，人的实践必须以生态系统为基础，遵循自然规律，否则会适得其

① 欧宗启，庄小彤.论自然美与自然生态美[J].广西社会科学，2006(2)：133-136.

反，成为自然生态美的反面。美国“生物圈 2 号”实验失败，说明人在生态系统面前只能做一些锦上添花和弥补性的工作。在自然美的欣赏中情感和想象是突出的两种心理形式，但在自然生态美的欣赏中，是理性与感性的共鉴，在欣赏中多了份批判与反思。自然生态美是在环境污染日益加剧的现实中产生，是反思性和现实性的美学形态，它反对人把自然作为征服和统治的对象，主张在改造自然中要尊重自然，欣赏自然，融入自然，要把自然看成一个活生生的有机生命整体，承认自然的权力和价值，与自然和睦相处，重视自然整体。

3. 自然审美

阿多诺（Theodor Adorno）认为自然与艺术没法割裂。他说：“艺术有赖于自然……对自然美的思考，是任何艺术学说不可分割的组成部分”。① 艺术审美作为个体局部性的存在与生态整体性存在的集中概括，是生命的内在世界与外在世界相互交融的美，深刻地体现着人的自由意味。自然审美作为人的参与体验方式，无法远离艺术审美。自然审美除了个体的生命体验之外，更重要的是需要艺术审美的转换，需要将个体对自然的生命体验转换成艺术化的、文本化的审美存在形式，并将文本式的审美存在转换成接受者审美化的生命体验。自然审美通过艺术性转换之后，也就成了艺术自然审美。当自然美与艺术美融合为一时，也就合理地串联起从现实的审美到精神的审美的生命体验。这种艺术审美的自由也在不断地优化着人的生态存在结构。作为精神表现的艺术审美超越了自然的局限，为人们展示着理想化的自然图景。

自然审美上升到艺术审美必须具备三个方面：首先自然本身存在美；其次审美主体体验到自然美；然后转化为艺术审美体验的自然美。审美主体从对自然的实践中感知到自然美的意味，再将感知到的自然的价值品格融入主体自己的人格品质中，从而创造一种全新的艺术审美人格。自然人格、艺术主体人格和自我人格化生为自然艺术生态性审美人格，这种多重化的审美体验在古代自然审美艺术中尤为突出。如唐代戴叔伦的“燕子不归春事晚，一汀烟雨杏花寒”（《苏溪亭》），温庭筠的“溪水无情似有情，入山三日得同行。岭头便是分头处，惜别潺湲一夜声。”（《过分水岭》）诗人们将“燕子、杏花、溪水”无情之物都幻化为有情之物，将自然之物审美人格化，在自然物象中体验到的更多是艺术家的生命体验。人的精神、情感、心灵都脱离不了自然而独立存在，人类对自然的关注实际是对生命共同体的关注，把人与自然视为价值共同体。如同罗尔斯顿所称：“呈现着美丽、完整与稳定的生命共同体”。对生命共同体

① 阿多诺．美学理论 [M]. 王柯平，译．成都：四川人民出版社，1998：110.

的关注也就表征为生态审美之境。同时，也有研究者认为："艺术和审美活动在实现人与自然的和谐境界的过程中起着非常重要的作用。因为审美活动作为情感、想象、直觉等多种生命能力的综合运作，可以抵制工具理性或欲望本能主宰生命的单一化。作为世界无功利的审美直观，有助于培养人对世界亲近之情，和同情式理解，克服霸权式的征服欲和占有欲。"[1] 因此，自然审美是对工具理性所建构的工业文明的解构，是对工业文明无情地掠夺大自然的矫正，是对人类理性霸权的灵魂拯救。

① 王茜．现代艺术的生态审美批判[J]．云南大学学报（社会科学版），2006（4）：53-59，93，95．

# 第二章　山地建筑设计中的生态系统

## 第一节　山地生态系统的内涵及特征

### 一、山地生态系统的内涵

#### （一）系统的内涵

系统（system）是由相互关联、相互制约的若干要素组成的，是具有确定结构和功能的有机整体，它具有模糊的或确切的边界，从而与其周围的环境区分开来。系统内部各个组成要素之间相对稳定的联系方式，组织秩序和时空关系等内在表现形式称为系统结构（structure）。系统与环境相互作用中表现出来的性质、能力和功效称之为功能（function）。它体现了一个系统对于其他系统的作用。系统的结构具有相对稳定性，而系统的功能则是随着环境状态的改变而变化。系统的结构制约着系统的功能，功能在适应不断变化环境的同时，又反作用于系统的结构，促进系统结构改变。

系统的一般属性包括：①系统是由许多成分组成，具有整体性功能，不是其组成成分的简单集合。②系统具有内在的相关性，成分依附于系统而存在，各成分之间或子系统之间，通过能量流、物流和信息流而有机结合起来。③系统结构存在有序性和层次性，不可能是混浊一团，而是有层次的有序结构。④系统存在的空间总是有限的。开放系统必须存在系统的外环境，系统与环境相互作用。开放系统为实现其目标保持功能的稳定性，必须具备对环境的适应能力和自我调节能力。如果系统与外界断绝能量流动、物质循环和信息交换，这种系统称封闭系统。封闭系统的发展趋势是从有序到无序，直至死亡。⑤系统不仅是作为状态而存在，而且是具有时间性的过程。一切系统都处于不断变化的过程中，对一个系统而言都存在产生、成长、发展、衰老和死亡的过程。

### （二）生态系统的内涵

在近代生态学中，根据研究对象的组织水平，生态学的研究范围可分为个体、种群、群落和生态系统。其中，生态系统（ecosystem）概念的提出具有极其重大的意义，它使生态学研究的着眼点由个体转向群体，从种间关系出发，把某一地域中的全部生物看作一个整体，并与其栖居环境紧密地联系在一起。

对于山地开发而言，对建筑及其环境产生影响的往往是一个较大范围的山地区域，拘泥于局部的研究，往往会使我们忽略了整体环境的变化。因此，在山地建筑研究中，我们对生态学中关于生态系统的理论更为关注，并把它看作对山地环境起作用的基本生态单位。

生态系统一词是英国植物生态学家坦斯利（Tansley）于 1936 年首先提出来的。生态系统是指在一定的空间内生物的成分和非生物的成分通过物质的循环和能量的流动互相作用、互相依存而构成的一个整体。这个整体是生态学领域的一个主要结构和功能单位，属于生态研究的最高层次。山地生态系统由山地生态环境和山地生物群落组成，并由这些生物群落和山地生态环境中的生物成分和非生物成分，通过物质循环和能量流动相互作用和相互依存而成为一个独立的结构和功能单位。在山地，只要在一定的山地空间存在生物和非生物两种成分，并能相互作用达到某种功能上的稳定性，这个整体就是一个生态系统。所以在山地，同样存在着许许多多的大小不同的生态系统。山地生态系统主要是以自然生态系统的形式存在，但除自然生态系统以外，还存在一些人工生态系统和人工促进形成的半自然生态系统。这些生态系统与自然生态系统之间有着密切的联系。

人类作为一种“消费者有机体”，是生态系统的一个组成部分。因此，人的活动应该受生态系统的约束和限制。很明显，人类的所作所为，对于其所依赖的生态系统来说是牵一发而动全身的，人类的扩张对生态系统内的任一组成部分形成破坏，都会导致整个生态系统的功能失调，并反过来危害到人类自身的生存。

由人类与生态系统的相互关系，我们可以引申出，人们的山地建设与山地生态系统之间也具有相互关联、相互依存的关系，要使山地建设顺利进行，就应对山地生态系统保持足够的了解和尊重。

### （三）山地生态系统

山地生态系统是山地生物群落和生态环境之间形成的一个不可分别的相互关联和相互影响的整体。这个整体相对上层生态系统（陆地生态系统）而言，是一个低层系统，但相对于低层系统（如森林生态系统）则是高层系统，它由多级子系统组成。

## 二、山地生态系统的特征

生态系统是个很广的概念，它可以有不同的生物组织层次。池塘、湖泊、林地，甚至是实验室的呼吸道培养物都可以被看作是一个独立的生态系统，只要其内部的各主要成分能相互作用、得到某种机能上的稳定。

山地，作为一种受各种自然因素长期作用的物质存在，具有相对的稳定性，因此它也是一个较为完整的生态系统，其主要的组成因子如图 2-1 所示。

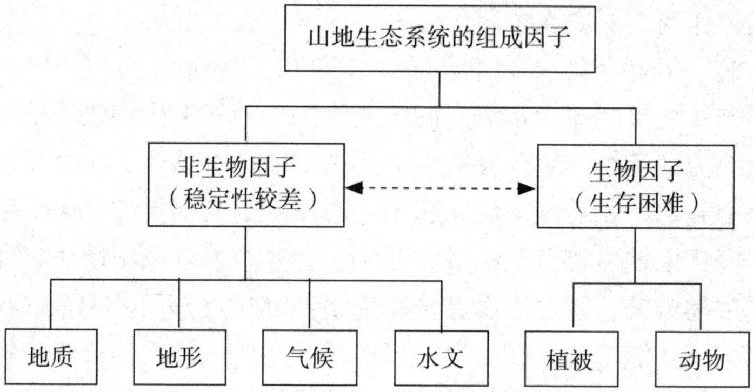


**图 2-1　山地生态系统的组成因子**

在这个系统内，形成物质循环和能量流动的非生物因子和生物因子并没有改变。但是，它们各自所起的作用都在明显扩大或减小。在非生物环境中，地质、地形、气候和水文等因子的稳定性较差，使地基承载力、土壤分布、日照、空气流动、水体活动的不均匀性日益加剧；在生物环境中，山地植被、动物等因子的生存会有较多的困难，有机物的生长、发展极不稳定，有机物环境之间的相互联系和相互作用受到了影响。因此，山地生态系统的特征明显，表现如下。

### （一）地质的不稳定性

山地是地壳板块“造山运动”的产物。它受地质运动的内力和外力作用。内力作用常引发火山、地震，造成大规模的地形起伏；外力作用则常由水、风、温度变化等原因造成，会破坏岩层、切割地形，或将地形起伏夷平。岩层、风化层、土壤等山地地质状况常常只是处于一种相对平衡状态，极易因外界条件的变化而引起变化。如降水量过大，地表径流超过安息角[①]，就会形成滑坡、断层等自然灾害；人为开挖对地形破坏过多，影响了山体的原有稳定状态，则会引起塌方。

### （二）地形的复杂性

山地常常会由于地形陡缓、形状的不同和所处山体部位的差异而具有不同的特点。陡峭、高大的山形有鲜明的景观识别性，但是易受风力和水流的侵蚀；谷地往往潮湿、阴暗，易被水淹；而山脊则远离水源，不易通达。此外，山地地形的不同，还会带来辐射、日照、通风等条件的不同，这就可能造成各地区生态小环境的明显差异。

### （三）气候的多变性

山地的气候变化不光体现一定地理纬度的地球大气候特征，还表现出许多具有地域特色的小气候特征。如高大、绵长的山脉能阻隔两边气流的交换，使山脉两侧的气候迥然不同；不同的海拔高度可使山地的温度有明显的差异；山地地形和周围环境的变化可以影响风向和降雨，形成局地环流和地形雨。

### （四）水文的动态性

山地因坡度较大，水体流动远比平地迅速。降水的增大、山洪的暴发都会使山地地表径流量骤然增大，形成对山地土壤的冲蚀，并可能造成滑坡、断层等自然灾害。

### （五）植被的重要性

植被是指覆盖于地球表面、具有一定种类组成的所有植物群落，它是土地的保护衣。在山地环境中，植被的存在具有重要的意义。一方面，它形成了地域的景观特色，增加了环境的景观优美度；另一方面，它通过巨大的表面积，以截流形式保存了大量的水分，可以增加地表土壤的容水量，起到保持水土，防止洪水、滑坡产生的功效；此外，良好的植被还能调节山地的小气候，为各种生物创造了适宜的生存环境。

### （六）动物的多样性

动物是山地生态里的重要组成部分，也是生态系统中生物群落的重要组成部分。动物种类繁多，如野兔、野猪、野鸡、蛇、斑鸠，等等。动物多样性的保护也是我们目前面临的重要问题。

---

① 安息角：散料在堆放时能够保持自然稳定状态的最大角度（单边对地面的角度）。在这个角度形成后，再往上堆加这种散料，就会自然溜下。

## 第二节　山地生态系统的组成要素及作用

根据山地生态系统的概念，其组成可分为生物成分和非生物成分两大部分。非生物成分指的是山地的无机生态环境，即山地环境中对生物和生物群落的生长、发育、繁殖、行为和分布起着直接和间接作用的因子。对一个山地生态系统而言，非生物成分和生物成分都是缺一不可的。如果没有山地非生物环境，山地生物和由生物组成的生物群落也就没有生存的空间和场所，得不到能量和物质，生物和生物群落也难以生存下去。如果没有生物和生物群落等生物成分的存在，也就谈不上山地生态系统。

非生物成分，即山地环境系统，包括太阳辐射以及各种有机和无机的成分；生物成分，即生物系统，包括生产者、消费者和分解者。山地环境系统中的太阳辐射、有机和无机的成分是在山地影响的影响下而存在着，有着山地环境特定的变化规律。研究山地生态系统的成分需要从研究山地的生态环境因子及其对山地生态系统非生物因子和生物因子的影响入手。

### 一、山地生态系统的山地环境因子

山地生态系统中的非生物成分来源于山地环境及与山地环境密切联系的大气层。环境是指某一特定生物体或生物体以外的空间及直接、间接影响该生物体或生物群落生存的一切事物的总和。环境总是针对某一特定主体或中心而言的，离开了这个主体或中心也就无所谓环境，环境只具有相对意义。山地的主体是生物以及由生物组成的生物群落。环境由许多的生态因子组成，它包括无机环境要素和生物环境要素。无机环境要素非生物成分多种多样，但依其特性可归纳为 4 大类，包括地形地势因子、山地气候因子、山地土壤因子和无机营养因子。这些因子除受地球纬向和经向的水平变化影响以外，更重要的是受山地地形地势（海拔高度）的作用而发生垂直变化。这些变化主要为大环境内的生态因子的变化。同时，山地的特殊环境，如洞穴、树体高度变化和一些其他小环境，也会给小环境生态因子带来影响，也影响生物的生存与发展。

#### （一）地形地势因子

地形是指山地的形态。地形因子包括山地的坡度、坡形、坡位、坡向和粗糙度，以及不同类型山地中山体的外部形状。地势是指山地的海拔高度（绝对高度和相对高度）。地形地势对生物的作用主要为间接作用。山地地形组成要素可分为山顶、山脊、山坡、山谷和山麓。依坡的陡缓程度，坡度一般可分为微坡（5°~10°）、缓坡（10°~15°）、斜坡（15°~25°）、陡坡（25°~35°）、急陡坡（35°以上）；坡位分上坡、中坡、下坡；坡向分东、南、西、北4个坡向或外加东南、西南、西北和东北4个坡向；依受光照程度的不同分为阳坡和阴坡；坡形分直形坡、凹形坡和凸形坡。山地地势依其变化可分为丘陵山地、低山山地、中山山地、高山山地和极高山山地。根据生物垂直分布规律，也有在其中另设中低山山地和亚高山山地类型者。

地形地势影响山地生态系统中生物成分的组成与分布格局。地形地势除对植物及植物群落产生影响以外，对动物群落组成结构的作用也是十分明显的。虽然山地的地形地势对生物和生物群落的组成结构和分布格局产生重要的作用，但是地形地势对这些生物成分的作用是一种间接的作用，是通过地形地势的变化引起山地气候因子的变化和土壤特性的变化来实现对这些生物因子的作用的。

除山地地形地势因子影响生物及其生物群落分布格局以外，岩层因子也对其分布格局产生影响，基岩结构的坚实度与松散度以及岩层的组成成分间存在很大差异，这些差异使其在接受各种侵蚀的过程中，出现不同程度的侵蚀程度和侵蚀过程，从而形成了一些特殊的地貌类型。如紫红色砂砾岩形成的丹霞地貌；石英砂岩为主组成的峰林地貌和刀脊型山脊；陡峭山坡组成的中低山刀脊形山地，以及由石灰岩为主组成的喀斯特地貌等，都表现出外部形态与一般常见岩层山地不同的山体形态。这些不同的地貌也表现出不同的生物与生物群落的分布格局。

这些地貌山地的基带植被，大多为地带性植被——常绿阔叶林，而喀斯特地貌则为非地带性的常绿落叶阔叶林（生态顶极群落）。在山地森林植被的垂直分布上，一般地貌山地均为从山麓向山顶呈连续分布，只是在分布的群落类型上发生变化，而在丹霞地貌和峰林地貌上则表现出间断分布，森林群落分布于山下和山顶，而山体中部的峭壁陡崖上则为草本植物的零散分布或崖壁裸露。在花岗岩山地南岳衡山（最高海拔1300.2 m）的天然植被，南坡由常绿阔叶林（海拔1000 m以下）和常绿落叶阔叶林（海拔1000~1260 m）两个分布带组成，北坡由常绿阔叶林（960 m以下）、常绿落叶林（930~1100 m）和常绿落叶阔叶灌丛（1100~1300 m）三个分布带组成。岩层造成的地貌差异，造成了不同地貌上形成完全不同的生物和植物群落的分布格局。

### （二）气候因子

气候因子包括温度、光辐射、日照、湿度、降水、风、气压等。这些气候因子对于山地生态系统而言，除随纬度和经度的变化以外，更重要的是受山地地形和地势的影响而发生变化。在山地，海拔的高度和坡度、坡位以及山体的小地形由于吸收太阳辐射与光照的强度和时间的不同，气候因子在山地的地形地势中进行着再分配，使在同一纬度和经度带内的山地环境中发生显著的变化，甚至在中纬度地区山地和高原山地区还形成山地气候。

1. 山地气候特点

山地气候是受山地海拔高度和山脉地形（山脉走向、坡向和地形等）的影响所形成的一种地方气候。山地气候的主要特点是：大气压力指数随海拔升高而降低。在晴空条件下，无雪盖的山地白天太阳直接辐射强度和夜间有效辐射强度随海拔增加而增加。阳坡和阴坡获得的太阳辐射量不同。

随着地形地势变化，气温和地面温度发生变化，表现在随着海拔升高而气温降低，一般气温年递减率为 0.4~0.7℃ /100 m，以夏季最大，冬季最小。张国林等对辽西山地的研究结果表明，南坡（S）、西坡（W）、东坡（E）、北坡（N）1.5 m 高度上的日平均气温呈递减变化趋势，递减率约为 1.5%；地面温度高低的坡向分布为 W → S → E → N，日较差坡向分布与最高气温坡向分布趋势相同，地面最低气温坡向分布则为 N → W → S → E，地面温度以南坡最高，北坡最低，东西坡居中。

山地日照和风速随地形地势发生变化。山脊和开阔南坡的日照明显优于谷地和北坡，山地日照时间与同纬度平地相比有显著差异，表现出日照时间的非地带性分布特征。山顶与迎风坡、山脊及峡口处风速最大。辽西山地的一般规律是迎风坡风速最大，背风坡风速最小，在同一坡向，风速由山麓向山顶逐渐增大。南岳衡山山顶（气象台处）海拔 1260 m，风速较大，每年 7 级（13.9 ～ 17.1m/s）以上的风，日数平均为 126 天，而山麓在 10 天以下，山地在昼夜间的风速也不相同。高山上一般夜间风速大而白天小，而山麓、山谷则相反。除风速随山地地形地势变化外，由于山地还产生一些局地环流，比如谷风（由于山谷与其附近之间的热力差异而引起的，白天从山谷吹向山顶的风）、山风（夜间从山顶吹向山谷的风）、焚风（出现在山脉背面，由于山地引起的一种局部范围内的空气运动形式，即过山气流在背风坡下沉而变得干热的地方性风）。

降水量和降水日数随地形地势发生变化。降水量和降水日数随海拔升高而增加，当在一定海拔高度降水量达到最大时，这个高度被称作最大降水高度。在最大降水高度以上，由于水汽含量减少，降水量又随海拔升高而减少。坡向对于降水量的影响，表现为迎风坡的雨量多于背风坡的雨量。

水汽压随海拔升高而降低。在一定的海拔高度下，山地上部相对湿度较下部高，如南岳衡山山顶（海拔 1260 m 的气象台处）相对湿度年平均在 90%，而山麓（南岳镇）（海拔 100 m ）只有 80%。但高山区冬季有相反的情况。山顶相对湿度日变化较小，而山谷日变化较大。除中纬度山地存在的山地气候特征以外，在低纬度山地和高纬度山地，山地的这些变化规律依然存在，只是在变化的强度和区间变化上存在差异。

2. 山地气候对山地生物和生物群落的影响

气候因子是影响生物和生物群落生长、发育与分布的一组生态因子。山地的这种气候因子在局地环境的变化，形成一种在大气候背景下形成的局地气候和小气候。对于生物而言，大多数是生活在大气候下的局地气候和小气候中。山地地形地势等山地环境条件的变化，所造成的天文辐射量、日照、温度（气温和地表温度）、水分（降水和空气湿度）和空气的流动等方面的变化，实际上是一种地方化了的局地气候和小气候。正是这些局地气候和小气候决定着山地生物和生物群落所需要的实际生存条件。山地生物及生物群落是在山地气候长期作用下形成的，山地气候因子决定着山地生物及生物群落依水热条件而变化的分布格局。

依热量条件的变化，从赤道的热带向北极的寒带，水平地带性植物群落的分布格局为热带雨林、热带季雨林、亚热带季风常绿阔叶林、典型常绿阔叶林和常绿落叶阔叶林、温带落叶阔叶林、针阔混交林和针叶林、寒带针叶林和冻原。在同一水平地带的山地，如果山地海拔足够的高，依热量条件的变化，从山麓至山顶，也可依山地水热因子随海拔升高的变化而出现与上述植物群落相类似的分布带，并由这些垂直分布的植物群落分布带构成相应的山地生态系统。

依干湿条件的变化，在经向水平分布上（中国），从东部海滨至西部高原，以温带为例，依次分布着湿润区森林带、半湿润区森林草原分布带、半干旱区草原带、极端干旱区的荒漠带，并形成相应的经向分布的生态系统。

有的山地在同一水平带，受特殊山地气候（如焚风效应）的影响，也会引起山地干湿的垂直变化，而给生物及生物群落的分布带来影响，如川西岷江流域山地在海拔 1600 m 以下，为常绿阔叶林（基带植被），优势种以樟类、楠木、栲类、青冈类为主。在这一垂直带内，岷江中下游河谷两岸则出现有以毛黄栌、白刺花、枸杞等为主的适应于干旱河谷灌木丛。在海拔 1600~2000m 地段处为由以香粉叶、曼青冈等为主组成的常绿落叶阔叶林带。这一带中还出现以多种栎类为主组成的落叶阔叶林，和以白刺花为主组成的干旱河谷灌丛。在海拔 2000~3600（3800）m 处为以云杉类、冷杉类为主组成的针叶林。海拔 3600（3800）m 处为高山灌丛、草甸带，海拔 4400~4800 m 处为流石滩植被，并由这些植物群落构成相应的山地生态系统分布格局。可见山地气候对山地生物与生物群落的分布格局起着很重要的作用。

### （三）土壤因子

土壤是岩石风化后在生物参与下形成的生物与非生物的复合体。土壤因子包括土壤结构、土壤质地、土壤孔性、土壤有机物、土壤无机物及微生物等。土壤是植物生长的场地，也是土壤动物和土壤微生物生存的环境，同时土壤的微生物和土壤动物又作为其他生物的环境而发挥作用。土壤结构包括土壤颗粒和土壤团聚体。土壤质地指土壤中不同大小直径的矿物颗粒的组成状况，分黏质、壤质、砂质等。土壤孔性包括土壤相对密度，土壤容重和土壤孔隙度。土壤有机物包括土壤中形成的和外部加入的所有动、植物残体不同分解阶段的各种产物和合成产物。土壤无机物包括氮、磷、钾、钙、镁、硫、铁等大量元素和锰、锌、硼、铜等微量元素。土壤微生物包括生活在土壤中的细菌、放线菌、真菌、藻类、原生动物、病毒及类病毒等。土壤动物包括在土壤中繁衍生活的一切野生动物，如蚯蚓、蚂蚁、鼹鼠、变形虫、轮虫、线虫、壁虱、蜘蛛、潮虫、千足虫等。有些土壤动物和微生物起着分解者的作用。

## 二、山地生态系统的生物成分与作用

生物成分多种多样，在山地生态系统中起着十分重要的作用。根据生物在生态系统中的地位和作用而划分为 3 大类群，即生产者、消费者和分解者。

### （一）生产者

生产者是能用简单的无机物质制造有机物的自养生物，包括山地生态系统中所有的绿色植物和某些细菌，如苔藓、蕨类植物、裸子植物和被子植物等。生产者是山地生态系统中的基础成分。绿色植物通过光合作用对太阳能进行固定，并制造有机物质。光合作用一旦进行，植物就开始了自己的物质制造和能量固定的过程。植物在山地上分布广泛，利用山地空间和时间资源上的差异性，生产着各种各样的有机物质。这些有机物质和能量是山地生态系统自身发生、发展和演替之所需，同时也向系统外输出，成为地球上，包括人类在内的异养生物的食物和能量的重要源泉。绿色植物是山地生态系统最为基本的组成成分，没有绿色植物就没有其他生命，就没有山地生态系统。植物所固定的太阳能和制造的有机物质是山地生态系统的第一性生产量或初级生产量。山地中的食草动物像线虫、食草昆虫、山羊、野猪、啮齿类等以植物为食，可以将初级生产转化为自身生长的有机物和能量，成为第二性生产者，但它们不能直接利用太阳能，成为第一级消费者。还有一些以草食动物为食的食肉动物，如山地生态系统中的鸟类、蛙类、蜘蛛和捕食性昆虫等，以食肉动物为食以后，又将物质和能量转化为自身的能量，成为第三性生产者，但其也不能直接利用太阳能，而成为第二级消费者。消费者也是生态系统生产力构成中的十分重要的环节。

（二）消费者

消费者不能利用太阳能制造有机物质，而是就直接或间接地从生产者们制造的现成的有机物质中获得能量和营养。这类生物称为异养生物。消费者包括食草动物和食肉动物。食肉动物又分为一级食肉动物（称为二级消费者）和二级食肉动物（称为三级消费者）。二级食肉动物出现于山地生态系统中的有华南虎、灰狼、豹猫、苍鹰等。山地生态系统中还有许多的杂食性动物，如黑熊、果子狸等。消费者既对初级生产者起着加工、再生产的作用，而且对其他生物的生存和繁衍起着积极的作用。如动物的尸体可向生态系统归还有机物和无机物，昆虫可以进行花粉的传递，土壤动物改善土壤物理化学性质，鸟和蚂蚁传播种子等。

（三）分解者

分解者是一类异养生物，如前面提及的土壤环境中的细菌、真菌、放线菌，土壤原生动物和一些小型无脊椎动物等。这些分解者把动物、植物产品中复杂的有机物逐步分解还原成较简单的无机物质，最终以无机物的形式归还给环境。供生产者再利用山地生态系统中的动物、植物和微生物都有自身的生命周期，它们死亡后的尸体及其生活过程中的排泄物和分泌物，以及植物群落中的花、种子、叶、枝、树叶及根系等的凋落物，每年都以巨大的数量（数百公斤至数吨 /$hm^2$）存于生态系统中。如果没有分解者的作用，这些复杂的有机物质就得不到分解，山地生态系统中的物质循环就会停止。

## 第三节 山地生态系统的协调原则及重要性

### 一、山地生态系统的重要性

山地建筑作为某一特定环境区域里的建筑类型，与生态学相结合研究是必然的。我们知道，在任何一门学科的科学研究中，新的观念、理论的产生一般有两种可能性，一是由理论研究的总结、发展而来的；二是由实践中所遇到的问题所引发的。同样，山地生态观的产生也来源于这两个方面，从科学的山地哲学观中我们可以找到山地生态思想的哲学基础；从古今中外的历史实践中，我们可以看出生态对山地环境等因素的重要性。

### （一）山地生态观是“天人合一”自然观的必然体现

由哲学观的研究，我们知道，真正意义上的“天人合一”观应该是既强调人的主观能动性，又充分尊重自然，讲究人与自然“合作”的自然观。从这一思想出发，我们的山地观多强调人与自然的和谐相处，不轻易破坏自然的本来面貌；而生态学理论认为，“自然”作为生物及其环境的总和，是一个不断进行着能量流动和物质循环的大系统，在这个系统中，“各种对立因素通过相互制约、转化、补偿、交换等作用，可以达到一个相对稳定的平衡状态”[①]，如果生态系统受到外界的干扰超过了自身调节的能力，将会引起生态系统结构和功能的失调，造成系统的物质循环和能量转换受阻，导致整个生态平衡的破坏。

无独有偶，“天人合一”自然观和生态学原理强调的都是“平衡”。显然，实现“天”与“人”的平衡和保持生态环境的平衡在本质上是一致的，生态学中“生态平衡”的观念正是“天人合一”自然观的体现和保证。因此，山地生态观的树立是“天人合一”自然观的必然结果。

### （二）山地生态观是山地灾变历史反思的总结

相对于一般的建筑环境，山地环境在气候、地形、土壤、植被等方面均具有较大的特殊性，其生态敏感性也更强，其对生态系统的变动作出反应的可能性要比平地环境大得多。例如，地处我国大陆第二阶梯向第一阶梯过渡的“大斜坡”之上的长江上游地区，因地势变化明显、地表起伏悬殊，山地和高原面积比重达 84%，生态系统十分脆弱，常常发生塌方、滑坡、泥石流等灾害。曾是中国古代文明发祥地之一的黄土高原，在两千多年前还是一片森林茂密、翠柏掩映、土地肥美的绿洲，可是，由于过度的人为开发和毁林破坏，致使生态系统严重失调，形成了沟壑纵横、支离破碎的地貌形态，难以成为人们理想的生活场所。

国外学者早在 1975 年就曾因山地坡度较大、土壤易失去平衡而把它列为五种环境敏感地区（Environmental Sensitive Area）之一；吴庆洲先生也

① 卢鸿德，陈谟开，张惠芳，等．中国近现代史及国情教育辞典[M].沈阳：辽宁人民出版社，1993：643.

认为，保护原有山、川、薮[①]，不毁山填低地……是保持自然生态平衡的重要经验[②]。

当然，由于人们的山地活动范围大小不一，受影响的山地生态环境尺度不相同，产生的灾害性后果程度也有所不同。具体来说，如果我们的山地建筑是单体建筑或小范围的群体，其对山地环境的影响是局部的，产生灾害的可能性相对较小，形成灾害所需积累的时间也较长；而如果是大规模的山地开发，一旦对山地的原有生态系统形成破坏，它所影响的范围将可能大大超出人们的想象。因为，许多山地往往是江河流域的上游地区，其生态环境的恶化会引发下游地区的灾害。例如，1982 年 8 月发生于台湾林口、泰山及五股地区的洪水、泥石流灾害表面上是由飓风、暴雨引起的，而实质内因则是由上游林口工业区的过度开发而造成的水文环境改变。因此，对众多山地灾害的反思也促成人们对生态问题的关注。

## 二、山地生态系统的协调原则

生态学思想与山地建筑研究之间的紧密联系，使我们知道，山地开发中，生态的观念是至关重要的，它是我们进行山地建筑实践的根本出发点之一。当然，生态学思想的引进，要注意与山地实际相结合，真正把握山地所特有的各种生态特征，因为只有做到了生态思想与山地研究之间的高度结合，才能成为我们真正所需的山地生态观。

### （一）“共生”整体性原则

生态思想在山地活动中的反映，首先表现在人与环境的关系上，即山地生态系统的整体性原则。人类作为山地的开发者和使用者，与山地环境中的各种生态环境因素和植被因素是不可分的。从生态学的角度出发，我们应该把人本身看作是山地生态系统的一个组成部分。人与山地环境协同共生，共同决定了整个生态系统的未来和去向，左右了生态系统的存在或消亡。

明确了人与山地环境的“共生”关系，我们就能够从生态系统的整体利益出发，协调好人类山地开发的“度”和“量”，不对山地环境过分索取，适当控制山地环境的“容量”。

### （二）生态链调控原则

从生态学中有关生态系统的理论得知，生态系统是通过网状联结的各个生

① 薮：无水低地，通常是生长着很多草的湖。

② 吴庆洲 . 保护城市生态环境的历史经验与借鉴 [J]. 中外建筑，1996（4）：32-34.

态要素实现能量流动和系统平衡的。在这个交换和流通的过程中，各个生态要素之间组成了生态链，它们秩序分明、缺一不可。因此在山地生态系统中，我们也应充分重视各个生态要素之间的相互联系，利用生态链的调控作用，保持整个系统的稳定。

具体来说，就应该对山地地质、地形、气候、水文、植被等要素之间的关系保持足够的重视，谨慎动土、保持水土、保护植被，促成各要素之间的良性转换，以达到相互保护的目的。

### （三）可持续发展原则

把生态学思想引入我们对山地的研究，使山地建筑走上“可持续发展”道路具有了可能。生态学思想重视生态系统的稳定和平衡，关注系统内各生态要素的和谐相处，这对于人类生存环境的保护和改善是极其有益的，也是实现“既满足当代人的需要，又不对后人满足其需要的能力构成危害的发展”这一可持续发展目标的根本前提。生态理论对环境的注视、对人与自然关系的重新理解使山地建筑的发展自觉地向可持续发展的思想靠拢。

对我们的山地研究实践来说，可持续发展理论的实现常常得依赖对生态学原理的合理利用。例如，通过对山地生态系统的有效调控，可以减小（Reduce）山地环境中可能产生的各种危害；通过合理运用山地建筑形态（如掩土建筑或架空建筑）、利用建筑顶部的 覆土层或架空的底部增加植被，可以实现对土地资源的再利用（Reuse）；通过悉心保护山地生态系统中的各个要素，可以促成山地生态系统内各要素的良性循环（Recycle）。以上即是可持续发展理论中著名的 3R 原则。因此，强调了生态思想，将必然使我们的山地建筑走向可持续发展的未来。

# 第三章　山地建筑设计的影响因素与形态

## 第一节　山地建筑设计的影响因素

由生态观的讨论，我们知道，任何山地建筑所处的山地自然环境都是一个某种层次的山地生态系统。在这个系统中，地质地形气候水文、植被等各生态因子相互作用、相互平衡。山地建筑（及其人为环境）作为加入该生态系统的新成员，自然会受到各自然因子的作用和约束，如图 3-1 所示。

要使山地建筑对各自然因子的作用适时、适当地作出反应，维持山地生态系统的平衡，详细探讨各自然因子对山地建筑的具体影响是非常必要的。

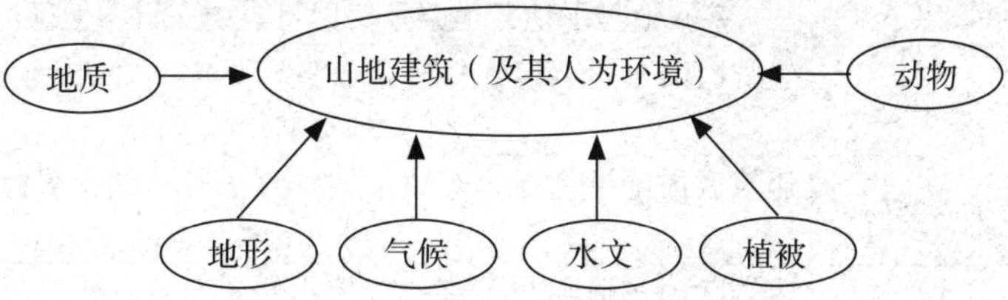


**图 3-1　山地建筑与自然因子的关系**

### 一、地质

地质决定了基地的承载力和稳定性，它对山地建筑的安全至关重要。例如，在湿陷性黄土地区，土层受水膨胀并失去收缩的性能，会导致建筑的损坏；在沼泽地区，地表经常处于水饱和状态，地基承载力极低；在具有可溶性岩石（如石灰岩、盐岩、石膏等）或发生大规模采矿的地区，溶洞和因开矿而形成的地下采空区会使建筑物渗水和塌陷。

为了避免地质因子对建筑的不良影响，我们一方面应对山坡基地进行详细的地质勘察，根据山地环境的地质构造，谨慎选择基地位置；另一方面应精心选择建筑的结构形式和工程加固措施，以减弱和弥补地质条件的不足。当然，以上的工作主要将依靠地质学、结构学专业人员，建筑设计人员可以在允许的选择范围内，结合建筑的接地形态、功能组织、景观设计，作出适当的处理。

## 二、地形

从第二章的有关叙述，我们已经知道了地形的基本要素及其分类。在这里我们将对山地地形的坡度特征及山位特征进行进一步探讨。

### （一）坡度特征

地形坡度对于山地建筑而言是个极其重要的影响因素。从理论上讲，山地建筑可以生存于各种坡度的地形条件中，只是其难易程度不同，如表 3-1 所示[①]。表中有资料显示，在坡度大于 5% 的地形上建设道路、给水工程和供热工程时，工程技术费用比平原地区明显增加。仅从道路长度看，在平均坡度为 5% 的地形时路长为 1，而在 5% ~10% 地形条件下，每增加一个百分点，道路长度增加 1.2 倍。

表 3-1　坡度与山地建筑的生存关系

| 类别 | 坡度 | 建筑场地布置及设计基本特征 |
|---|---|---|
| 平坡地 | 3% 以下 | 基本上是平地，道路及房屋可自由布置，但须注意排水 |
| 缓坡地 | 3%~10% | 建筑区内车道可以纵横自由布置，不需要梯级，建筑群布置不受地形的约束 |
| 中坡地 | 10%~25% | 建筑区内须设梯级，车道不宜垂直于等高线布置，建筑群布置受到一定限制 |
| 陡坡地 | 25%~50% | 建筑区内车道须与等高线成较小锐角布置，建筑群布置与设计受到较大的限制 |
| 急坡地 | 50%~100% | 车道须曲折盘旋而上，梯道须与等高线成斜角布置，建筑设计需作特殊处理 |
| 悬崖坡地 | 100% 以上 | 车道及梯道布置极为困难，修建房屋工程费用大 |

坡度不仅在工程经济方面影响着山地建筑，在某种程度上，还是影响山地环境生态稳定的主要因素。坡度越大，山地区域的地质稳定性越差，水土流失的可能性也越大，容易引发崩塌、侵蚀、径流量增加等不良后果。因此，在山地建设中，开发密度的大小常需依照地形坡度而定，如表 3-2 所示。例如，

① 《建筑设计资料集》编委会 . 建筑设计资料集 6（第二版）[M]. 北京：中国建筑工业出版社，1994：223.

美国加利福尼亚州的帕西菲卡（Pacifica）镇便按照坡度规定每块土地应有一定的比例留为空地，不许人为改动，以求尽量保持山地的原有地形。

表 3-2　基地平均坡度与山坡保有率间的关系

| 平均坡度（%） | 山坡保有率（%） |
|---|---|
| 10 | 32 |
| 15 | 36 |
| 20 | 45 |
| 25 | 57 |
| 30 | 72 |
| 35 | 90 |
| 40 | 100 |

当然，对山地建筑来说，地形因素并非只是不利因素。有时，地形的起伏往往能为人们带来特殊的便利，使山地建筑具有平地建筑所没有的优势。例如，利用地形坡度，我们可以使山地建筑具有“不定基面”，灵活组织功能流线，并可在满足建筑规范的前提下增加住宅建筑的层数，而不必增设电梯；或者，依托地形的天然坡度，设置剧场、影院的观众厅，使建筑功能空间与山地空间相契合。此外，山地地形还常常是山地建筑具有独特艺术感染力的根本因素。例如，山西浑源的悬空寺建于陡峭的山崖上，其基地坡度远大于 100%。按照常规，这是不可想象的，然而它的艺术效果是震撼人心的。

**（二）山位特征**

在山地环境中，山位所体现的是各个不同的局部地形，因此它具有不同的空间属性、景观特征和利用可能，如表 3-3 所示。

表 3-3　山位特征

| 山位 | 图示 | 空间特性 | 景观特性 | 利用可能 |
|---|---|---|---|---|
| 山顶 | 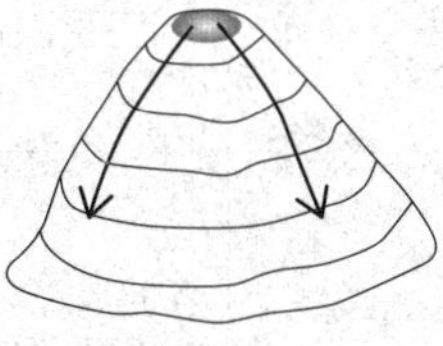 | 中心性，标志性强 | 具有全方位的景观，视野开阔、深远。对山体轮廓线影响大 | 面积越大，利用可能性越大，并可向山腹部位延伸 |

续 表

| 山位 | 图示 | 空间特性 | 景观特性 | 利用可能 |
|---|---|---|---|---|
| 山脊 | 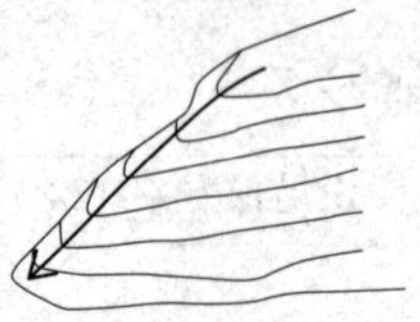 | 具有一定的导向性，对山脊两侧的空间有分制作用 | 具有两个或三个方向的景观，视野开阔，体现了山势 | 面积越大，利用可能性越大，并可向山腹部位延伸 |
| 山腰 平坡 | 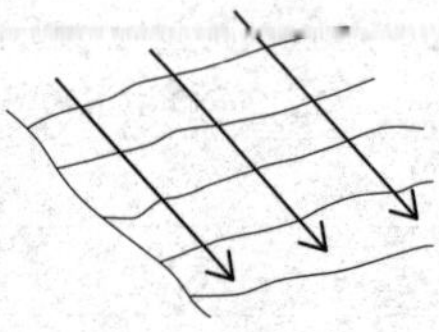 | 坡度平缓、空间面积大，具有一个方向的景观视野 | 具有单向性的景观，视野较远，可体现层次感 | 对建筑物限制较小，又具有山地特有的景观特色，是山地建筑选址的最佳山位 |
| 山腰 凸坡 | 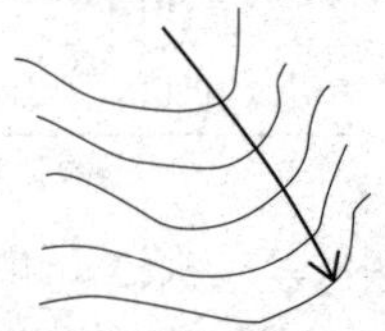 | 基地外露，具有放射性和造型张力 | | 可利用面积较小，可以通过优化建筑与地基的接地方式来满足建筑要求 |
| 山腰 凹坡 | 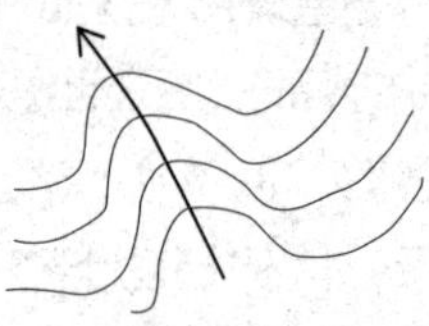 | 空间凝聚力较强，视野不够开阔 | | 景观范围小，向心性强，对于某些类型的公共建筑来说也是较好的选择 |
| 山崖 | 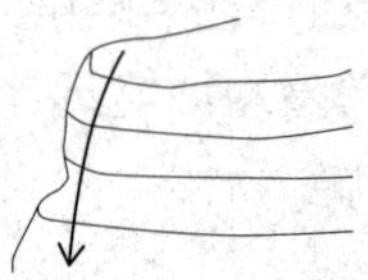 | 由于坡度陡，具有一定的紧张感，离心力强 | 具有单向性景观，其本身给人以一定的视觉紧张度 | 利用困难较大 |
| 山麓 | 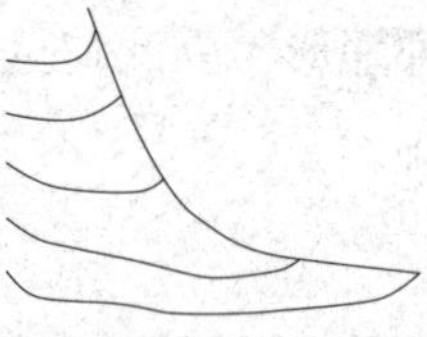 | 类似于山腰，只是稳定性更强 | 视域有限，具有单向性景观 | 当面积较大时，利用受限制较少 |
| 山谷 | 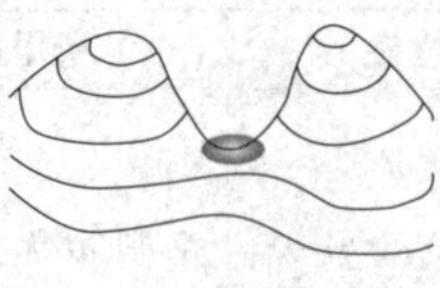 | 具有内向性。内敛性和一定程度的封闭感 | 视域有限，在开敞方向形成视觉通廊 | 当面积较大时，利用受限制较少 |
| 盆地 | 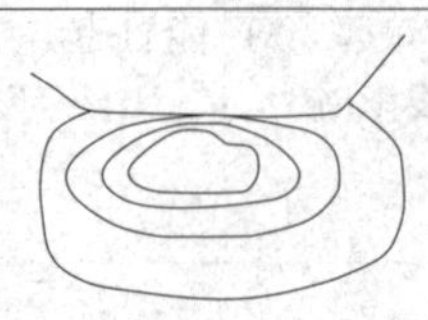 | 内向性，封闭性强 | 产生视觉聚焦 | 当面积较大时，利用受限制较少 |

## 三、气候

在山地区域，气候的变化一方面体现了一定地理经纬度的大气候特征，另一方面还表现了各个不同地域的小气候特征。其中，大气候特征的产生主要与地球表面的大气环流或宏观地形有关，其影响的范围较广，对于各地的气候起着主导性的作用；而小气候特征则与地区的微观环境有关，其影响的范围有限，但是常常体现了一定的特殊性，具有鲜明的地方特征。显然，由于大气候特征多与地球本身的运行规律及天体辐射有关，具有相当的普遍性，我们将不对之作深入探讨，而把注意力集中于对微观小气候的研究。

### （一）山地微观地理环境的地理因子

对于山地微观气候的影响因素及其典型表现，艾勃特（Abbott）曾依据大不列颠的实际情况，作过概括的分析。当然，他的分析图仅仅罗列了海拔高度对气候变化的影响，并没有包括对其他地理要素的陈述。我们知道，组成山地微观地理环境的地理因子包括山体形势、海拔高度、坡地方位及山地地貌，它们与日照、温度、湿度、风状况及降雨等气象因子相互作用，如图 3-2 所示，形成了具有不同特征的小气候特征[①]。

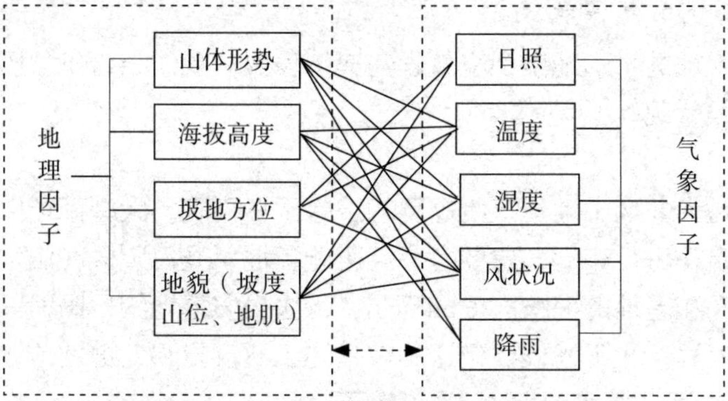


图 3-2　山地环境中地理因子与气象因子的关系

1. 山体形势（大山脉的走向、总体高度和长度）

高大的山脉能在很大程度上影响大气的流场和大气系统的天气过程，使山脉两边的气候和天气情况迥然不同。例如，像秦岭那样东西走向的山脉，能隔阻南北气团的交换，或改变气流通过秦岭山脉以后的性质，使秦岭南北两面的

① 傅抱璞 . 山地气候 [M]. 北京：科学出版社，1983：10.

气候截然不同，成为我国气候的分界线。山脉总体越高越长，阻隔作用越大，对山脉两边气候的影响也越大。距离阻隔的山脉越近，所受影响越大。

2. 海拔高度

地方海拔高度对气候的影响，主要体现在温度方面。一般来说，海拔高度每升高 100m 所降低的温度可与纬度向北推移 1° 相近似（北半球），即温度随海拔的升高而降低。由于温度的降低，相对来说，高海拔地区的相对湿度会增大，雨量会增加，风速也较快。

3. 坡地方位（坡向）

坡地方位不同，其接受太阳辐射、日照长短都不相同，其温度差异也很大。例如，对位于北半球的地区来说，南坡所受的日照显然要比北坡充分，其平均温度也较高。而在南半球，则情况正好相反。此外，由于各个地区在各个季节的主导风向一定，坡向不同，其所受风的影响也不相同。

4. 山地地貌（坡度、山位、地肌）

地形（坡度、山位）、地肌不同，各山坡基地接受辐射、日照的程度就会有所不同，其地表的水分保有量和蒸发量各不相同，通风和昼夜空气径流的状况也有较大的差异。

### （二）山地的气候状况

为了深入地揭示山地微观小气候的典型表现，我们结合气象因子，逐一分析山地的气候状况。

1. 日照

日照，是大多数山地建筑所需要的。除了影剧院、大型商场以外，其他类型的山地建筑在进行布局时总要考虑尽可能多地享受日照。在山地环境中，由于坡度、坡向和基地的海拔高度的不同，每块山坡基地的日照时间和允许日照间距有很大差异。太阳光线要到达山坡基地，不仅要避免被地球遮蔽，还要保证不被坡地本身、当地的辐射云雾所遮蔽。

（1）建筑阴影。由于地形的坡起，山地建筑的阴影长度与平地建筑会有所不同，而且，其差异的大小直接取决于山坡基地的坡度陡缓。例如，相对于我们所处的北半球来说，南坡建筑物的阴影会缩短，而北坡则会增长，坡度越陡，其缩短或增长的长度越多。山地建筑阴影长度的变化，直接决定了各山地建筑单体间的日照允许间距，对建筑群体的布局会产生较大的影响。简单而言，与平地建筑相比，南坡的建筑间距可以适当缩小，层数可适当加多，建筑用地也较节约。而北坡建筑的情况正好相反。

（2）基地可照时间。在不同的纬度地带，各个坡向的山坡基地，其日照时间年变化存在着一定的规律。了解其中的规律，对于我们合理地计算山地建筑的可照时间、有效利用各种山坡基地是非常重要的。在下面的分析中，我们以 40° 纬度的山地地带为例，分别对各种坡向山坡基地的日照时间逐一进行分析。

南坡：在南坡，日照时间（晴天）的年变化特点是，当坡度小于纬度时，夏至的可照时间最长，冬至最短，年变化趋势与水平面上相同；当坡度大于纬度时，春分和秋分的可照时间最长，夏至或冬至最短，呈双峰型变化。

东南坡（西南坡）：东南坡上午（下午）受太阳照射的情形同西南坡下午（上午）受太阳照射的情形相似，所以，我们只要讨论东南坡的情形，就可以类推西南坡的日照情况。东南坡上的可照时间年变化趋势是：当坡度小时，与水平面上相同，即夏至最长，冬至最短。而当坡度大时，夏至最短，且坡度愈大，这种与水平面上变化相反的趋势愈明显，但随着纬度升高，便逐渐转为与水平面上的年变化趋势一致，只是年振幅比水平面上的大为减小。

东坡和西坡：东坡和西坡每天的可照时间不论夏半年或冬半年都随着坡度增大而迅速减少，但其年变化的趋势在任何纬度上和任何坡度下都基本上和水平面上相同，即夏半年可照时间随着向夏至的接近而增加，冬半年随着太阳向冬至接近而减少，且纬度愈高，可照时间的年变化愈大。

东北坡（西北坡）：东北坡和西北坡的可照时间在各纬度都随着坡度增大而减小，且纬度愈高，减少愈显著。在低纬度，冬季比夏季减少更快。可照时间的变化情况是：夏季，坡度大时远较坡度小时大；冬季，在低纬度是坡度小时比坡度大时大，但在纬度较高的地方则正好相反，是坡度小时远比坡度大时大。

北坡：在北坡，夏半年的可照时间与水平面上基本相同，只有当坡度较大时，在高纬度地区，北坡的可照时间则随着逐渐接近春、秋分而急剧地减少，至春、秋分时降为零；冬半年，北坡的日照时间随着坡度增大而迅速地减少，且其减少率在坡度大时比坡度小时大得多。同时还随着纬度升高而急剧地增大。因此，在纬度较高的地方，只有非常缓和的北坡才可以具有很短的日照时间；当坡度稍大时，北坡就会整个处在阴影之中，可照时间等于零。

综合以上的分析，我们可以看出，由于坡地方向、坡度的不同，基地的可照时间有较大的差异。就坡向而言，南坡、东南（西南）坡的可照时间相对较长，东坡和西坡次之，北坡和东北（西北）坡的可照时间相对较短；就坡度而言，坡度越缓，可照时间相对越长，坡度越陡，可照时间相对较短。

因此，为了获得尽可能多的日照时间，山地建筑应尽量选择南坡、东南

（西南）坡等向阳坡，避免北向的背阳坡。即使不得不选择东坡或西坡，也应将建筑布置成垂直等高线，使建筑面南。

（3）辐射雾的高度。当然，除了坡向和坡度，由于云雾的影响，海拔高度对可照时间的影响也较为明显。例如，在我国的四川山地，一月份的日照在 400 m 高度左右有一最大值，在这个高度以下，因为多辐射雾和低云，日照迅速减少。在 400m 高度以上，由于多绝热雾，日照也向上递减，大约在 900m 高度达到最小值。由此再往上去，因为空气干燥，云雾少，日照便转而迅速增加；而在七月份，由于整个山上多为多云，而低处的辐射雾照例是很小的，所以在 100m 高度以下日照迅速随海拔增高而减少，在 100m 高度以上，日照随海拔高度变化不大。

由于辐射雾的存在，我们对于山地建筑的选址应特别谨慎，以使建筑尽量位于适当的高度地带。

2. 风的状况

在山地，气流运动受地形的影响很大。通过对基本流场的分析，我们可以掌握风向和风速的一些基本变化规律。此外，局地环流、地形逆温也是山地环境所特有的两种气候现象。山地风状况的变化，对于山地建筑及其群体的选址、布局有直接的影响。

（1）基本流场。当气流通过山地时，由于受到地形阻碍的影响，其流场就要发生变化。对一般范围不大的小地形来说，当气流通过阻碍它运行的小山时，一部分是从山顶越过去，一部分是从两侧绕过去，于是，在山的向风面一侧，下部风速减弱，顶部和两侧风速加强；在山的背风一侧，会出现静风区或涡风区。根据风向与地形的关系，我们可以把山地归纳为以下几个区域，即迎风坡区、顺风坡区、背风坡区、涡风区、高压风区和越山风区，它们的各自特性大致如表 3-4 所示。

表 3-4　山地风状况基本流场的特性

| | |
|---|---|
| 迎风坡区 | 有利于扩散 |
| 顺风装区 | |
| 高压风区 | |
| 越山风区 | 扩散尚好 |
| 背风坡区 | 风速小，有侧卷涡流，不利于扩散 |
| 涡风区 | |

对于范围较大的山地区域来说，气流的流场常受山脉、沟谷的影响，产生顺山风、顺沟风等。例如北京地区的风向总趋势受大范围的季风环流影响，冬季盛行偏北风，夏季盛行偏南风。而昌平，正对着西北－东南走向的南口风廊，盛行风向与山谷走向一致，呈东风和西北风；房山盛行风向受山脉影响，呈东北－西南风向[①]。

了解了大气气流的规律，我们在进行建筑群体或单体布置的时候，可采取不同的平面布置方式和高度组合，使各个建筑单体都能获得良好的自然通风。例如，在迎风坡区和背风坡区，由于风向与山体等高线垂直，我们可使建筑平行或斜交于等高线，并在坡面处理上采取前低后高（迎风坡区）或前高后低（背风坡区）的形式，如图 3-3 所示；而在顺风坡区，则可使建筑单体与山体等高线垂直或斜交，充分迎取“绕山风”或“兜山风”。

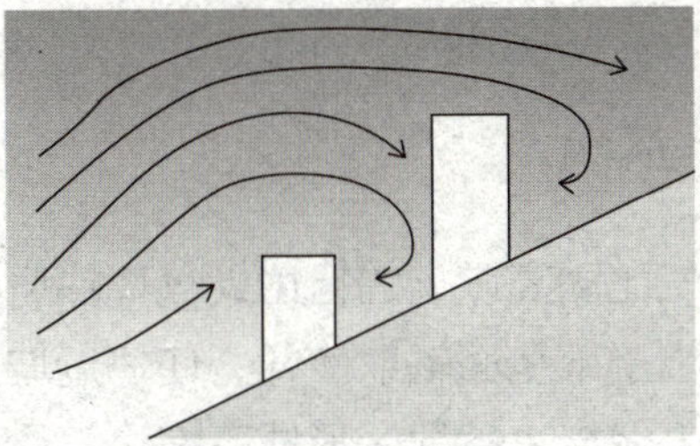

（a）山地迎风坡区前低后高

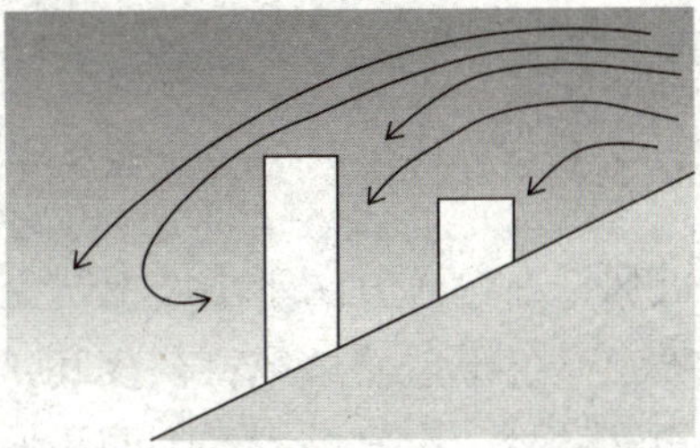

（b）山地背风坡区前高后低

**图 3-3　山地坡向、风向与建筑高度的关系**

（2）局地环流。在山地，由各种因素所引起的相对增热的差异或温度差异会造成局部气压的差异，这就产生了各种各样的局地环流。按照傅抱璞的分类，局地环流的表现形式有：平衡风、沿谷地吹的山谷风、横截谷地的山谷风、冰河风、顺转风。其中，平衡风是指由于整个山系与周围地区存在温差而形成的补偿风，如我国的昆仑山北坡，由于其与北方的塔里木沙漠有着较大的温差，就存在着吹自塔里木的凉风；沿谷地的山谷风，亦即我们常说的山谷风，多发生在丘陵和山前平原地带，它是由谷地与平原之间的气流变化而引起的；横截谷地的山谷风，亦被人称为山坡风，它是指由山坡与谷地之间的热力变化而引发的气流运动；冰河风是在有冰河的地方或有冰雪覆盖的山上产生的；顺转风存在于盆地和封闭的谷地中，是一种不断转动的环流形式。

① 徐肇忠．城市环境规划［M］．武汉：武汉大学出版社，2002：51.

以上的五种形式中，与地形密切相关的局地环流主要是：山谷风、山坡风及顺转风。

山谷风：在谷口通向平原的谷地，由于谷地中的温度日变化大，白天气温比同高度的平原上高，夜间比同高度的平原上低，因而产生昼夜方向相反的气压梯度，在白天形成由平原吹向山谷的谷风，在晚上形成从山谷吹向平原的山风，如图 3-4 所示。

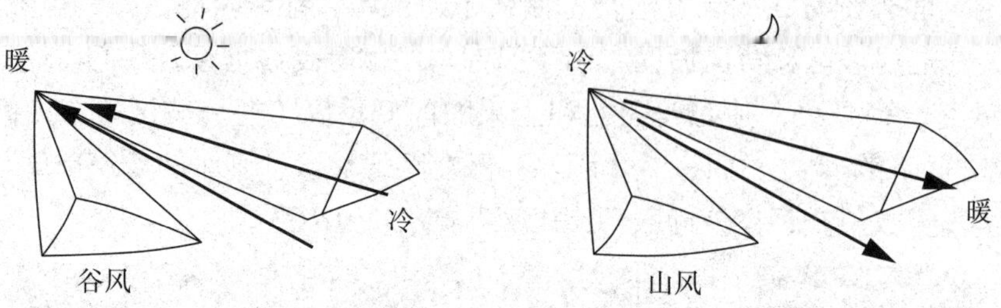


**图 3-4　山谷风**

山坡风：在白天，由于山坡上的空气比同高度上的自由大气增热厉害，使空气沿坡上升，形成上坡风；在夜间，由于下垫面辐射冷却，使邻近坡面的空气跟着迅速变冷，密度增大，因而沿坡下滑流入谷地，形成下坡风。

四川山城攀枝花市位于金沙江的南坡，属高海拔干热地区，城市有组织地利用山坡风，在城市中心布置绿色大梯道和中心广场，并在沿江和山顶大量植树，加强和诱导山坡风，使城市小气候得到明显的改善，从 1977 年至 1995 年，城市平均气温下降 1~2℃，年降雨总量增加 41%，平均相对湿度增加率为 17%。

顺转风：在盆地和封闭的谷地中，由于白天一面坡地上日射强、温度高，而另一面坡地上日射弱或被荫蔽、温度低，产生局部气压差异，可以形成一种由冷坡吹向热坡方向的局地环流风。因此，在盆地内一天中的风向常常是顺时针地转动，即从早晨的东风、中午的南风，转到傍晚的西风。

了解了局地环流的形成过程，我们在进行建筑群体或单体布置的时候，不仅需考虑全年主导风向的影响，还必须注意区域地形的气流变化。使群体中有污染产生的建筑（如锅炉房、工厂厂房）处于下风向，不对居住建筑或其他公共建筑形成污染，并为各单体建筑创造良好的自然通风条件（如穿堂风）。

（3）地形逆温。由于辐射和局地环流的作用，在山谷盆地和山前平原区常常会出现逆温现象，使大气的水平扩散减弱，湍流交换受抑制，引发低层空气污染。这也是山地所特有的一种气象表现。山地逆温的形成主要与地形有关，如图 3-5 所示：在山地，地形的起伏使过境的环流风受阻碍，移行速度减慢；在辐射变化的作用下，晚间山坡上的冷空气沿地形下沉，将谷底暖空气上挤，形成上暖下冷的现象。通常，山地逆温出现的频率与天气条件及季节有关，一般而言，云量愈少、风速愈小、地面愈干燥，逆温出现的频率愈大，冬季比夏季常见①。

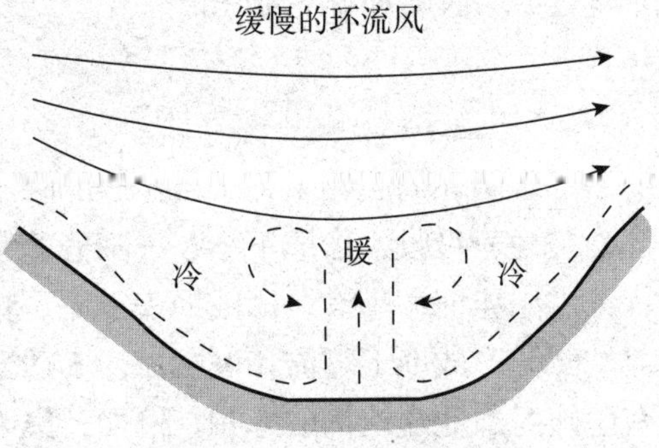


图 3-5　山地逆温的形成

地形逆温的出现，对于所在地区的烟尘气体扩散是极其不利的，因此，我们尤其应对山地工业建筑的布局持谨慎态度。如果实际情况要求工业建筑与居住建筑同在一个山谷。盆地中，我们必须对工厂布局和烟囱高度的设置详加考虑，使工厂的烟囱建在盛行风的下风向，其高度超过该地区逆温层的高度。例如，美国的密契尔电厂，位于 200m 高的山地之中，其装机容量为 2×80 万千瓦，燃料中含硫 4%。为了不对居住区产生污染，最后，通过风洞试验，决定把烟囱高度设置为 368m。

3. 降水

山地区域的降水量一般要比平地为大。这主要与山地的海拔高度有关，因为，随着海拔高度的升高，山地环境的气温逐渐降低，山地“地形雨”发生的概率就越来越大。

地形雨是一种具有明显特征的山地气候现象。当湿热空气在运动中遇到山岭阻碍，气流就会沿着山坡上升，而气流中的水汽升得越高，受冷越甚，并逐渐凝结成云而形成地形雨。但是，当气流越过了山顶之后再沿山坡下降，空气渐暖，降雨就减少了。地形雨多降落在山坡的迎风面，而且往往发生在固定的地方。例如，在我国的秦岭、太行山等山脉，迎风的东南面多雨，背风的西北面则少雨。

目前，国内外的气象资料已经证实，在通常情况下，某个地区的年降雨量

① 傅抱璞. 山地气候 [M]. 北京：科学出版社，1983：136.

与该处的海拔高度呈线性增长关系，即地势较高的山区雨水较多（俗语称之为“高山多雨”）。例如，台湾中央山脉两侧每升高 100m，年降雨量平均值增加 105mm；浙江的天目山和四川的峨眉山每升高 100m，年降雨量平均值增加 40~45mm；陕西秦岭每升高 100m，年降雨量平均值增加约 20mm；祁连山每升高 100m，年降雨量平均值增加约 7.5mm。

## 四、水文

在山地生态系统中，水循环的起始来源于自然界的降水或冰雪融化，它们到达地面以后，一部分被地表吸收，形成下渗，一部分蒸发，另一部分则会充填地表小沟和洼地，或溢出洼地和小沟，形成地表径流。其中下渗的水分部分被土壤和植被所截流，部分形成地下径流和壤中流。不适当的地表径流、地下径流或壤中流，都有可能对山地建筑构成影响。例如，集中的、激增的地表径流会引发山洪，过量的地下径流会导致滑坡的产生。

为了避免水文对山地建筑的不利影响，我们应对基地区域的排水路径、排水方式进行合理的引导和组织，并采取积极的水土保持措施，从根本上加强对山地环境的水文控制。当然，山地建筑的水文处理还应该兼顾自然地形与建筑形态的结合，合理地利用山地冲沟，组织群体建筑的布局。

## 五、植被

在山地环境中，植被状况是山地生态环境的直接反映，它的表现是山地景观的主体内容。

作为山地生态系统的组成元素，植被的分布与组合体现了生态环境的差异，它们对山地建筑的影响是隐性的，常常通过生态系统的整体调控作用，对山地建筑的生存环境起着影响作用。

从山地景观组织的角度来看，植被又是极其生动的景观客体，它们常常决定了山地景观的基调。因此，根据景观体验的需要，我们应在建筑群体布局、空间组织上对地肌要素采取适当的取舍，对有较高景观价值的露头岩、植物等加以保留，并把它们有机地组织到建筑中去。

## 六、动物

物质和能量通过一系列取食和被取食关系在生态系统中传递，动物在山地生态中属于消费者，也是生态系统中促进物质循环的主动因素。这决定了动物在生态系统中的地位、作用有以下两点：第一，动物可显著提升生态系统中物质循环效率和效益。第二，动物的多样性可以提高生态系统的稳定性。

## 第二节 山地建筑的形态分析

### 一、山地建筑形态概述

“形态”在汉语里原是绘画艺术上的用语，意为“形状和神态”，是对物体形象、体态等的描述。例如，张彦远的《历代名画记》卷九中有：“尤善鹰鹘鸡雉，尽其形态。”在英文里，“形态”（morphology）一词则来源于生物学，它反映了生物组织的结构和形式，是与生理学、胚胎学密切相关的一个概念。当然，在今天，不同来源的“形态”概念有了比较一致的引申意义，即形态是事物在一定条件下的表现形式和组成关系。

也许是巧合，“形态”一词的不同渊源对于我们完整地把握建筑学意义上的形态概念是极其有益的。从东方的“形态”含义中，我们可以体会出“形态”的感性一面，即把客观存在的事物当作一种造型对象，较多地从审美的角度去把握事物的存在方式；从西方的“形态”含义中，我们可以看出“形态”的理性一面，即从组织结构逻辑关系的角度去探寻客观事物的组成关系。

因此，在我们看来，建筑形态是个含义丰富的概念，它既是对造型对象的描述，又是建筑客体内在逻辑关系的反映。为了把握建筑的造型特征，我们需要研究建筑的形式美，这是建筑学所一贯提倡和追求的，已经被我们所熟知；为了把握建筑的逻辑关系与组织结构，我们可以借鉴生物学中的“形态发生”概念，以理性、缜密的思维方式来创造形态，这是我们在以往的研究中所常常忽略的。

在生物学中，形态研究的主要内容是事物的外形与内在结构的关系。其主要观点包括：①各种生物都有其自身的胚性组织，外形与胚性组织相一致；②生物的“源”与“功”的问题，其中“源”是指生物由遗传而得来的组织结构，“功”即指在环境中的作用和功能，“源”决定了“功”，“功”又能促使“源”的改变。

以生物形态学的眼光来看待建筑形态，我们可以发现建筑形态与生物形态有着极其相似的特点，建筑形态所体现的是建筑的外在形式与内在组织结构的统一，其中建筑的组织结构犹如生物的胚性组织，既体现其内在属性（即

“源”），又表现出对环境的反应（即“功”），是“遗传”与“进化”的统一体；而不同程度的“遗传”“进化”基因的组合就构成了千变万化的外在形式。

于是，我们认为，建筑的外在形式和内在组织结构构成了建筑形态的基本内涵，二者缺一不可、相辅相成。注重形式美和组织结构的逻辑合理性是把握建筑形态的两个基本途径。

然而，要创造活生生的建筑形态，我们还得明确形成建筑形态的主体对象。因为它们是形态内涵的载体，是建筑形态赖以产生的客观存在。

诺伯格·舒尔茨（Norberg-Schultz）在其《住居之概念》（*The Concept of Dwelling*）一书中指出：“建筑语言包括三个互相关联的组成部分：构筑成的形式（built form）、被组织的空间（organized space）和建筑类型（building type），对这三者的研究可分别称为形态学（morphology）、拓扑学（topology）和类型学（typology）。”显然，舒尔茨将建筑的实体部分归入形态学的研究范畴，而将建筑空间组织的研究归入拓扑学；与之不同的是，在我国，一些学者习惯于把建筑形式和空间组织看成是一个整体，把建筑的实体部分和空间组织看成是构成形态的有机统一体。

比较以上两种说法，我们不难发现，对应于笔者所限定的建筑形态内涵，后一种说法更为全面。因为，就建筑形态而言，其外在表现多变，依赖于构筑而成的实体，而其内部组织结构则多受建筑空间布局的制约。如果撇开了对空间因素的探讨，讨论建筑内部组织结构的逻辑关系就会变得非常困难，建筑的实体形式在很大程度上就成了无本之源，要全面地把握建筑的形式美与内在组织结构也就会显得不可能。

因此，我们认为，构成建筑形态的客观主体应该包括建筑的实体与空间，它们两者是同时产生、互为目的的。

通过对建筑形态内涵的分析，我们知道，建筑形态的产生既体现了其内在属性，又反映了外部环境的影响，即建筑形态应该包括实体形态与空间形态两个不可分割的部分。对于山地建筑而言，山地——这一特殊的建筑外部环境对建筑形态造成了巨大的影响。在建筑形态的产生过程中，环境的作用非常明显。为了克服地形高差及由此而带来的其他原因，建筑的实体形态与空间形态都会产生相应的变化。其中最为显著的是，丰富多彩的接地形态，山体作为组成部分，建构建筑以及与山位结合，建立不同“旷”“奥”的空间形态等。

因此，为了便于揭示山地建筑的形态特征，我们把山地建筑的形态问题分成三个方面深入讨论：即建筑的接地形式、形体表现及空间形态。

## 二、山地建筑的形态特征

山地建筑的形态特征，取决于山地建筑所赖以生存的山地环境。山地的坡度、山位、山势、自然肌理等是构成山体形态的主要因素，如图 3-6 所示。它们对山地建筑的接地形式、形体表现和空间形态的作用各不相同。为了保护地貌，尽量保持地表的原有地形和植被，我们提倡建筑采取“减少接地”的接地形式；为了合理地利用地形高差和山位，我们提倡建筑运用“不定基面”的原理，以形成有山地特色的空间定位形式；为了形成与山体形态的谐调，我们提倡建筑要与环境“共融”，使建筑形体的塑造与山体地段环境相适应。

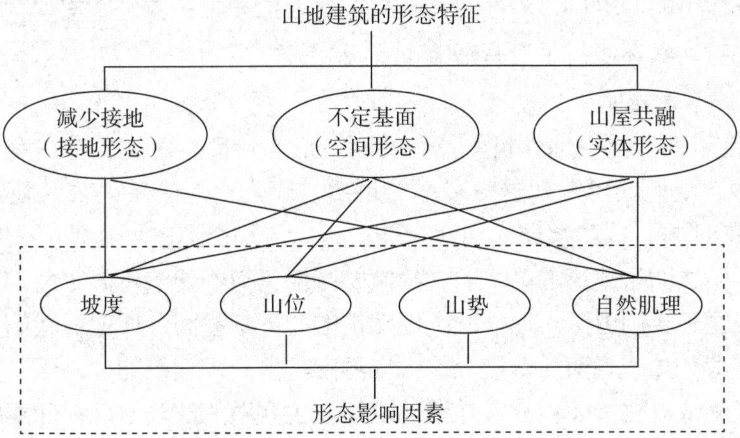


**图 3-6　山地建筑的形态特征**

### （一）减少接地

山地建筑位于山地环境中，首先面对的是如何生存的问题，即解决结构问题，以提供人们所需的活动空间。要达到以上的目的，建筑免不了要与山体地表发生关系。因为，所有的建筑荷载到最后总要传递到地面，而建筑的结构受力体系也决定了建筑获得水平层面的可能与方式。

为了在起伏、倾斜的山地环境中合理选择建筑的接地方式，以使建筑的结构形式和空间得到最好的兼顾，不同地域、不同时代的人们进行了不断的尝试和创造。

山地环境与平地环境不同，其生态的敏感性特强，对于生态系统的变动作出的反应远比平地系统大得多。脆弱的山地生态系统常常发生山体崩塌、滑坡、泥石流和水土流失等灾害。这种敏感性使人们长期以来从众多的教训中获得经验：建设时尽量少破坏山体，少破坏植被，少变动水文状况，力求保护地貌。虽然，与古代人们相比，现代人类的科学技术水平空前提高，已具有了“移山倒海”的能力。但是，人们还是越来越认识到保护地貌的必要性。为此，人们在山地建设时仍尽量采取减少接地的做法。

中国山区匠人长期以来运用“借天不借地”的方式，在我国的西南山区和东南沿海丘陵地区分别形成了干栏、吊脚、悬挑等建筑形式。在现代建筑中，人们更自觉地注重维护自然地貌和保护山林景观，山地建筑少接地的特征更多地得到表现。比如美国威斯康星州某度假别墅，下部两点支在岩石上，上部运用两根不锈钢拉杆，将玻璃方盒子拉住，悬挑在离海面 50m 高的悬崖上，建筑几乎不占用地，却能全方位欣赏海景。再比如美国俄勒冈州某度假别墅，采用独立钢柱（船的桅杆）将二层八角形建筑支撑起来，建筑全部架空，接地面积极小，对自然环境几乎没有影响。

### （二）不定基面

“不定基面”是山地建筑所具有的基本形态特征。例如，在古罗马的图拉真市集中，我们就可发现这一有趣的现象。因为，对于下面公共建筑而言是“屋顶”的地方，成了上层民宅建筑群的入口层和街道的所在地，人们很难说清，哪一个层面是建筑的第一层，建筑的基面具有明显的不确定性。

为了便于我们更深入地分析山地建筑的“不定基面”原理，我们首先对建筑的“基面”与“底面”两概念作一个界定与区分。建筑的“基面”是指建筑的入口层面或与较大面积的室外活动空间发生联系的建筑层面；而建筑的“底面”是指建筑与基地的接触层面。当然，对于架空的建筑来说，建筑的底面应是指水平高度最低的建筑层面。显然，对于平地建筑而言，基面与底面通常是重合的，而对于山地建筑来说，情况就有所不同。因为，在山坡基地中，建筑的入口层或室外活动场所可以处在不同的高度上。这样，山地建筑的基面就有可能与底面分离，也可能有几个基面。

山地建筑“不定基面”特性的存在，主要由于山地环境中，地形的坡起，基地的表面一般都崎岖不平，这就为建筑的底面设置带来了极大的障碍。许多山地建筑不得不采取“天平地不平”的做法，以错层、掉层、吊脚等形式与山体地表发生关系，使建筑根据坡度的陡缓、跨越等高线的数量来调节山地建筑的底面，产生出高低变化、参差错落的不平底面。

然而，陡峭的山体地形虽然限制了山地建筑在水平方向的延伸自由度，却为建筑在垂直方向的组合创造了有利的条件。人们可以在同一幢建筑中设置不同水平标高的入口，使建筑具有数个“基面”，为建筑功能流线的组织提供了方便，使住宅建筑的层数增加有了可能。因此，“不定基面”又给山地建筑的形成带来了独特的有利条件。

对于山地建筑设计来说，“不定基面”的特征，使人们对建筑层面的标注带来了一定的困难。如果按平地建筑的标注法，以底面作为第一层，对人的行为识别带来困难。

为此，我们建议将基面作为第一层，向上为第二层、第三层……向下为负一层、负二层……尽量避免使用地下层的概念。当建筑有几个基面时，可以选定一个基面作为主要基面，标注第一层。为了明确建筑与基地的高度关系，应该在第一层标明绝对标高；如果基地起伏变化复杂，若干个入口处在不同的标高上，最好在每层都标出绝对标高，以明确建筑与山地地形的相互关系。

利用“不定基面”的特性，人们可以在山地建筑的形成中更方便地利用建筑的“屋顶”，因为，有些建筑的“屋顶”很可能是上层建筑的入口或花园。此外，人们还可以在建筑的入口组织、车库设置、功能空间的安排方面获得相当的灵活性和便利性。

例如，某独立住宅，其二层为屋顶停车，道路位于建筑上方，住宅的入口设在屋顶层，从上往下进入住宅。马来西亚吉隆坡“太平洋”住宅，建筑为四层，干栏架空依山跌落，入口层设在第三层高度，住宅主人上一层、下二层即能到达所有的房间。

奥地利巴特格斯坦休疗养会议中心是运用不定基面的公共建筑实例，建筑沿山坡跌落，道路从一侧通过，入口层设置广场、门厅、餐厅等，上层布置室内、外休息空间，下面几层布置会议大厅及活动、设备用房等。

对于一些大型的建筑或群体，处于山地环境中，不同高度的入口，可以分置不同性质的人流、车流、货流，方便建筑功能空间的联系。例如，位于香港薄扶林道东侧的置富花园，是一个由 20 幢高层住宅、7 幢低层住宅、1 座大型商业中心、3 所学校和娱乐设施组成的大型社区，它利用小区中心的低凹地形设置商业娱乐中心，并在商业中心的屋面设置了不同高低的平台和花园，当作住宅群的室外庭院，在不同标高通过天桥、台阶、坡道等组成的步行系统与各幢建筑连接。

对于功能流线复杂的山地公共建筑来说，不定基面原理的运用有利于满足建筑功能空间的组织。例如，香港的东区医院，利用地形的升起和局部架空，将建筑群的道路系统分成两层，各建筑的服务性入口设在一层道路平面上，而各建筑的主要门厅、人流入口设在架起的二层道路上，很好地组织了医院建筑群中不同性质的功能流线。

### （三）山屋共融

山地建筑位于山林环境中，其形体表现与山地环境相协调，是人们的追求，也成为其重要特征。从形态的角度来看，山地环境既包括较大范围的宏观山势，又包括具体地段的坡度、山位、地表肌理等因素。因此，山地建筑形体既要考虑与地段环境的协调，又要注意与整体山势的和谐。

1. 与地段环境的协调

根据所处位置的不同，山地环境可被分为以下几种山位：山顶、山脊、山腰、山崖、山麓、山谷、盆地。这些山位还可归纳为三个山体地段：底部、中部和顶部。不同的山位对山地建筑形态的影响是不相同的。

一般说来，在山体的底部或顶部，山地建筑沿水平方向延伸可能性较大，而在山体的中部，由于地形的局限，建筑向竖直方向拓展的可能性较大，当然，当某些大型山地建筑跨越几个山位时，它们的形态会同时向水平和竖直方向发展。

强调山地建筑在山体底部和顶部的水平延伸特性，并不意味着高层建筑在这些山位的出现是不可能的。建筑形体的竖向发展还须考虑与山地环境的匹配。例如，在山体底部，根据建筑与山体距离的远近，低层或高层都是可能的。当建筑离山体较近时，建筑形体不宜太高，反之，则可适当增加高度。当然，如出现高层的话，错落的点式比僵硬的板式更可取，因为这样可以减少建筑对山体的遮挡，避免以高大的形体来“堵塞”有限的自然空间，如图 3-7 所示。而在山体顶部，对于建筑形体的处理，则需格外谨慎，因为位于山顶、山脊处的建筑对山体轮廓线极其重要。

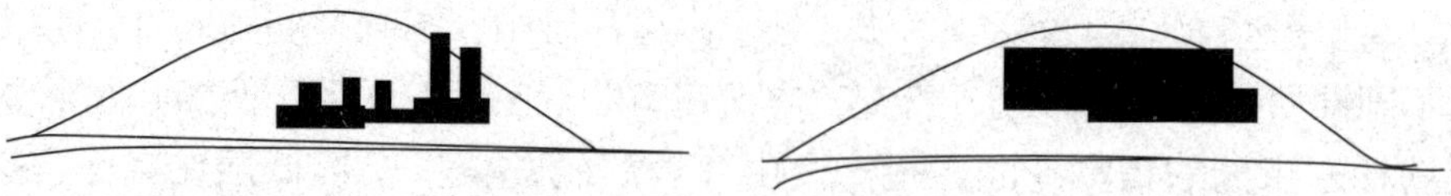


**图 3-7　高层建筑与山体环境的关系**

此外，要寻求建筑形体与山体地段的和谐关系，我们还需注意对自然肌理的保护和利用。因为，在山地环境中，组成地肌的岩石、土壤和植被、水体等元素既构成了山地建筑形体的背景，又应是建筑形体的组成部分。

2. 与整体山势的和谐

对于山地建筑形态的把握，我们还应从大处着眼，解决其与较大范围山地环境的关系。因此，我们需要对“山势”进行研究。山势，源自古人所说的

“山川形势”，是对山地地形条件的宏观描述，其主要内容包括山地地形的起伏程度及走向趋势。在通常情况下，山势的变化主要通过山体轮廓的曲直、开合体现出来，或呈陡峭、雄伟，或呈平缓、秀丽，给人以不同的心理感受。与自然山体相似，任何单体或群体山地建筑形态也会表现出一定的“势态”，其物质形体的集聚总会产生某种“势”的趋向，或平缓、或上升、或零碎、或整体。

显然，成功的山地建筑形态应该是与自然山势相和谐，它可以表现为与自然山势的融入，也可以表现为与自然山势的共构。

## 第三节　山地建筑的接地形态

山地建筑的接地形态是山地建筑与自然基面相互关系的概括和描述，它表现了山地建筑克服地形障碍、获取使用空间的不同形态模式。接地形态的不同，决定了山地建筑对山体地表的改动程度及其本身的结构形式，因此它对山地生态环境的保护、建筑形体的产生具有重要的意义。根据建筑底面与山体地表的不同关系，山地建筑的接地方式可分为地下式、地表式和架空式三大类，具体见图 3-8、3-9、3-10。它们对山地环境分别有不同的适应范围，具有较强的典型性。

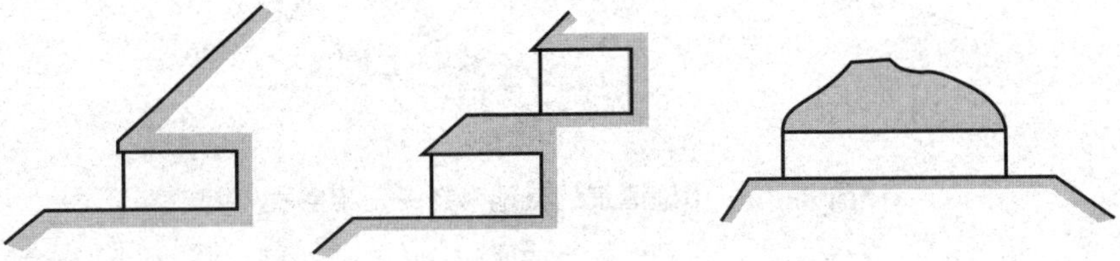

图 3-8　山地建筑的接地形态——地下式

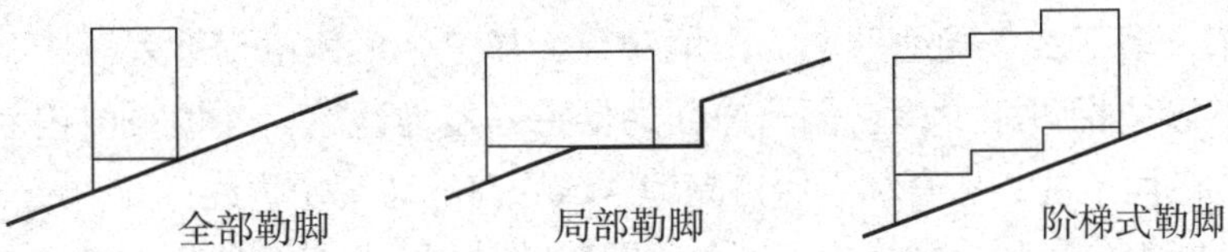


（a）倾斜式

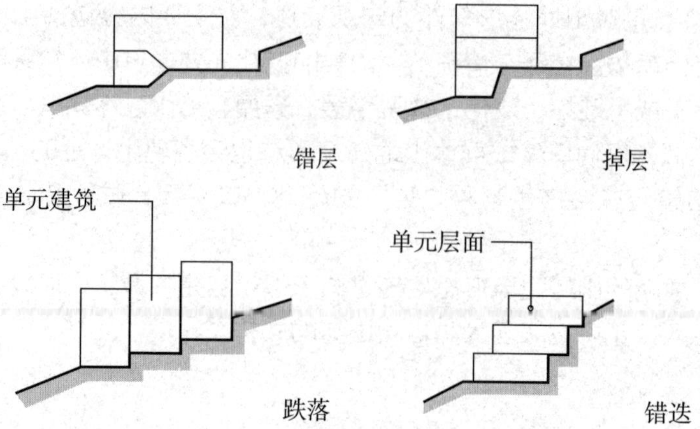


（b）阶梯式

**图 3-9　山地建筑的接地形态——地表式**

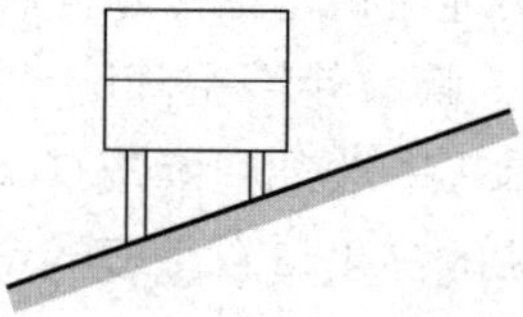

（a）架空型

（b）吊脚型

**图 3-10　山地建筑的接地形态——架空式**

## 一、地下式

采用“地下式”接地形态的山地建筑，其整个形体位于地表以内，对于山地地表的破坏相对减少，它们一方面为保留开发地区的自然植被或自然地形提供了最大的可能性，也有利于保持基地区域原有的环境轮廓线；同时地下式对于建筑的节能十分有利，建筑能获得冬暖夏凉的效果；虽然建筑埋在地下，但是由于在倾斜地形上，仍能保持有一个面具有自然采光，优于平地上的地下式建筑。

窑洞是中国传统的地下式山地建筑，其主要的出发点是躲避外界的气候变化，获得较好的节能效果，但是其空间布局较为拘谨，采光、通风的效果也不尽如人意。例如，在我国西北的黄土高原地区，“穴居”式的窑洞建筑随处可见，它们有的沿等高线蜿蜒布置，有的在竖向呈台阶状层层相叠，利用下层窑洞的“窑背”作上层窑洞的道路或院子，充分利用了山地地形。

在现代工程技术的支持下，地下式山地建筑可以采取自由的空间布局，并能获得良好的采光、通风条件。例如，日本群马县利根郡的某疗养院，将沿等高线延伸的客房埋于地下，其顶部有覆土，保留了植被，使建筑与山体环境浑然一体；为了满足公共活动的需要，该建筑还设有顶部为玻璃顶的内院。

当然，地下式接地形态的山地建筑，其形成过程也会有所不同。有的山地建筑，在其建造的过程中，始终保持了原来的地貌，而有的则在建造的过程中对基地进行了开挖，在建筑完成后再实施覆土，恢复原有的地表形态。例如，美国康奈尔大学 URIS 学生图书馆。图书馆西侧有小丘，已成为景观的重要特色。由于规模需扩大，要在小丘位置增建阅览室。为保持原有的地貌，建筑师将阅览室埋于小丘下部，使图书馆优美的景观效果依旧。康奈尔大学学生图书馆扩建，视觉地貌没有改变，但地形的内部构造有了变化。这种保护地貌的方式，在一些地形条件复杂、生态环境稳定性差的地段应慎重。

由于地下式接地形态在保护地表植被、保持生态环境上的优势，它还可以被平地建筑所借鉴。在一些缺少自然环境的城市中心地段，人们可以将建筑的功能空间放于地下，而在地表覆土堆山，以保持或增加地表植被、改善基地区域的生态环境。例如，上海静安寺下沉广场综合开发工程，结合地铁出入口与房地产开发，在广场的南侧建二层地下商场，高出地面 2m，并在其上覆土 2~3m，形成高出地面 4~5m 的小山丘，并与南面的静安公园共同组成城市公共开放绿地，将山林引入城市，在南京路上人流如织，店铺林立的繁华地段，营造了一片充满自然韵味的生态绿地。

## 二、地表式

“地表式”是一种在山地环境中被应用最广泛的接地形态。采用“地表式”接地方式的山地建筑，其主要特征即在于建筑底面与山体地表直接发生接触。为了减少对倾斜地形的改变，人们可以对山地地形作很小的修整，采取提高勒脚的手法，使勒脚高度变化。让建筑与倾斜的地面直接接触；也可以对建筑的底面加以调节，如使建筑形成错层、掉层、跌落或错叠。

对于人们常见的台地式建筑，由于它是以平地建筑的手法来对待山坡基地，其建筑形式几乎与平地建筑毫无二致。因此，我们不把它作为山地建筑的一种接地形态来加以研究。

地表式山地建筑形成以后，位于建筑下部的地表形状有两种可能，其一，山体地表仍呈原来的倾斜形，建筑坐落于勒脚层之上；其二，基地地表呈层层升高的阶梯形，建筑直接位于经过小幅修整的基地之上。为此，我们把地表式山地建筑分为两类：倾斜型和阶梯型。

### （一）倾斜型

在山体坡度较缓，但局部高低变化多、地面崎岖不平的山地环境中，将房屋的勒脚提高到同一水平高度，是一种简捷、有效的处理手法。通常，勒脚高度随地形坡度和房屋进深的大小而变，人们既可以对建筑的全部砌筑勒脚，也可以在建筑的局部形成勒脚。此外，当基地坡度较大时，还可将勒脚作成台阶状。例如，中国传统的江浙民居常常以当地的石块垒砌勒脚，既消化地面高差，又使建筑与山地环境协调。

当然，当勒脚的高度较大时，其内部空间还能被利用。例如，一些规模较大的现代建筑为了在山地环境中获得较大面积的水平基面，常常以几层高的裙房为“勒脚层”，然后再在它上面设置主体建筑。如新加坡国际学校（香港），以六层高的裙房楼作为主体建筑的“勒脚”，利用裙房屋顶形成了校园广场，并以此广场连接建于勒脚层之上的图书馆和教学主楼。

### （二）阶梯型

1. 错层

在地形较陡的山地环境中，为了避免较多的土方工程量，人们往往会在同一建筑的内部形成不同标高的底面，这就形成了错层。错层适应了山地的倾斜，使建筑与地形的关系非常紧密。错层的底面标高差通常处在一层之内，适应山地坡度 10%~30%。

错层手法的运用，既满足了地形的要求，又丰富了山地住宅的空间组织。例如，英国勃克斯（Burx）山地住宅，从建筑的入口层进去，下 1/3 层是客厅，上 2/3 层是卧室，利用地形的天然高差，合理地区分、限定了不同性质的使用空间。

山地建筑错层的实现，主要依靠楼梯的设置和组织。对于单元住宅来说，人们可以利用双跑楼梯的平台分别组织住户单元的入口，使住宅沿房屋的横轴或纵轴错开半层。也可以根据地形坡度的大小，采用三跑、四跑等不同跑数楼梯，作出不同高度的错层处理，使各单元错 1/3（2/3）层或 1/4（3/4）层。例如，德国的格兰登堡（Grandenburg）完全中学，位于坡度 10% 的山坡地上，运用双跑楼梯形成错层，既顺应了地形，又合理地组织了建筑单元。

2. 掉层

当山地地形高低悬殊，建筑内部的接地面标高差达到一层或以上时，就形成了掉层。掉层建筑一般适应坡度为 30%~60% 的地形。掉层的基本形式有纵向掉层、横向掉层和局部掉层三种，如图 3-11 所示。

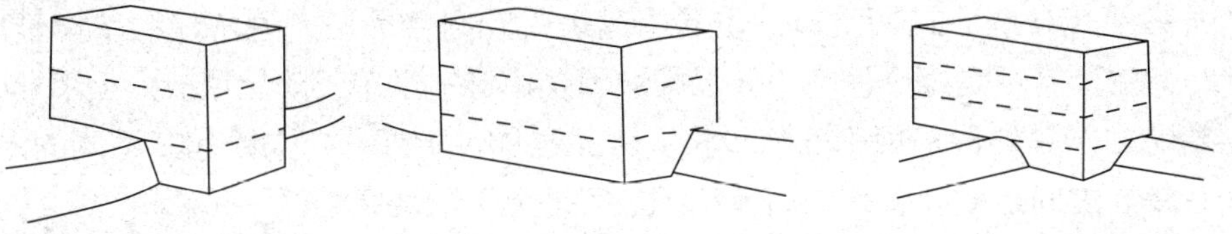


**图 3-11　掉层的基本形式**

当建筑布置垂直等高线时，其出现的掉层就是纵向掉层。纵向掉层的山地建筑跨越等高线较多，其底部常以阶梯的形式顺坡掉落，适合面东或面西的山坡，掉层部分的采光通风状况均较好。当山坡面南时，纵向掉层部分朝向就不很理想，大量房间处在东西向。

横向掉层的建筑，多沿等高线布置，其掉层部分只有一面可以开窗，采光和通风状况都受到影响；局部掉层的建筑在平面布置和使用上都较特殊，一般都在复杂地形或建筑形体多变时采用。如建造在美国佛蒙特州的一座小住宅，位于卡尔维尔（Carwill）山的一个山顶上，入口处在山顶平台，下一层为局部掉层，布置主卧室。建筑形体丰富多变，掉层跌落，与山林环境融合协调。

掉层结合地形还可建立台阶状底面的共享空间。美国班尼迪克大学（Benedictine University）图书馆，建于 20 世纪 60 年代末，由阿尔瓦·阿尔托（Alvar Aalto）设计。该建筑镶嵌在校园中央的坡地上，在跌落部分安排二层扇形阅览室，楼梯平台扩大，也成了阅览空间，通过扇形中庭，将不同标高的三部分阅览空间连成一体。这样的空间处理，使所有的开架阅览都能被顶层半圆形平台上的人们一览无余，对于图书馆的管理工作极为有利。

在中国传统山地建筑中，掉层的手法也屡见不鲜。如浙江临海的麻利岭陈宅就采用了掉层的手法将山坡组织到建筑中。这是一幢由两个合院组成的建筑，在两院之间的房屋运用掉层，使其成为联系前后内院的自然过渡。

3. 跌落

跌落式是指单元式建筑，顺坡势跌落，形成阶梯状的布置。由于山地建筑以单元为单位跌落，其内部的平面布置不受影响，因此布置方式较为自由，通常在住宅建筑中运用较多。住宅单元有以户为单位的，也有以若干户为单位。

例如，德国斯图加特某联列式住宅，每户二层为一单元，随地形跌落。香港薄扶林香港大学校舍沿倾斜道路跌落，高低错落，又有韵律，构成一幅优美的图景。

4. 错叠（台阶式）

错叠式与跌落式相类似，也是由建筑单元组合而成，通常建在单坡基地上，其主要特征是每个住宅单元沿山坡重叠建造，下单元的屋顶成为上单元的平台。由于其外形是规则的踏步状，因此也称台阶式。它与跌落式不同的是，前者单元之间是横向联结，后者单元之间是上下错叠联结。

错叠式的山地建筑，较适合住宅、旅馆等建筑。人们可以通过对单元进深和阳台大小的调节，来适应不同坡度的山坡地形。例如，瑞士楚格（Zug）的台阶式住宅，适应 65% 坡度的地形；瑞士利斯塔（Lethita）的台阶式住宅，适应 90% 坡度的地形；德国吾培塔尔（Wupettar）的台阶式住宅，阳台很浅，建在地形坡度为 200% 的基地上。

错叠式建筑最基本的形式是建筑与山地等高线正交。此外，在朝向、日照允许的情况下，错叠式山地建筑还可采取与等高线斜交的方式，以适应地形坡度的要求和建筑平面布置的需要。

美国俄勒冈州亚基那湾恩巴卡地诺（Embacadino）住宅，利用坡顶的倾斜度与山地坡度一致的手法，建筑顺着山势发展，与自然地形和谐、协调。错叠式建筑的垂直联系，住宅通常在户外组织，有些公共建筑则要求在室内组织，如采用厅式楼梯间来联系各层的空间。例如，德国西门子公司位于弗尔达汀（Feldating）的培训中心，公共活动部分建造在山坡地上，从入口层向下逐阶跌落，楼梯厅将交通与休息、阅览等功能结合在一起，并与门厅相连，成为各阶段的空间枢纽，使各组成部分浑然一体。

错叠式建筑设计时应注意视线干扰问题，特别是住宅。因为这类建筑下层平台正处在上层平台的视线之下，有损于下层住户的私密性。为了阻止视线，通常将上层平台的栏杆做成具有一定宽度的花台，避免正常情况下上下层的对视。

## 三、架空式

采用“架空式”接地形式的山地建筑，其底面与基地表面完全或局部脱开，以柱子或建筑局部支承建筑的荷载。由于建筑与基地表面的接触部分缩小到了点状的柱子或建筑的局部，因此，该种类型的建筑，对地形的变化可以有很强的适应能力，对山体地表的影响较小，有利于保留山地原有植被，减少对山地原来水文状况的扰动，是一种较为理想的接地方式。架空式建筑脱离地面，有利于建筑的防潮，并能减少虫蝎等的干扰。根据建筑底面的架空程度，架空式又可分为架空和吊脚两种类型。其中，架空的建筑，其底面与基地表面完全脱开，完全用柱子支承；而吊脚的建筑，其底面局部坐落于地表，局部位于架空的柱子之上，类似于我国重庆的吊脚楼民居。

### （一）架空型

架空型接地方式的基本模式是建筑以支柱落地，建筑层面架于支柱之上。中国传统的干栏式民居是这种形式的典型例子。在现代建筑中，由于框架式结构体系的盛行，架空型建筑的形成变得更加方便和自然了，它能适应各种功能空间的划分需要，自由地形成建筑形体，可生存于各种坡度的自然地形中。如美国加利福尼亚州的某集合住宅，位于坡度为 65% 的山坡基地上，其形体为逐层退后的台阶状；而苏联的阿尔捷克度假村（Altjek Resort）中的疗养楼，架空于坡度为 12% 的基地上，其形体舒展、整体。

以上所说的架空型基本模式是我们在山地建筑中常见的，除此以外，架空型山地建筑还有一种特例，即建筑以其点状局部或单体建筑为支撑，形成架空，获得使用空间。例如，俄罗斯索契的黑海之滨疗养院，其影剧院一端架于山坡顶部，另一端架于客房楼的顶部，以客房楼作为影剧院建筑的支柱，既充分保留了山地的原有地形和植被，又获得了需要的使用空间。

### （二）吊脚型

吊脚的名称来源于我国传统的“吊脚楼”民居，它形象地表现了建筑局部以支柱架空的形体特征。由于吊脚型的山地建筑一部分直接与山体地表发生接触，一部分与山体地表脱开，能很好地适应地形，因此，在中国传统山地建筑中，吊脚形态的应用极为广泛，其中，尤以我国重庆、贵州等西南地区的民居更为典型。

采用吊脚型接地方式的建筑，平面布局可以不受地形限制，变化比较自由，且能使建筑与山地自然环境相互穿插，更加融洽。如柯布西耶（Le Corbusier）设计的拉图雷特修道院（Convent of La Tourette），如图 3-18 所示。其面向山坡的一侧底层架空，形成吊脚，让自然地形渗入建筑内院，使建筑与环境和谐相处；苏联的阿尔捷克度假村中的滨海疗养楼，建筑在临海滨的一侧利用地形高差形成吊脚，可以充分地感受海水涨落时建筑与水面的不同接近程度，取得与环境的融洽。

一般情况下，吊脚型建筑都处在单坡山位上。当地形复杂，处于山顶或其他起伏不平的山位时，吊脚型建筑会出现变异的形式，吊脚可能在建筑的两侧，也可能在建筑的中间。例如，日本宫城县图书馆横跨在两个山脊和一个山谷上，在山谷处运用吊脚列柱，布置开敞的、与自然山地融合的广场，供阅览者休息。

香港国际学校，位于香港岛南侧，基地处在面海的山坡上，被环抱在一片丛林中。建筑师在学校建筑的边缘布置柱子，形成四周吊脚的特征，使自然地形向建筑渗透。结合列柱设置开敞的楼梯和敞廊，让人们更多地享受山林海景，以达到人与自然的交融。

## 第四节　山地建筑的形体表现

形体，是对建筑三维轮廓的描述。处于山地环境之中的建筑，其形体与山体环境的关系是极其重要的。山地环境既是建筑形体产生的限制因素，又是形体产生的灵感源泉。建筑师应寻找建筑形体与山体环境的默契关系，抓住形体创作的关键。

根据建筑形体与山体环境之间关系的差异，我们把山地建筑的形体表现归纳为以下几类，它们分别体现了建筑与山地环境的不同关系：其一，融入型，即山地建筑形体在整体上服从山地环境，表现出对山地环境的归属感；其二，共构型，即建筑形体依托于山地环境，与山地共构，成为山地形体的延续；其三，超越型，即建筑形体摆脱了山地环境的束缚，表现出一定的自由性。

### 一、融入型

融入型的山地建筑注重对山地原有环境的维护，强调建筑与各山体地段的融合，表现出对自然的谦让，易于创造富有人情味、与自然亲和的建筑环境。当山地建筑位于山腹、山谷、山麓等地段时，运用融入型特征的建筑更为常见。要使山地建筑融入山地环境，建筑师一般从两个方面入手，即建筑形体与地形协调融合和建筑形体与地肌协调、融合。

#### （一）形体与地形的融合

要使建筑形体与山体地形融合，应当以对山地自然环境形象的最小改变为出发点。当然，最直接、有效的方法是尽量保持山地的原有地形和地貌。最常用的手法是将建筑按“小”“散”“隐”的方式设计，即将建筑体量化整为零，分散布置，尽量隐蔽在山林中。江苏省无锡市新疆石油职工太湖疗养院是“小”“散”“隐”手法的实例。该疗养院位于太湖北侧的马山，处在驼南山南坡上，山上原有大片杨梅林全部保留，建筑体量不超过三层，并分散布置在绿林中，达到建筑融于山林之中的效果。位于德国赛赫姆（Sahem）的汉莎航空公司培训中心是另一个化整为零的例子。该培训中心规模大，且功能要求集中，为此将公共教学、健身与娱乐部分布置在二层裙房中，隐蔽在四周浓密的森林中，而将客房、研讨和办公等用房布置在四个塔楼内，使建筑在山林中仅暴露几个体量不大的方塔，与环境和谐相处。

对于相对较为集中的建筑群体，建筑形体与山地地形的吻合可以通过以下两个途径得以实现：一是建筑形体的展开与山地等高线的走势相吻合。例如，在我国桂北的村落中，建筑多随等高线的走向而布置，形态自由，与自然山体融于一体。俄罗斯高加索的“蓝色的海湾”休养基地设计是设计竞赛一等奖方案，总容量达 11500 床，建筑布置成台阶式，面海跌落，沿山势走向和起伏布置，保留了原有山体的形态，建筑与自然环境协调，且创造了休养的整体构图的个性。香港大屿山愉景湾别墅区，也是建筑结合等高线和山势走向融入地形的例子。

二是建筑的立体造型与山体形状相融合。例如，印度喀瓦兰姆海滨酒店（Karwaram Beach Hotel）就以台阶式坡屋面与山体斜面相呼应，台阶中穿插椰树，达到与山体形状融合的效果。重庆忠县黄金镇洽井河上的榨油房，也是建筑与山体形状融合的佳例，榨油房结合山岩走势，随地形跌落，高低错叠，自由的平面布置和不规则的坡顶组合，和谐地镶嵌在大自然中，形成一幅优美的图画。

### （二）形体与地肌的协调

为了使建筑形体与山地环境相融合，山地建筑还需注意其与地面肌理的结合，主要表现在建筑形体与山地自然植被、山石和水流等肌理的融合。

为了使山地建筑与山地植被相融合，应尽力消除建筑几何形体与植被的生硬对抗，让建筑形体与自然植被互相渗透。例如，克罗地亚杜布罗夫尼克的克罗地亚饭店位于海边，根据基地的绿化和地形，将建筑设计成多地伸展、摊卧于地。自由的曲线平面巧妙地将游泳池、俱乐部、会议厅以及台阶式客房布置于各个部位，与绿林穿插，在自然中贴切和谐。美国建筑大师赖特（Frank Lloyd Wright）设计的“落水别墅”是山石流水和建筑结合的佳作。别墅于 1937 年建成，位于宾夕法尼亚州一条幽静的峡谷——熊跑溪上，小溪的山石高差形成跌落奔泻的小瀑布，建筑跨水面造，平台与石墙纵横交叉。第一层大平台左右伸展，第二层平台向前悬挑近 5m，高低错落的建筑犹如从山中生长出来，与自然浑然一体，意趣盎然。又如美国科罗拉多州的国家大气中心，就模仿当地印第安人就地取材的习惯做法，将当地的石料破碎后加在混凝土里当骨料，使裸露的混凝土表面显示出与山石相接近的红褐色，与山地环境极为和谐。

## 二、共构型

共构型山地建筑强调建筑与山体的共同组合，塑造符合山地环境的新景观。共构型山地建筑通常在山地的显著地位，例如山脊、山顶或山腰的凸出区域。随着社会的发展，山地建筑的功能日趋复杂，规模不断增大，以传统的“小、散、隐”方式与环境协调愈来愈困难，共构型是适应山地建筑这种发展趋势的一种手法。

共构型的山地建筑，强调的是建筑与山体地形的“共构”，因此，其建筑形体的聚合、轮廓线的处理等都需以山体走势为前提，两者相互依靠，相互衬托，才能取得完美的效果。位于西藏拉萨的布达拉宫建在约200m高的小山顶上，建筑以山体为基座，顺应山体趋势，山屋一体，产生了雄伟、浑厚的形体效果，强化了对地貌特征的表现。镇江金山寺是建筑群与山体共构，形成完整形象的又一实例。金山是孤丘，清光绪以前四面环水，金山寺建筑群包括西侧顺山建造的寺庙和山顶北侧的高塔，它们与山体、绿树共构成轮廓丰富、虚实结合的优美景观。

## 三、超越型

当山地建筑规模大、功能复杂，且用地地形多变时，超越型建筑容易适应建筑内外环境的需要。超越型建筑的形体组织往往表现出对山地地形的“超然”态度，强调建筑本身的功能与形体的秩序，是一种有效的山地建筑形式。例如，丹下健三设计的新加坡南洋理工大学，位于新加坡西端丘陵地区的几个小山丘上。他采取了鱼脊式桥体建筑布局形式，在中央的山脊上布置四层高的主体建筑，南北总长400m。由主体建筑向两侧各伸展两个230m长的桥体结构，跨越山谷，连接东、西两侧的小山头。桥体与自然山体巧妙结合，借助于建筑自身解决了起伏地形之间的交通联系，并将两翼建筑内的各系师生方便地导向设有公共设施的主体建筑及中央广场。

当然，超越型山地建筑的形成，有时并不完全因为建筑规模的过于庞大和建筑功能的复杂。在某些特殊的情况下，它是建筑性格表现的需要。例如，由矶崎新设计的日本北九州市立美术馆，他将展览室布置在两个长方体的空间内，并向两侧悬挑。像两条巨龙般的方梁横跨在山脊之上，其强烈的几何形体具有摆脱山体束缚的气势，表现出超凡的震撼力。

# 第五节　山地建筑的空间形态

空间的营造是人们建筑活动的根本目的。它的形成取决于各物质实体的围合程度和联系方式，它的布局形态左右了建筑的内部组织结构。对于山地建筑来说，空间是构成建筑形态的基本骨架，它决定了建筑（或建筑群体）的布局状况，体现了建筑中各个部分（或各个单体建筑）的联系疏密程度。

## 一、山地建筑空间的形态特征

由于有了山地环境的参与，山地建筑的空间形态表现出一定的特殊性，其特征是：与山地空间的耦合性、由地形高差而引起的动态性和因基地不规则而形成的趣味性。

### （一）建筑空间的耦合性

在山地环境中，山地建筑的空间形态常常表现出与其所处山体地段的空间形态的吻合，使建筑空间与山地空间之间具有一种耦合性的关系。山地建筑空间与山地空间的耦合性主要表现在两个方面，即空间意味的耦合和空间形状的耦合。

1. 空间意味的耦合

空间意味的耦合是指建筑空间属性与山地环境空间属性的契合。例如，山顶位置的环境空间，往往具有一种外向性与发散性，并在其周围相当广阔的领域内产生了一种影响力，位于山顶的优秀建筑，其空间属性也往往是外向和发散的，表现出空间的耦合特征。如雅典卫城位于山体顶部，由柱廊围成的神庙具有较强的空间辐射力，表现出神圣的空间意味。与其相类似的还有中国传统的“塔”，它们也常常位于山顶，其空间属性也是外向的，对周围的山地环境具有震慑和限定的作用；而位于谷地、山坳里的山地建筑，其空间意味往往正是山地环境所具有的意味，即内向、隐蔽。如福建泰宁的悬空寺，位于一内凹的山崖之内，其隐蔽、遁世的空间属性既是一座尼姑庵所需要的，也是该山地地段所特有的。

2. 空间形状的耦合

空间形状的耦合是指山地建筑空间形状与山体地段的同构。其主要表现就是建筑空间与山体空间形态的契合。

建筑空间与地形坡度的契合常常表现在建筑对山地等高线的利用。古希腊人习惯选择自然等高线呈圆形盆地的地段作剧场。在现代建筑中，人们也常常在影剧院、讲演厅设计中，考虑与地形等高线的契合。例如，四川攀枝花的炳草岗影剧院，利用自然地形的天然坡度形成了观众厅，获得了满意的视觉效果；印度新德里国立免疫学研究所专家住宅，根据地形的特征，组织建筑内院空间，或起伏变化的儿童游戏场所，或露天表演场，以达到空间的耦合。

日本 Cycle 体育中心是运动场空间与地形空间契合的例子。体育中心是自行车训练和比赛场所，建筑师利用地形高差组织运动场和观察台，观察台位于比赛场的东南侧，处在高差变化的斜坡上，运用四个三维构架悬吊观察台的屋顶，屋顶下依次组织餐厅、敞台和大厅，可容纳 2000 名观众和工作人员。建筑简洁通透，与环境和谐协调。

### （二）建筑空间的动态性

山地建筑位于起伏地形之中，为了消化高差，踏步、坡道等过渡性空间是必不可少的，而这些过渡空间既可以被安排在室内，也可以与室外空间相结合。踏步、坡道等能对建筑或群体的流线形成导向，使山地建筑的内部空间或外部空间会因地面高度的变化产生动态性，形成具有特殊意味的动态空间。我们将在下面提到的踏步主轴型和空间序轴型等空间组织，就是山地建筑空间动态性的表现。

### （三）建筑空间的趣味性

在各个不同的山体地段，山地空间的形状与界面是千变万化的。这就为山地建筑空间的营造创造了一个独特的环境。根据不同的山地环境，运用因地制宜的手法，山地建筑常可形成一些颇有趣味性的空间形式。例如，罗马西班牙大台阶等建筑就显得情趣盎然。

## 二、山地建筑空间形态的类型

山地建筑的空间形态组织与地形的特征紧密联系，随地形的变化形成了丰富的表现形式。这些形式通常可以归纳为六种类型：线网联系型、踏步主轴型、层台组合型、空间主从型、空间序轴型和空间穿插型等，如表 3-5。

表 3-5　山地建筑空间形态的类型

| 类型 | 线网联系型 | 踏步主轴型 | 层台组合型 |
|---|---|---|---|
| 图示 | 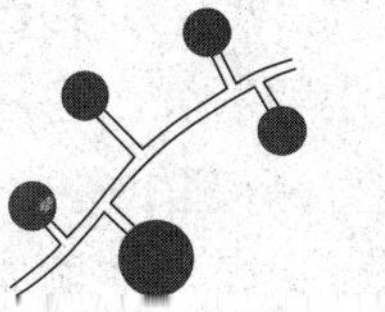 | 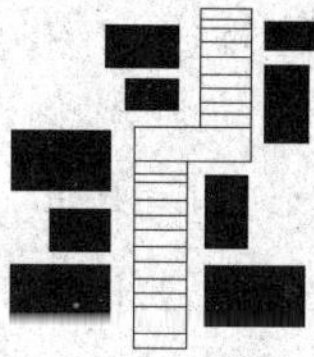 | 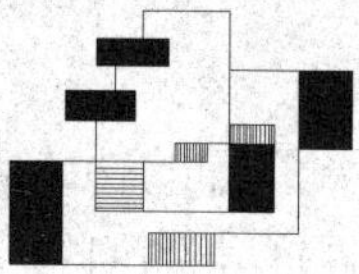 |
| 详细内容 | 主要联系要素为道路、廊道或枢纽建筑，适合所有的山位 | 联系方式为大踏步，适用于坡中，内部交通以步行为主，车行在外围或交叉解决 | 由不同标高的平台组织空间，适合于所有的山位 |
| 类型 | 空间主从型 | 空间序轴型 | 空间穿插型 |
| 图示 | 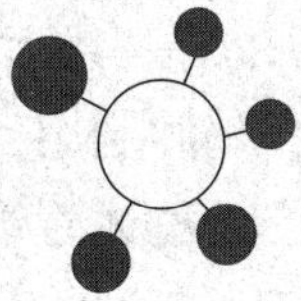 | 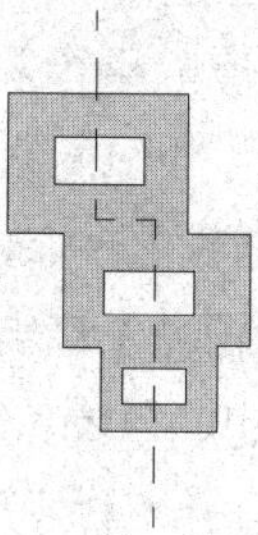 | 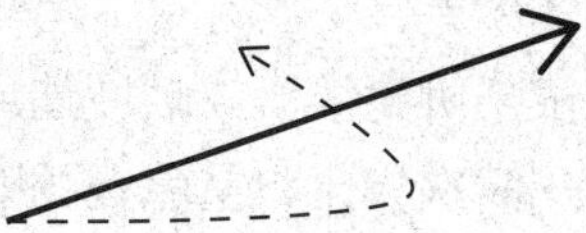 |
| 详细内容 | 以广场、内院为空间核心，使用于坡顶、坡底处盆地，在坡中则需有较为平缓的用地或人工基面 | 以内院组合形成空间序列，多位于坡中，使空间序列的行程与地形的升降相结合 | 空间流线立体交叉，适用于地形与功能复杂的山地建筑 |

## （一）线网联系型

线网型山地建筑，其主要特征就是山地建筑的空间骨架呈线型或线网交织型。这是最常见的山地群体建筑的组织形式，采用该类型的空间联系方式，建筑群的各个组成部分可相对独立，整体布局比较自由，对山地地形的适应能力较强，能使建筑隐在环境中，几乎适合所有的山位。对于各单体建筑而言，用以联结建筑或建筑各部分的空间骨架可以是道路，也可以是建筑连廊，它们通常都是建筑功能联系的主要动线。比如，江苏省无锡市新疆石油工人太湖疗养院以车行道路和步行长廊连通各建筑构成了网状联系的空间骨架。

### （二）踏步主轴型

踏步主轴型是一种极具山地特征的空间形态。这类山地建筑以踏步为“脊梁”组织建筑的各个组成部分（或各单体建筑）。垂直等高线的大踏步成为建筑的主干空间，建筑的各个部分分布于两侧的不同高度上，并通过平台与踏步相连接。踏步主轴型的山地建筑，通常适应于在山腰斜坡上建造，它们既能实现建筑空间的功能联系，又解决了山地地形的垂直高差联系。

踏步主轴型的空间形式可以被单体建筑采用，也可以在群体建筑中得到运用。日本安藤忠雄设计的六甲集合住宅（Ⅱ），是六甲住宅的二期工程，坐落在神户六甲山麓，随地形向上呈台阶状布置，室外台阶和斜向电梯共同构成了主轴空间，连接了各住宅单元。

踏步主轴型的空间形态在群体建筑中得到运用的实例也屡见不鲜。例如，位于长江沿岸的重庆西沱镇就是一个典型的例子，它以沿山势曲折而上的云梯式踏步为空间骨架，在上下高差达 160m 的山坡上，形成了整个乡镇，石砌大踏步总长达 2.5km，由两个大转折平台和 80 多个小缓冲平台组成，成为人们的休息、交往场所。大踏步两侧的各幢建筑位于不同的等高线上，或筑台为基，或吊脚为楼，或顺坡造屋，或逆坡空构，灵活多样，巧妙利用自然条件，呈现出鳞次栉比、重重叠叠的和谐景观。踏步主轴型的山地群体建筑在现代建筑中也常出现，四川攀枝花市中心的炳草岗大梯道商业街位于金沙江北侧的坡地上，以全长约 256m 的大台阶为主干空间，既连接了两侧的许多商业建筑，又解决了从新华街到人民街之间约 27m 的高差。为了获得符合商业气氛的空间效果，大梯道还结合踏步组织平台，设置建筑小品，以吸引人们停留、休息。

踏步主轴型的山地建筑，其车行组织一般与大踏步系统分离。

### （三）层台组合型

层台组合型是根据地形的高差和建筑功能的需要，建立若干个平台，通过踏步或坡道联系，组成高低变化的空间体系。层台组合型建筑或群体对起伏地形的适应性很强，特别适用于变化复杂的地形环境。

日本东京尤加里文化幼儿园，位于世田谷区的居住区内，基地北高南低倾斜，为了适应不规则基地，运用多层扇形平面组合，将 5、4、3 岁儿童的室内外活动空间，从高到低分别布置在各层平台上，在最低处安排运动场。各平台之间的高差运用不同宽度和形式的踏步，使空间组合活泼、有序。

理查德·迈耶（Richard Meier）设计的盖蒂中心（Getty Center）是大型建筑群层台组合型的例子。中心建造在美国加利福尼亚州洛杉矶北部圣莫尼卡山脉南侧的一个小山丘上，总建筑面积 8000m²，占地 44.5hm²，建筑群包括博物馆、艺术教育所、艺术史和人文学研究所、餐饮服务中心、报告厅和盖蒂公司的信息中心办公楼等。建筑群分别布置在七八个不同标高的平台上，核心建筑——博物馆位于最高的平台，处在入口主轴线上。平台形态各异，其高差的联系方式变化多样，或踏步或坡道，或宽或窄，或曲或直，或室外或室内，组成一幅完美的构图。

层台组合型建筑应将平台与建筑综合起来进行形态组织，切忌平台组织与建筑布局分离，各自为政。平台的组织应充分考虑构图的有序和优美，当根据原始地形组织平台，不能获得完美的空间构图时，也可以利用建筑参与组织，考虑空间构图，组织建筑屋顶作为平台。平台的联系方式是完善整体形态的重要组成，设计时应加倍重视。

### （四）空间主从型

空间主从型建筑是以一个主体空间为核心，将建筑的其他部分环绕周围与之相联系。这种空间布局方式的山地建筑具有强烈的向心力与凝聚力，其整体形态主次分明，较易获得统一、整体的效果。一般来说，该类山地建筑位于山体的顶部或底部的盆地和山麓等位置的较多。

具有“山顶一只船，云中一把梭”美称的四川罗城古镇是典型的空间主从型建筑群，它坐落于山脊上，整个村镇的单体建筑都围绕中心的船形街道而布置，街道长超过了 200m，中部宽 20m，建有戏台，两侧建筑设置檐廊，形成天然的观众厅，是人们购物、聚会、交往的佳境。

交通银行无锡会议培训中心是位于山顶空间主从型建筑的例子。培训中心处在太湖东侧的半山岗上，东、西、北三向倾斜跌落，平均坡度为 35%。建筑在山岗顶面安排一个内院，保留了原来地貌，形成了一个绿化庭院空间。围绕内院布置接待大厅、客房、教室、餐厅及辅助用房等。这些建筑用房向三面跌落。标准客房上一层、下三层，呈钢齿形平面，并在西面开转角窗，保证了客房在南、北向的基础上仍能看到西向的太湖水面，以解决朝向与景观的矛盾。

而东京药科大学是空间主从型建筑位于山坡底部的实例。大学四周被山丘包围，处在盆地中。建筑群在盆地中心设置内院，四周布置教学用房。

空间主从型建筑的主空间可以是庭院式的虚空间，也可以是以建筑为中心的实空间，或是建筑与院子兼有的虚实结合空间，根据建筑的功能需要选择不同的形式。

意大利乌尔比诺大学学生宿舍区内的特里邓代学院，在山岗上布置公共活动楼、扇形讲堂及被其围合的半圆形广场，共同构成虚实结合的核心主空间；

由核心向西伸展，建筑师布置了三幢台阶状的宿舍楼，并随山坡跌落。宿舍由八间带卫生间的卧室组成一个单元，每单元内还包含活动室、浴室、厨房以及一个宽敞的屋顶平台。公共活动楼有三层，底层布置文娱中心、酒吧、餐厅等，屋顶是半圆状广场的地面，二、三层为剧场、大阅览室等。

### （五）空间序轴型

空间序轴型山地建筑多位于山坡上，它们通常沿着坡面、垂直等高线组织若干个空间，用踏步等方式串联成序列，形成明显的空间序轴。这种类型的山地建筑，把建筑空间序列的组织和山地地形的升起或降落结合起来，易与环境融合，既符合山地的地形特征，又具有较高的空间感染力。

空间序轴型建筑在中国传统山地建筑中较为常见。往往是合院建筑在山地中的演变。四川资中县恒升当铺是一个典型的实例。当铺由四个不同标高的合院组成，通过过厅踏步将空间串联成序列，自然地匍匐在坡地上。

在复杂地形环境中，山地建筑的序轴往往是曲折的，如四川都江堰市的二王庙。在现代建筑中，呈空间序轴型的例子也屡有出现。例如澳门东亚大学，大学位于澳门氹仔岛北端。基地为东西延伸狭长的小山丘，占地 11hm$^2$，教学楼建在山丘的脊上，坡度约为 23°~30°。建筑师运用中国传统三合院平面形式，从山顶向两侧层层架空、错位跌落，形成不同标高内院的序列，在合院交接处设置楼梯间，作为垂直枢纽。内院结合地形组织空间，开敞、通透，是师生交往、休息、研讨学习的场所，也是眺望海景、山景的佳处。

### （六）空间穿插型

为了适应山地地形的起伏变化和不平整性，人们常将建筑空间，特别是交通流线（包含人、车流）空间进行立体穿插组织，形成空间穿插型的山地建筑。这种类型的建筑，通常较多地利用架空手法，不受地形变化的限制，有利于建筑内部复杂的功能组织和流线组织，对地形的适应能力也较强。

# 第四章　生态理念下的山地建筑适应性研究

## 第一节　建筑适应性的基本理论

### 一、适应性阐述

#### （一）适应性的概念

“适应”英文 adaptation 来自法语，源于拉丁文 adaptationem，意为适合、调整的动作、过程、状态。“适应”在我国作为一个复合词至近代才出现，《辞源》中没有收录。适，为形声字，甲骨文从止，即脚，啻声；金文将止讹为口；篆文加彳旁，而从辵（辶，走路），啻声，表示前往[①]；《说文解字·辵部》解释：“适，之也”，意为到、前往；《康熙字典》有“之也”“往也”“如也，至也”“从也”等释义。应，会意兼形声字，金文表示适合心意；篆文加“心”突出合意于心。《说文解字·心部》解释：“应，当也”，意为该当；《康熙字典》有“当也”“受也”“答也”等释义[②]。可见“适”与“应”，一个主动一个被动，且“适”在前，意指主动地成为被动的状态。“适应”在《辞海》中的解释为：适合于客观条件；由于生存竞争和自然选择的普遍存在，生物获得一定性状以适合于环境的现象；个体随环境的变化而自我调节，同时反作用于环境的互动过程，分为感觉适应、认知适应以及社会适应。其中阐明了“适应”中“适合”的动作和“客观条件，尤其是环境”的对象，指明了适应概念的生物学本源，并已广泛运用于各领域，进一步阐释了适应的本质：主客体二元的共存和二元的互动。二元共存即关注的不仅是人或生物，而且同时关注其所处的环境；二元互动即不仅观察单方面的“适”与“应”，而是一个系统的整体考察，主客体二元是同时分立存在和相互关联的状态。主客体的二元互动是“适应”更深层次的意义。

---

① 谷衍奎．汉字源流字典[M]. 北京：语文出版社，2008：872.

② 谷衍奎．汉字源流字典[M]. 北京：语文出版社，2008：481.

### （二）不同学者关于适应性的观点

1. 达尔文进化论的“适者生存”

“适应”这一概念首先出现在生物学领域。1858年查尔斯·达尔文（Charles Darwin）在伦敦林奈学会上宣读了他关于自然选择学说的论文，继而在次年出版的《物种起源》（*On the Origin of Species*）一书中系统阐述了他的进化理论。其中核心学说自然选择原理明示了生物与环境的深层关系，不仅仅是生存之于的环境，更是决定生存与否的环境，生物生存与否在于是否具有对环境的适应性；环境对有利变异的选择和进一步积累促成生物的适应性；适应是相对的，因为环境总是动态发展的；由于相对于环境有利的可能性变异很多，所以适应是多向的，从而生物物种是丰富多样的。之后斯宾塞（Herbert Spencer）将其引入社会学理论中，用“最适者生存”（survival of the fitted）这一术语对达尔文自然选择与适应的思想加以概括，其后“适者生存”法则被作为达尔文进化论的核心法则而广为熟知，自然选择学说又被称作适者生存说。

“自然选择”已被反复陈述和广泛传播，而值得一提的是，达尔文同样关注了“人工选择”。《物种起源》第一章论述的即是家养状态下的变异。由于家养的生活条件远不如自然条件稳定均一，产生的变异更显著、更易于观察，达尔文选择了这样“特殊的类型”作为具体研究的起点，成功发现了遗传变异的普遍性，论证了微小变异在人为积累下生成适应性状的可能性。生物内因（即基因，当时的科学界尚没有认识到DNA）之外，生活环境的变化可以直接作用于生物体，也可以间接影响到生殖系统。两种选择不同的是，自然选择的主动权在“自然”，选择的是对于生物自身生存有利的性状；人工选择的主动权在“人”，选择的是人类所期望的变异性状。由此，达尔文在论证了适应之普遍性的同时，也看到了改变环境因素可以对适应的方向进行引导。

“适者生存”这一表述极为精练地概括了达尔文进化论的主要核心，但这个定义的逻辑是不够严谨的，生存本身需要再解释。生存离开繁殖，即某一个体生存下来，若不能繁育后代，其适应性状不能传衍，生存的意义将大打折扣，此时的生存者并不能算作最适者。而达尔文原本并没有忽略繁殖对于适应的意义。与变异的普遍性可以同时得出的结论即生物稳定的遗传性，只有稳定的遗传才能保证有利变异的积累。达尔文对生存斗争的诠释也明确强调了繁衍后代的意义。可见，适应性不一定能在某段时间（如生物的一代）显现出来，更多的是依赖一个长时期的过程积累，适应是一个过程。

然而不可否认，达尔文进化理论有着一定的历史局限性，其中包括对进化渐变性的过分强调，深信“自然界里没有飞跃”，排斥任何由突然变化产生新物种的可能。这一“唯渐进进化”说受到了“间断平衡论”者和“新灾变论”者的强烈攻击。近几十年的研究成果表明，事物的发展过程，包括物种的形成，既有渐变，也有突变；古生代末和中生代末的“集群绝灭”以及众多地质发现也告诉我们，地球曾经历多次使之面目全非的大灾变。这正是适应之相对性的体现，环境一旦发生改变，原本适应的特征则可能不再适应。而适应的过程无法迅速应对环境的大突变，用人工选择对适应方向进行引导时必须把握环境变量的度。

2. 斯图尔德的“文化适应”

达尔文进化论对社会科学产生了广泛的影响，以斯宾塞、摩根（Thomas Hunt Morgan）、泰勒（Edward Burnett Tylor）的学说为代表，于 19 世纪末出现了文化进化论的兴盛。但当时的文化人类学者对生物进化论的引入有着明显的各取所需倾向，只吸收了其发展演变的思维逻辑，对于进化论的关键概念“适应”“变异”却长期忽视。至 20 世纪 50 年代新进化学派兴起，倡导者莱斯利·怀特（Leslie A. White）的学生斯图尔德（Julian Steward），在前人的基础上提出文化生态学说，认为文化之间实质性的不同是由文化与其生态环境互动的特殊适应过程而造成的，从而使“文化适应”的概念真正进入文化人类学的理论范畴。

从概念上，斯图尔德突破了传统生态学和人类学面对人类被纳入的生态的局限，将人类文化与生态环境统一结合。给予对环境的关注是生态学主要的贡献，“生态的主要意义是对环境的适应”[①]。而发展之初，生态学关注的是生物有机体与其所处的无机自然环境之间的关系，而后将人类作为一个生物物种纳入自然生态系统，形成人类生态学。但除了生物性，人类更重要的是还具有社会性，人类进入“生态”即引入了文化这一超有机因素，“人的文化行为之解释与人的生物演化之解释乃是不同层次的两个问题”。所以人类生态学“以普通的生态原则为研究目的，给予文化次要的地位”[②]，是有局限的。而人类学者则专注于文化自身及其历史，忽略环境因素，仅将环境置于允许或抑制作用的角色。人类学可以将人类某项活动的起源追溯得十分透彻，但解释不了为什么出现这项活动。因此，斯图尔德提出“文化生态”（cultural ecology）的概念，以探究文化适应于其环境的创造性过程。

① 史徒华．文化变迁的理论[M]．张恭启，译．台北：远流出版事业股份有限公司，1989：37.

② 史徒华．文化变迁的理论[M]．张恭启，译．台北：远流出版事业股份有限公司，1989：42.

在此基础上，以适应解释文化的进化，文化生态的适应才是文化变迁的动力。斯图尔德认为物质环境与人类活动之间总存在着一种中项，这种中项即为文化适应的这一过程项。文化本身并非静止，它与物质条件的关系是可以适应和更改的。技术在其中起着关键性的作用，斯图尔德将文化的变迁“基本上归因于技术与生产处置的变化引发的新适应”，因为一项新技术的发明总是带来文化适应能力的极大提高。但他并非关注技术的起源或传播，而是技术在各个环境中不同的利用方式及其导致的不同的社会性后果。

“文化生态”的概念将“文化适应”从“生物适应”中解放出来。文化适应中，人的认识和经验等社会性因素是更主要的，而生物适应只能被动地通过遗传变异。文化表现为一个群体的社会行为，具有多层次的复杂结构，各个文化要素能够在不同层面表现出相对独立的适应性，进而牵制影响其他要素，呈自组织结构系统的运作状态。二者在适应效果的追求上是类似的，如同生物的遗传和变异，文化依靠传承和创新而获得更高的适应性。

3. 麦克哈格的“适应标准”

适应性理论在规划和设计领域的发展同样源于生态学的引入，以生态规划之父麦克哈格（Ian McHarg）为代表。20 世纪初，工业迅猛发展、城市病凸显的现实将对环境的关注推入建筑规划学者的视野。在此背景下，麦克哈格的经典著作《设计结合自然》（*Design with Nature*）发表。其主要观点之一为：自然界中一切物质形式都是适应的结果，那么，一切人造形式，包括建筑与城市，同样应当以适应为创造与评价的标准。

（1）自然主义价值观。自然主义者（Naturalists）所信奉的观念是麦克哈格适应标准形成的指导价值观。第一，独特性（或独一无二性），是对所有事物、所有生命形式的基本态度。世界上没有两片完全相同的树叶，生物可以有许多相似，以此可以分为不同的种群或类群，但没有两个是完全相同的。生物的本质有绝对的独特性，以前没有存在，以后也不会有完全相同的继承，包括经历的路径，也只有唯一一次的存在；独特的不仅是特殊属性，也有普遍属性。于是世间万物相互间没有优劣高低之分，只有独特性，不论自然或人类，必须获得同等的尊重。第二，自由性，是伴随独特性而固有存在的。独特性是尊重个体需求的基础，而自由是个体的基本需求之一。环境所允许的存在形式是无限的，每个独特的个体都拥有这一无限的发展空间。无序和暴虐将侵犯个体的自由，都是不可接受的。第三，合作性，在尊重独特性和自由性的利他主义（altruism）中体现。复杂的生态系统中，所有的有机体都必须让出一部分自主权，也可以说是自由，以维持整个系统和系统中的其他生物，此即利他主义。如有机体的生存需要摄取食物和排出废物，即需要与进行光合作用的生产者和废物分解者依赖共生，它们为了生存而合作，让出一定的自由空间而承担一部分合作的责任。所以，自然主义者更倾向于关注生物进化中的合作，而非达尔文的生存竞争。基于以上观念，对于自然界这个“超级生物”（super organism），人应该发挥“酶作用”，因为人的知觉如同酶的调节能力。人属于这个系统且依赖于它，人同样须出让一定的自由而承担合作的责任：“成为生物界及其知觉的管理者”①。

（2）相互的适应。超出达尔文生物适应于环境的意义，麦克哈格认为环境也是适应生命的。生命与环境二者相互适应，是一个连续动态的平衡过程。有机体本身的适应变化是环境变化的重要部分，在适应环境的同时使环境更适应自己。麦尔哈格对这一点的认同源自劳伦斯・亨德森（Lawrence Henderson）的启发，亨德森提出环境中各种物质的演化是生命适应性及其进化的先决条件。在其著作《环境的适应性》（*The Fitness of the Environment*）中，亨德森详述了碳、氢、氧的元素特性，说明环境的适应性即通过水、碳酸、碳化合物、氢和氧以及海洋等各种特质的调节作用而实现，如海洋，能诱入阳光而屏蔽紫外线，从而营造生命产生的有利环境。因此，提供有利条件是环境对有机体生存的适应，而有机体的进化是对环境提供的有利条件的适应。进化由环境与有机体之间彼此相互的适应共同完成。

（3）过程与形式的适应标准。麦克哈格列举了从原子、脱氧核糖核酸、雪片到鹦鹉螺、蜜蜂等事物的形式都是规则的且是有节奏的变化，认为有意义的形式是由适应而产生，包括发展的过程和形式的效果。人类也是适应性过程的一个产物，是有意义的一种形式，包括人类社会及人造物。生物的存在即为适应，即生命延续下来，而人造物的适应可能是有利的，也可能是不利的，需要进一步讨论其适应与否的标准是什么？因为人类与其他生物同等地存在，人类的活动形式与鹦鹉螺、蜜蜂等一样，需要接受生存和进化的考验。所以对于城市和建筑，其形式“谁也不追随，形式是与所有的进化过程结合在一起的”②，应该还原到自然进化的过程中去，以是否有利于生命延续为适应与否的标准。

### （三）可持续发展观中的适应性

可持续发展已经成为当前世界发展的主题。20 世纪中叶，西方发达国家的人口、环境、资源危机凸显，引起了诸多思想家与学者的反思与呼吁。在

① 麦克哈格．设计结合自然[M]．黄经纬，译．天津：天津大学出版社，2006：149-151.

② 麦克哈格．设计结合自然[M]．黄经纬，译．天津：天津大学出版社，2006：209.

这样的背景下，1987 年世界环境与发展委员会报告《我们共同的未来》发表，首次明确了可持续发展的定义："既满足当代人的需求，又不损害后代人满足其需求的能力。"继而 1992 年联合国环境与发展大会召开，使《21 世纪议程》《里约环境与发展宣言》等重要文件通过，可持续发展观成为全球共识，实现了从理论到实践的转型，成为各国共同遵循的发展之道。1994 年，我国率先编制了《中国 21 世纪议程》——中国 21 世纪人口、环境与发展白皮书，立足中国国情，发展了联合国环境与发展大会的可持续发展理念。1996 年可持续发展被确定为我国两大基本发展战略之一，走经济建设与资源、环境协调发展之路。

1. 发展的适应

"发展"是可持续发展的落脚点。与环境、资源相适应的人口、经济发展是可持续发展的要求。适应与可持续发展的关系可类比为演化与进化的关系，自然界中的演化由进化和退化共同组成。进化是自然界整体物质层次由低到高的推进，退化反之；进化与退化同是演化过程中相对立的两个面，一面的运行是另一面发生的条件，二者互为因果的结合构成完整的演化；退化不是单纯的退步，进化以退化为代价或条件。适应，描述的是适合环境条件的改变而变化，本身为中性的，可以是进化的适应，也可以是退化的适应，如生物学上的"用进废退"现象，此时的进或退都是生存的需求所致，都是适应的结果。可持续发展观以发展为根本前提，"当基本需求满足并得到改善，经济进步使国家和个人产生较强的自尊意识，物质进步扩大了个人的选择范围，这时才有发展"①，丹尼斯·古莱特（Denis Goulet）将生存、自尊、自由视为构成发展的三种基本要素或核心价值，可以说适者之生存是发展的起点。可持续发展首先是进化的适应，而且是一定水平的发展的适应。

2. 持续的适应

"持续"是可持续发展的另一个关键词。可持续发展首先是进化的适应，而且是一定水平的发展的适应，更要求是持续的适应。可持续发展是一个宏观的概念，描述的是一个复杂系统的运行状态和总体趋势。而对于不同的生态、经济和社会环境及其不同阶段的状态都需要有针对性的具体途径，即适应性的路径。所以，可持续发展必然是具体条件下的适应性发展。适应的相对性，即适应必须是一定环境下的适应。当进入下一个时间，环境有了改变，原有状态

① 瑟尔沃．增长与发展（第 6 版）[M]. 郭熙保，译．北京：中国财政经济出版社，2001：13-14.

则可能不再适应，没有绝对的永恒的适应。所以，普遍意义下的适应并不是绝对持续的。那么，可持续发展观所要求的持续适应，即要求持续不断地调整而适应，通过主动认识环境和遵从演变规律，持续处于积极的适应状态。利于系统平衡的持续发展，是可持续发展所要求的适应方向。

## 二、建筑的适应性的概念及特性

### （一）建筑适应性的概念

在多领域、多阶段延展的阐释之后，我们对适应性的概念有了更为全面和深刻的理解。建筑的适应性即广义的建筑适应于其所处环境的性质和状态，是环境选择作用的结果，其包括以下几层含义。

（1）同样是谈建筑与环境之间的关系，但非立足建筑或人本位，谈建筑受环境中各种因素的影响，即将建筑定为原点，被动地受环境主动的影响；而是立足环境本位，谈建筑主动去适应环境中的各个因素，即将环境定为原点，建筑主动地成为被动于环境的状态。考察建筑自身的责任，这是建筑适应性的突出特征和现实意义所在。

（2）“建筑”“环境”都是广义的概念，建筑的适应性是一个集群特性的凸显，是对其所处环境中所有因素刺激的适应，包括自然、经济技术、社会文化环境的总量。

（3）建筑、环境二元共存，建筑是环境中的建筑，环境是建筑所处于的环境；二者共存于同一空间区域和同一时间阶段。

（4）建筑、环境二元互动，总体趋势表现为环境的选择作用产生建筑的适应性，而选择过程中存在二者之间的互动和调适。因此，“建筑主动地成为被动”之“被动”并不是绝对的、消极的被动。

### （二）建筑适应性的特性

1. 集群性

建筑的适应性是无法在一个单体语境中讨论的。一个建筑单体出现的适应性特征可能仅仅只是一个偶然的变异，如同生物发生的个体变异，需要经过繁衍的积累，才能形成稳定的适应性状，成为物种的特征。因此，我们对于建筑适应性的探讨，都是相对于广义建筑的概念，是在“建筑种群”层面凸显的性质，具有集群性。

然而，建筑适应性的集群特征并不意味着对单体的研究毫无意义。集群是单体的集群，单体同样具有集群的特征。从单体着手研究，从特殊到一般，从局部到整体，这是认识现象的科学规律。重要的是眼光要放于全局、整体，注重普遍性的提取。

2. 普遍性与相对性

（1）普遍性。如同生物适应性决定了普遍的生物生存与繁衍现象一样，建筑的适应性普遍存在。建筑是某种形式而不是另一种形式，正是建筑适应于不同环境因素作用的结果。多样化与差异化的复杂环境经适应的普遍性作用而生成建筑形制的多样性与差异性。

（2）相对性。建筑的一种形制和状态仅适应于当时当地的环境，不存在永久和普适的建筑定式。这种相对性包括空间和时间两个层面。空间上，建筑的适应性对应于一定的空间区域，是对此空间区域内所有环境总量的适应，不仅包括自然界有形的物质环境，还有区域经济、技术、社会、文化等无形的非物质环境因素。因为非物质因素不存在实际的范围界线，从而决定了建筑所适应的空间边界可能并不清晰。随着信息技术的发展和普及，这个边界将越来越模糊[①]。时间上，建筑的适应性对应于一定的时间阶段，是对此时间阶段内所有环境总量的适应，从而也生成建筑适应性的另一组特性：时态性与时段性。与空间边界的模糊性类似，由于环境的历时性发展一般是连续的渐变，且适应的过程态性质导致建筑适应性的存在和演化也多是连续的。因而，对于某个适应状态的时间界定也多是模糊的，从一种状态到另一状态的适应性变迁之间常常有一段过渡期。特殊情况是环境条件发生突变，如自然灾难。与生物的适应性不同，建筑是人类的生存活动之一，人类能够面对突变的环境迅速反应和调适。

3. 时态性与时段性

时态性与时段性是适应之相对性的表现，而更重要的是体现了建筑适应性动态发展的特征。

（1）时态性。“适应”本身即包含动态、变化的考量，否则为“维持”。世界总是运动发展的，物质和非物质环境总在变化，环境选择所生成的建筑适应性则需随之变迁。不同历史时期的建筑适应性状态是不同的，一段历史时期对应一种时态。正如单军教授对建筑地区性的时态划分，其依据文明的发展历程，将地区性宏观地分为历史的地区性（农耕文明）、现代的地区性（工业文明）和全球的地区性（全球化文明）。

① 单军．建筑与城市的地区性——一种人居环境概念的地区建筑学研究[M]．北京：中国建筑工业出版社，2010：89.

（2）时段性。常态下，建筑适应性的建立需要一定长度时间段的调适和完善成熟。一是环境复杂，其选择作用生成的“反射弧”较长，反应较缓慢；而且环境因素自身的变化一般呈渐变，同样需要一定长度时间段来形成。二是由于适应的过程态性质。适应的过程包括两个特征阶段：创造与保持。前者是结构和模式的进化，实现必要的调整以适应环境；后者为一种稳定化的趋势，保持已实现适应的结构和模式。尤其是“保持”需要一段相对稳定的时间，而保持并不是静止，保持过程中需要针对不利于稳定的状况予以反复“创造”的调整，建筑的适应性才能得以完善凸显。在特殊情况下，环境发生突变，为了应对突发情况，建筑可能迅速形成特殊的适应性特征。如大地震之后，轻便经济的帐篷成为适应性的选择。类似生物也有突变适应和快速灭绝的现象。但此时迅速形成的适应性特征常常是临时的和不稳定的，或者可以视为适应环境大变化的过程中，其“创造”时期的初级阶段。其后可能需要更长的时间来消化调整，以生成稳定的适应性。所以对时段的定义将影响对建筑适应性的评定。某段时间产生的适应性特征在历史长卷中看来可能并不是适应的，而只是昙花一现的偶然，正如某些物种的性状消失了又再次出现。

由此我们可以理解，农耕文明时代，地区之间的隔离提供了相对稳定的环境，社会较缓慢的发展进一步孕育促成建筑适应性的成熟凸显。而已成为地球村的今天，社会运转的节奏越来越快，环境因素，尤其是经济、技术、政治、文化等非物质环境因素越来越复杂，对建筑的适应性要求越来越高。建筑不再拥有仅仅作为庇护所即可获得的“完美”，其适应的方向有太多的可能性，每个可能性背后都有足够支持其成立的客观条件。

4. 互动性与共生性

适应之二元共存与二元互动的本质，正如麦克哈格所阐述的“相互的适应”，互动共生的适应现象普遍存在。值得强调的是客体环境的变化，哪怕是无机环境，演变也一直在发生。地球是生命起源和生物进化的温床，而生物又在地球上留下足迹，进而改变地球（如还原性大气转化为氧化性大气），许多原来以为“无机”的地质过程，其实都是生命活动的结果。

同样，建筑的适应性包含了建筑与环境互动共生的意义。建筑适应环境的过程中与环境发生作用，如同提供有利条件以适应生命生存一样，环境自身也在发生变化，较明显的如气候地形、自然资源存量的变化等，刺激建筑不断调整以进一步适应，从而形成共同演进。建筑于环境之中，汲取环境养分而生长，继而又成为环境的一部分，成为供给和约制新生的“养料成分”。建筑与环境主客体之间相互联系、相互制约又在一定条件下相互转化。互动与共生是一组相关的概念，因互动而共生，因共生而互动。

5. 中性与多维性

（1）中性。适应不等于进化，适应描述的是一种客观现象。建筑的适应性描述的是建筑与环境之间的关系，是环境中各种因素综合选择作用下的结果。只要环境中某一因素的作用发生变化，就可能生成另一种不同甚至相反的适应性结果。所以适应性结果不一定是最佳结果。不同于生物以生存为唯一追求，适应与生存直接对应则无疑是积极的，当然不适应也将付出生命的代价；建筑的适应性是中性的，即其本身并没有明示是积极还是消极、正增长还是负增长，而需要进行再评价。所以麦克哈格提出“适应标准”是有意义的，他认为应当以是否促进生命的发展为标准。当然，这是个宏观的理念，在具体的时代和不同的地区还需要更明确的评价原则。

（2）多维性。建筑的适应性在一个空间的维度中可多向发展，即并不总是一维方向运动的适应。例如，人体对外界温度的适应即是一维的。表现为外界温度变化生成冷热刺激后，人体必需进行生理或物理的调节使之回到原状态（如打冷战、出汗或增减衣物），否则即不适应而不能生存。而建筑不必保持“原状态”，人类各历史时期建筑的多样性和差异性已经证明了建筑不会保持一定的状态。这也是文化适应与生物适应的不同点之一。生物适应以生存为唯一标准，所有行为活动均指向这一个方向；而文化结构复杂丰富，适应标准也多元灵活，可以多维度、多方向地达到适应目标。建筑的适应方向是多维的，通过环境因素作用的调整能够改变原来的适应方向。

6. 自组织性与可调控性

（1）自组织性。自组织（self-organization），简而言之即自主或自发地组织，能自动地摄取外界物质与能量而获得结构与功能的运转和修复，生物体即天然地具有自组织性。“自组织”最早于 20 世纪 50 年代由英国精神病医生艾什比（William Ross Ashby）在控制论中提出，自 20 世纪 60 年代以后逐渐发展成为独立的理论体系，以普里戈金（I. Prigogine）于 1969 年提出的耗散结构理论（Dissipative Structure Theory）、哈肯（Hermann Haken）于 20 世纪 70 年代初建立的协同合作之学（synergetics）最著名。其中，开放性，即与外界持续的物质和能量交换需要开放的系统状态；非平衡态，即非平衡条件的嵌入是可能成为有序（耗散结构）的起点[①]；涨落（外界对系统施加的约束所引起的系统反应或响应），系统不断寻求与外界约束相适应的响应，是自组织系统必须具备的三个条件。自组织演化的动力从形态上分析是源自非平衡状态的位差，而从发生机制来分析，竞争性与协同性是推动自组织演化的根本动力。

建筑的适应性正具有这样的自组织性。它是开放的，建筑与环境的互动即是人流、物流、能量流、信息流等各方面的交往；它处于非平衡状态，非平衡需要系统各个部分在数量和性质上存在差异，建筑适应性系统中的自然、经济、技术、社会、文化等诸环境因素在相互联系的同时相对独立，均属性质和内容完全不同的要素体系，需要在相互联系和牵制中维护自身利益的完整，从而产生非平衡状态；它同样具有涨落，若没有涨落，即系统不对外界约束产生响应，那么"适应"也必然不存在。可以说，在宏观规划介入之前，建筑的适应性是完全依靠这样的自组织系统来实现的。而适应一定的空间，建筑资源是有限的，能提供的生存和发展机会也是有限的。传统聚落有一定的规模门槛，背山近水等优势区位的密集分布等都说明了竞争性的存在。这种竞争性虽然对于个体是残酷的，但对于整体而言是有积极意义的，竞争能促进资源的有效利用和优势进化，是得以自组织化的主要动力之一。竞争中的协同是自组织的另一主要动力。如同自然主义者对自然界利他主义的认识，环境中自然、经济、社会等因素对建筑的选择作用互相牵制、互为条件，其互动共生的状态即体现了一种协同性。

（2）可调控性。建筑适应的多维性提供了可调控的可能，而可调控性依赖于"他组织"的作用。他组织与自组织相对，此时系统在外界的强加作用下获得相应的结构和功能，外界以特定的方式作用于系统，也称"被组织"[②]。显然，建筑适应性系统的他组织作用来自"人"。有意识地对自组织系统进行宏观干预，即人工选择介入自然选择，将影响建筑的适应方向。

---

① 普里戈金，斯唐热．从混沌到有序：人与自然的新对话[M]．曾庆宏，沈小峰，译．上海：上海译文出版社，1987：187.

② 哈肯．协同学[M]．徐锡申，陈式刚，陈雅深，等译．北京：原子能出版社，1984：241.

# 第二节　山地住区建筑适宜性的设计策略

## 一、山地住区建筑设计的原则

山地住区建筑的规划设计要兼顾地形、地貌、环境等要素，同时要注重总体的规划。在规划过程中，建筑师要将建筑纳入景观中，建筑设计与景观设计同等重要，且需要同步进行，并使其在整体风格上大致保持统一协调。建筑在自然的环境之中是相对独立的，但在山地之中，建筑很难做到撇开环境，独善其身，它总是会相互渗透，相互消解，因势而上，共同构成山地住区的环境。如根据不同的地势的坡度和坡向及台地的大小来建造规格不同，形状各异的建筑，使其顺应地势，丰富了住区的场所，避免对自然环境过度的破坏，从而杜绝了在山地照搬平地建筑的做法。建筑师更应该根据特殊的地形地貌和自然环境，确保建筑设计适合山地的地形地貌，以取得地形和建筑的总体和谐，使建筑与环境更加协调，避免过度影响山地生态。

### （一）总体规划设计的原则

山地住区的规划设计从一开始就应该树立“大处着眼，小处着笔”的大局观，树立整体的全局观，切忌为了小部分建筑而牺牲整个住区的设计。在古代的山地住宅建设的历史中，由于受到当时科学技术限制，人们建设房子用比较少的人力、物力，建造出比较适合居住、与山地环境协调的建筑。这种建造方法省时省工，值得我们学习。在古代山地建筑的场地模式中，那些看似简单处理地形的手法，却体现尊重场地与适应自然的朴素生态观，几乎杜绝了采用挖填结合的办法来达到土石方平衡，避免带来土石方向外运输的问题。

首先建筑师要对整个住区有一个整体的了解，对整个地形地貌有整体的把握，对自然环境有充分的考虑，对山地的坡度和坡向有详细的分析。在规划设计之始，建筑师就应心中有数，基地内什么东西是对设计有利的：如比较平缓的坡地，面积较大的山脊。基地内那些条件是对设计不利的：如经过多年雨水冲刷形成的山谷、山沟。建筑师还要明确地知道基地那些东西是可以保留的：如景观大树，自然形成的山涧小溪，在规划设计之中尽可能利用它们作为自然的景观。

其次，建筑师一定要注重水的处理，自古以来，无论是中国绘画之第一大类的山水画，还是中国的传统哲学思想都会把两者有机结合在一起。只有山，没有水，那么山就成了“穷”山；只有水，没有山，那么这水就成为“恶”水。地势比较低洼的地方储水成湖，水平如镜，倒影四周的群山和建筑物，倒影天上的云彩，一年四季风景不同，阴晴圆缺时时不同。这样既可以使不适合建造建筑的地方尽可能地利用起来，又可以美化环境，改善基地内的小气候。在前期的调研之中，建筑师一定要注意基地内的地势情况，在设计的时候充分考虑有利条件。至于本来就有的天然湖泊的地方要加以利用，建筑师不应该填平它作为建设用地，而在别的地方另辟地方造人工湖。在没有天然湖泊的情况下，建筑师也要想方设法去营造这种水的环境，使“山”与“水”都能达到基本的均衡。

山地住区的规划设计整体规划原则还体现在道路的规划上，道路在整个山地住区当中是骨架作用，骨架好整个机体的“血肉”就会丰满起来，血液自然流畅。道路的设计要充分体现以人为本的原则，要充分考虑地形坡度的大小，大部分的道路的坡度是根据地形来走的，但要适应地做出一些调整，使其坡度不会突大突小，而是更适合行车、行人的需要。那种时而垂直下降，时而平缓，开车就像坐过山车一样的道路，是很不安全的。道路顺应山势规划，尽可能服务于两旁的建筑，这样不仅可以最大限度地利用道路，同时加大了建筑之间的间距。另外，山地住区的道路尽可能联通，尽可能避免断头路。

总之，只要在规划之初，有大局观，能从景观最大化入手，尊重地形，尊重环境，以人为本着眼，就能在规划设计的时候做到总体把握，权衡做出好的规划。

### （二）建筑设计与景观设计并重的原则

为了充分体现人与自然，建筑与景观的和谐共处，给人以建筑生长在山地之中的感觉，建筑是生态的建筑，就应该尽可能保护原有山体形状和地形地貌特征，设计时利用山地的高差和前后花园空间的相互穿插，在建筑的体量上适合周边的环境。美国现代建筑大师弗兰克·赖特说：“只要基地的自然条件有自己特征，建筑就应该像从基地的自然环境中生长出来那样与四周的景观环境和谐”。

山地住区欲营造出良好的环境，就必须要求建筑与原有环境混合，把建筑凌驾于环境之上的住宅区是不可能宜居的，因此在规划之初就应该尽可能地保留原有的山体，少做挖填，少做台地，尽可能减少对山地的破坏，为下一步的建筑设计的环境营造提供更好的地形。房子的建设因势而上，依山就势，自然而然地形成底层架空的形式，使用传统的山地建筑——吊脚楼的形式，同时体现对建筑传统的传承和对山地地形的尊重。山地住区的建筑要注重对外围景观的利用，其对四周的景观的利用有着地利的优势，往往在风景园林的建筑里可以看到。在山体的最高处或在山体景观最好处设置亭台楼阁，这些亭台楼阁的地方是极目远眺的好地方。古人把山地的外围四周景观的优势发挥到了极致。

### （三）建筑与地形相结合的原则

山地地形对于建筑的选址、设计和施工都有较大影响，如何把建筑与地形地貌结合，是充分利用土地，创造丰富空间层次的关键。由于山地地形的特殊性，建筑与基地的连接不能像平地那样做成坡度在 2% 之内，山地的坡度达到 8% 以上，有的达到 30% 以上，在建设过程中我们坚持节约用地这一基本原则，如何充分地利用有效的土地在山地住区建设中显得更为重要①。

山地住区的整体轮廓是山地住区总体形态的集中体现，山地地形特色有没有被很好地保护和利用是山地开发成功与否的重要指标。山地生态环境中的山脊线和山谷线是山地住区的有机组成，住区的形态与山脊线、山谷线组成的轮廓线相得益彰。这种与环境共存的居住环境共同构筑人与自然和谐之美，这也是山地住区与平地住区最大区别所在。

## 二、山地住区建筑适宜性设计策略

### （一）重庆水墨江山住宅小区项目概况

1. 区位及交通

天地源重庆水墨江山项目位于重庆市北碚区，属于重庆市九个主城区之一。北碚区地处缙云山、中梁山两大生态屏障之间，北接嘉陵江，南邻重庆沙坪坝大学城，龙凤溪贯穿其间，山水相连，风光旖旎，毗邻重庆市中心，交通发达，是重庆进出川东的咽喉要地，已形成了水、陆、空综合联运的独特优势和快捷的物流体系。缙云山位于北碚区嘉陵江小三峡之温塘峡西岸，距重庆市中心 35 km，面积 7600 $hm^2$，海拔 200m~952.5m。

项目选址北靠状元小学，西临碚青路，南临华润琨瑜府，东侧为公园绿地。建设用地面积为 114 856.00 $m^2$（约 172 亩）。项目地块为矩形；西低东高，地块海拔高度在 244.42m~281.83m 之间，高差较大，最大高差 37 m；地块地质状况良好，适宜建设住宅类工程项目。

基地虽处山城，但交通较为便利，距离重庆江北国际机场车程大约 15 分钟，嘉陵江贯区域南北，襄渝、遂渝、兰渝三条铁路线横穿区域东西，渝武高速、二环高速、轻轨 6 号线与正在修建的快速路一横线、一纵线及规划建设的

① 曲宾，刘波．对山地环境中建筑设计的研究 [J]. 黑龙江科技信息，2009（24）:343.

轨道 7 号线、椿萱大道均穿境而过，交通方便快捷。北碚新城目前已形成“一心两地三带”（政务、商务中心，科教文化高地和新兴产业基地，滨江休闲带、缙云山麓生态产业带、龙凤溪畔低碳生活产业带）的空间格局。当地政府致力打造“生态宜居城区”，使之成为重庆都市休闲度假目的地、重庆科教文化的高地、重庆生态宜居的典范。地块位于政、商务商贸中心与龙凤溪畔低碳生活产业带相交位置，享政商便捷的同时也拥有产业和景观资源。地理条件较为优厚，交通相对便利。

地块形状基本规整，西侧临主干道及轻轨 7 号线，北邻状元小学，南邻华润琨瑜府，地块东高西低，高差约 30 m。交通路网发达，可快速便捷通往主城各区。歇马隧道东西向连接北碚和蔡家组团。已有的轨道 6 号线状元碑站紧邻基地，正在规划当中的轨道 7 号线曹家坝站也在基地附近。另外，有三条快速干道连接北碚区和其他主城区：双元大道、绕城高速和兰海高速。周边规划有教育、医院、商场、市政配套等，配套设施完善。

2. 用地及上位规划

地块整体规模约 172 亩，容积率为 2，总建筑面积约 229 712 ㎡，属于二类居住用地，由南北两个地块组成。

项目北侧地块（北碚组团Ⅰ分区Ⅰ 02-02/05 地块）控制指标如下：建筑用地总面积：67 271.0 $m^2$；总计容建筑面积：不得大于 134 542 $m^2$，其中住宅总计容建筑面积：不得大于 107 600 ㎡；容积率：不得大于 2（强制性）；建筑密度：不得大于 40%；绿地率：不得小于 30%；建筑控制高度：40 m（强制性）；公共服务设施：公厕、幼儿园、通信基站（强制性）。

项目南侧地块（北碚组团Ⅰ分区Ⅰ 03-01/05 地块）控制指标如下：建筑用地总面积：47 585.0 $m^2$；总计容建筑面积：不得大于 95 170 $m^2$，其中住宅总计容建筑面积：不得大于 76 200 $m^2$；容积率：不得大于 2（强制性）；建筑密度：不得大于 40%；绿地率：不得小于 30%；建筑控制高度：40m（强制性）；公共服务设施：通信基站（强制性）。

3. 场地地形地貌及现状

项目用地总体趋势呈北高南低，西低东高，相邻道路北侧最高点标高为 282.011m，西侧为泄洪通道。场地内无需要保留的建（构）筑物、无需要保留的名木古树、无可利用的植被和水体。项目用地周围各类控制线较多，包括高压保护线、城市绿色通廊控制线、原始河道保护线、山体禁建区控制线、泄洪通道保护线、轨道保护线等。扣除各类控制线占用的用地面积之后，剩余实际可建设用地面积为：95920.38 $m^2$。项目基地内高差较为明显，总体趋势为北高南低，西低东高，基地的最高点在东北角处，标高 281.83 m，最低点在西南角，标高 244.42m，最高点和最低点高差近 37 m。考虑利用场地的策略主要是：重点解决高差、景观、视线、停车等问题，并充分利用土地。

4. 市政公用设施配套

本项目小区北向有市政给水管道、市政污水管道、市政雨水管道等管道的铺设。在其中间地带的道路、市政铺设电力、电信等相关的管网。而天然气所需要用到的管道则是在该小区的南部进入小区的。

地块周边配套基本完善，地块曾为农田覆盖，地面无大型供电基站等设备，开发难度适中。北临碚青路，未来轻轨 7 号线站点位于地块北侧；南侧有坡地相邻，存在一定高差，同时临近生态公园，自然资源良好；西侧紧邻一目前在售的住宅小区——华润琨瑜府；东侧为当地最好的小学，状元小学。

5. 场地微气候特征

项目所属地属于亚热带湿润气候，其总体特点是：四季分明，热量充足，降雨丰沛，季风影响突出；年均降水量 1071 mm，年均气温 18.8℃，属于夏热冬冷地区。

6. 场地文化表现特征

同重庆市大环境一样，项目所在地北碚区的建筑同样表现出典型的山水城市特征和文化，建筑依山而势，顺势而为，因势赋形，这也是城市空间最具辨识性的特质。

作为老城区之一，重庆独特的地方文化和生活模式表现得比一些开发新区更为浓厚些，千百年间构建出立体的城市、层次丰富的街巷空间和层叠错落的建筑群均在北碚区有所体现。

总结起来，项目所在地的文化表现同重庆典型文化表现一致：一是悠久厚重，开放前行，与时俱进；二是重商厚工，终成大城；三是英雄情怀，道义担当，敢为天下先；四是大山大水，喜山乐水，且仁且智，与山水共和谐。

除了作为重庆市的一部分，表现重庆典型的文化共性外，北碚区还有其自身的历史人文。北碚得名于嘉陵江中的一块“白鱼石”。因有巨石伸入嘉陵江中，为白石，碚石本是一块石头，本身并不具备文物的特质。相传北碚最早是叫“白碚”，因场镇建于嘉陵江畔，有白石自江岸横于江心而称碚石。康熙年间设巴县白碚镇，乾隆年间改名北碚镇。

北碚自古也是文人骚客的灵感地，北碚缙云山和小三峡艳丽的风景、浓重的佛教文化吸引了一大批文人墨客，唐代著名诗人陈子昂出川过三峡，在嘉陵江小三峡写下了诗作《入东阳峡与李明府舟前后不相及》，其中有“路转青山合，峰廻白日曛。奔涛上漫漫，积水下沄沄。”

项目所在地毗邻的状元碑与宋代状元冯时行有关。冯时行（1100—1163）宋代状元，字当可，号缙云，祖籍浙江诸暨，生于恭州巴县乐碛（今渝北区洛碛镇）。宋徽宗宣和六年进士第一，因力主抗金被贬，于重庆缙云山麓结庐授课，作废十七年后方重新起用。

此外，北碚可以称为是抗战时“最大的科学中心”，众多教育院校及文化新闻机构迁驻于北碚，最著名的则以落户在这里的复旦大学和中国西部科学院为代表。

### （二）适应山地地形的建筑设计策略

1. 地形适应性设计策略

针对项目高差较大的特点，在山地设计、处理高差方面，重点考虑“因地制宜、随意赋形”的总体策略。“因势”即因借所处自然环境和地形地貌的形势，并寻找确定利于建筑“生长”的自然巧势，是场地设计的基础；“赋形”是基于建筑场地和自然环境的人工建设与创造。参考借鉴重庆当地地势特有的建筑营造手法，考虑多种高差处理措施。

在场地高差较大、用地退线条件较为苛刻的条件下，项目考虑充分利用土地资源，合理调整场地高差，形成不同标高的台地，在不同标高的台地上，分别布置不同的住宅组团。在台地之间高差处，布置退台洋房，充分利用高差处的土地资源，变不利为有利，同时巧妙地利用高差解决了建筑间距问题，达到节约土地的效果。

在台地高差处的退台洋房，借助台地高差之势，层层后退，在住宅处形成错落的露台，为住宅增加景观面同时提升住宅品质。在项目整体立面打造方面也起到了丰富天际线层次的效果。退台洋房的顶部标高与其上层台地处的住宅底层标高持平，因此，退台洋房与其上层的住宅无须再考虑二者之间的建筑间距问题，最大化地利用了土地资源和立体空间，达到节约土地的目的。此外该退台洋房充分利用地下空间，利用架空方式，形成较大的户内地下储藏空间，为住宅户型提供更丰富的功能空间的同时避免了较大面积的回填处理，达到成本节约的目的。

2. 基于地形适应性的规划设计研究

（1）规划总平面推演。分析项目原始基地的肌理状态，分析因防护绿地、视线通廊、轨道保护线等受限后的基地状态，可以得出可规划用地的实际范围，结合原始标高来看，场地两个地块均可大致分为两个大的台地。基地左右两侧为自然山体或公园，景观资源良好，考虑两侧的景观渗透，进一步考虑沿着分台线构建联系上下的景观主轴，横向根据视线关系设定景观通廊与景观核心，可以推演出项目规划肌理板块，进而继续结合项目住宅建筑的定位和场地周边环境及地貌关系来分析。住宅分为两大类，即高层和洋房。因此，顺应场地环境的高差关系，确定高层在靠山一侧，以公园山体为背景，形成独立高层组团，在西侧临城市主干道，布置多层建筑，降低对城市主干道的压迫感。商业配套布置在两个地块中间，西侧临碚青路为防护绿地，与市政道路相隔，不建议布置商业。

项目规划设计整体融入周边公园、山体、远处缙云山的大环境，通过景观通廊、环境渗透确定项目空间轴线和周边环境关系，再进一步根据内外部环境，确定住宅建筑组团的分布。

（2）功能分区。天地源重庆水墨江山项目用地西侧、东侧比邻城市主干道，用地西北面是泄洪通道及未来规划轻轨，沿用地北侧是一条高压输电走廊。根据规划要求需配置 20% 的商业配套，因此，结合周边环境条件，项目配套商业街及办公业态布置于靠近北地块和南地块的市政道路，结合未来规划轻轨站来设置，强化了城市的综合功能。商业用地占地约 10%，居住建筑用地占地约 90%。

项目总平面布置以地块原始条件为基础，自然划分为两大片区，由规划道路雷打石一支路相间隔，分为南北两个地块。结合前述的场地台地处理，在不同标高的台地处，分别布置不同类型的住宅组团。北地块西侧较低台地布置洋房住宅组团，东侧较高台地处布置高层住宅区，南侧紧邻市政道路处布置商业、办公及幼儿园。南地块西侧较低台地处同样布置洋房组团，东侧较高台地处布置高层住宅组团，北侧临市政道路处布置商业街及办公业态。南北两个地块的建筑布置和功能分区均沿市政道路彼此呼应，在布局肌理方面也整体延续统一。

（3）建筑布局。在建筑平面布局方面，充分考量到该小区的结构特点，设计了横向和纵向两个观景廊。走廊将入口及放大景观空间自然衔接起来。根据小区地势高差较大，以整体洋房和高层居住为主，办公及商业、幼儿园沿雷打石一支路布置。

在功能布局上，沿雷打石一支路道路布置沿街商业。在南侧地块集中布置小区社区用房及物管用房，在北侧地块集中布置小区社区用房及物管用房。

在空间布局方面，参照中国园林的构景方法，对空间进行良好的利用、联结与引导，形成多个角度的风景，打造成为“步移景异”“曲径通幽”的园林式美景。在设计上充分运用对空间的良好处理，再结合园林景观的设计方法，从而产生“峰”“骤开”的园林感觉。

3. 基于地形适应性的竖向设计研究

（1）竖向设计原则

第一，土方节约原则。紧邻项目的两条规划道路，其设计标高多数地方低于原始地貌标高，最高处至少达 20m；考虑场地内部高出道路部分与规划道路的自然衔接，且不对规划道路产生较大压迫感，挖方量已达到 10 余万方；利用坡地对场地进行分台设计，尽量做到挖填平衡；项目用地内地质情况良好，从房屋安全性考虑，挖方优于填方。

第二，排水系统合理原则。竖向设计可以确保建筑不会妨碍排水系统与安全，所以要保证建筑的水平面略高，要高于周边的道路。在雨水和污水的处理方面则考虑采用明沟或暗沟方式，均能顺利排出的目的。

第三，无障碍设计无缝对接原则。需要确保无障碍设施的无缝对接，项目内所有道路的纵坡设计均需要满足无障碍设计的要求，在人行道上均需要设置有无障碍盲道，并通达各建筑单体的入口。住宅出入口设有无障碍坡道，每栋住宅均需要设有无障碍电梯。

（2）竖向设计策略

项目场地原始高差较为明显，总体趋势为北高南低，西低东高，基地的最高点在东北角处，最低点在西南角处，最高点和最低点高差近 37 m。紧邻项目的两条规划道路，其设计标高多数地方低于原始地貌标高，最高处最少达 20 m；考虑场地内部高出道路部分与规划道路的自然衔接，且不对规划道路产生较大压迫感。利用坡地对场地进行分台设计，尽量做到挖填平衡，土方节约。此外，项目用地内地质情况良好，从房屋安全性考虑，挖方优于填方。在已梳理地形基础上增加叠加地下车库，分别为高层住宅与多层住宅提供足够车位数量。

根据场地地形增加商业体量，并根据地形退台消化高差，同时增设办公、幼儿园、销售中心等公共配套设施，对地下车库顶层进行覆土绿化处理。

根据场地地形关系布置多层住宅、高层住宅产品，局部采用退台住宅消化集中高差，合理体现山地建筑特征。

项目总体规划布局结合周边山地、公园等自然环境，共同形成层次丰富的天际线，也丰富了城市环境。

（3）竖向设计方案

项目北侧地块分为两个台地，两个台地高差约为 15 m，一个台地为一个住宅组团，组团之间采用踏步及道路相连，道路以 7.9% 纵坡过渡。南侧地块也设为两个台地，两个台地高差约为 3.7m，一个台地为一个住宅组团，组团之间采用踏步及道路相连，道路以 7.9% 纵坡过渡。住宅建筑高度符合高度控制要求，近山体一侧的高层住宅设计 13 层，建筑高度控制在 40m 内，近城市道路的洋房住宅建筑分别设计为 6 层和 8 层，建筑高度分别是 18 m 和 24 m。

在项目竖向设计考虑排水系统方面，不仅要满足排水功能，还要符合大众审美，也就是将功能性建筑与景观性建筑相融合，项目场地内以路面排水为主。雨水从较高的地方排到较低的地方，也就是从东边到西边的排水系统设计中，为了使排水系统也能与周围的建筑相融合，同时还能保证排水的功能为污水排放提供条件，所以设计的道路最大纵坡为 7.5%，最小纵坡为 2.3‰。

竖向设计中应考虑的另一个重点问题是无障碍设计，设计考虑无障碍设施无缝对接，项目内所有道路的纵坡均满足无障碍设计要求，在人行道上均设置有无障碍盲道，并通达各建筑单体的入口住宅出入口设有无障碍坡道，每栋住宅均设有无障碍电梯。

4. 建筑设计分析

（1）建筑设计的影响因素

第一，自然与人文。建筑单体设计需要考虑诸多方面的因素，例如建筑材料方面，体现当地建筑风格，运用当地本土材料搭配，在山地城市石材多用于体现当地山水文化；建筑造型方面需要遵循自然与当地特有文化发展，在细节处理上运用特色的符号元素；建筑肌理方面通过丰富的肌理变化及颜色过渡表达出建筑的风格，同时依循自然的变化；此外，对于新中式建筑，木材的合理运用或木元素变化运用可软化建筑的硬边造型，同时让建筑更加融于自然，给人以亲切的感受。

第二，历史与文脉。建筑单体设计同时需要考虑对当地历史文化的传承与表达，通过典型的建筑元素或抽象符号运用、特定的建筑色彩表达、精细打造的细节处理等，映射或表达特定的历史文化特征。

第三，项目个性表达。对于一个具体的项目来说，也有着其特定的个性文化，城市住宅项目往往承载企业文化或项目文化。企业标志是最直接的文化符号，可以作为典型元素，在建筑设计中加以适当的抽取和表达。开发建设的住宅小区，在其建筑设计中也往往注重对于企业文化的表达与宣传。

（2）设计理念及风格定位。基于以上的文脉主义思考，项目确定的建筑设计风格为新中式。

第一，新中式风格建筑的特点。在空间布局方面，新中式建筑基于传统中式建筑的空间布局规则和特点，突破了传统中式布局的单调，发展出新的格调，既保留了传统中式文化内涵，又体现了新的时代特色。

在建筑形体方面，新中式建筑基于传统中式建筑的形态和元素加以创新和发展，整体表现典型的传统文化底蕴。

在色彩搭配方面，新中式遵循传统中式建筑的用色及搭配。例如，北方琉璃瓦和红院墙，南方的青砖黛瓦等。

第二，新中式建筑设计理念。新中式建筑风格设计理念，可以归纳为上乘的“中而新”。在与空间、环境的组合方面，讲求“天人合一”的和谐思想，强调景观与建筑的整体性；在材质选用上，不拘一格，往往利用现代建筑材料营造传统建筑文化氛围，形成富有内涵的新中式建筑风格。

（3）建筑单体竖向交通设计。居住建筑分为多层住宅与高层住宅，主要交通流线为垂直竖向交通，每一层横向分流。

商业建筑及景观流线主要为横向交通流线，局部外部商业空间在高差处理利用台阶进行消化，再由每层商业街道进入每层商业内部以及配套设施。

5. 景观设计分析

（1）环境景观设计理念

某种程度上说，庭院是代表中国人居住文化的象征。项目环境景观设计配合新中式的建筑风格，力求将室内景观与室外景观和院外大景观融合；借助中国古典园林的框景、借景、引景手法；雕琢建筑群小空间，彰显海棠别院细节品质；一颦一笑、一转一弯，皆为禅道逸趣场所。整体环境景观设计风格追求自然材质和新中式简洁特征；设立对景小品景观；强调铺地、绿化、街道家具、灯饰等的协调统一，抑扬结合。

第一，微地形营造塑造景观丰富层次。通过微地形营造手段，打造场地层次更加丰富化。根据场地高差关系，消化处理空间与空间的连接，形成退台景观。处理消极空间，形成公园化场地界面，提升城市活力空间。

针对原始项目场地，结合建筑布置，对各个室外空间进行功能赋予，进一步进行绿化处理和环境营造，形成具有一定主题功能的室外空间。

第二，绿色建筑设计改善微气候环境。项目设计考虑建立场地雨水收集系统以及微气候营造，不将初期雨水直接排放水体（前 20 分钟排入水体的雨水等同于生活污水）。将搜集到的雨水汇入生态植物搜集沟，经生态过滤再汇入细沙过滤池物理过滤，再在林中空地的生物净化沉淀后，进入流水池塘曝氧，后汇入大水体。

第三，人性化设计营造怡人环境。从人性化考虑出发，结合人体工学和人体行为学相关原理，针对不同的人群的场地体验进行考虑，考虑居住对象的生理、心理特征不同，针对性设计各个供居住者活动、互动的功能室外空间，打造具有较高生活品质，强调归属感和人性化的景观环境，处理好人车关系，精雕细琢处理景观重要节点，对于特殊人群（老人、儿童、行动障碍人士等）进行特殊关照。

（2）环境景观设计思路

第一，入口景观独特性的可辨识性。十字路口为人流车流集散节点，设置具有独特的，可辨识的地产标志可以很好地引导人群进行场地，同时有趣的艺术装置也可以吸引人群。

第二，丰富的场地关系以及软景观处理手法。场地西北至东南方向存在较大的地形高差，在高差变化处，利用台阶的处理方式消化高差的同时，采用退台绿化或自然放坡的景观处理方式，消化建筑与硬质铺地的边缘，同时解决高差连接关系。

第三，具有趣味性及高品质的节点广场。商业街的节点空间采用具有趣味性的公共设施，如可移动随意组合的座椅，形成空间层次丰富的集散空间。在铺装上利用童趣的设计，可以吸引儿童乃至成年人参与其中，产生有趣的活动。

第四，亲切的入户环境与高品质架空层。架空层在整体设计中应注重高品质空间和生活氛围的营造，强调空间与空间的连续性及邻里之间相互的互动性。利用景观植物与景观水体的造景手法，形成微气候环境，提升环境空气品质。

第五，丰富的连续性商业空间。在项目室外空间打造方面，通过各种高差处理手法，塑造层次丰富的连续性空间。例如，在退台洋房处，利用每一层退台形成的露天阳台，进行空间与功能的有效划分，采用植物造景的手法，利用每层退台的高差关系，栽种上爬下吊类植物，削弱建筑上带来的尖锐边线。再例如，在商业街处，通过挑空的人行天桥连接商业空间内部，同时提供眺望平台。

6. 交通组织分析

（1）交通组织规划设计原则与策略。交通组织设计关注交通流线的顺畅和场景变换带给通行者的愉悦感，并在此基础上解决便捷性、安全性等诸多问题。项目住宅区交通组织人车分流，而且将景观适当引入地下空间。从项目入口直至步入项目内部，整个流线都会是一个愉悦的过程。通过广场、连廊、踏步、景观节点等串联，在空间尺度的收放和变化中，整个交通流线方便快捷、节奏适宜且富有情趣。

住宅区实现人车分流，地上人行，地下车行，停车位设于地下，私家车在小区出入口处可以直接进入地下车库，覆土层最薄处覆土 1.5 m。

（2）交通组织中的无障碍设计。无障碍设施无缝对接，本小区内所有道路的纵坡均满足无障碍设计要求，在人行道上均设置有无障碍盲道，并通达各建筑单体的入口。

（3）交通组织中的消防车道及扑救场地设计小区规划中消防车道顺畅贯通，消防车道的净宽度和净空高度均≥ 4.0m；消防车道的转弯半径，多层建筑 R ≥ 9m，二类高层建筑 R ≥ 9m；为了保障安全，就要保证消防车道的顺畅贯通，所以在消防车道与可见的建筑物之间没有采用绿化设施，因为绿化设施在消防车通道中是一种障碍物；当设尽端式消防车道时应设置面积不小于 15.0m × 15.0m 的回车场；消防车道中除了不能有障碍物，还要设置回车场，除此之外还要保证救援的时候能够有空余的场地。所以在这些空余场地中也不予以绿化景观的设置，在设置消防车道时，应保证路面的承受压力达到 35t。35t 是一辆大型消防车的质量。消防车道可到达场地内，并设计了环形消防车道。

高层建筑的底边至少留有一个空余的场地，保证救援的时候能够有空间，所以在这些空余场地中也不予以绿化景观的设置。

### （三）适宜当地气候的建筑设计策略

重庆典型的气候特征有：夏季炎热多雨，冬季较为阴冷，静风率较高，日照受坡向、坡度、海拔高度等的影响大，空气湿度大等。因此，当地建筑主要应对气候不利因素的要点有：重点解决通风、隔潮，夏季遮阳、避免积涝等。在建筑设计的过程中，可以利用地形差异的原理，通过将建筑设计与景观因素合理布置、采取特殊的构造做法或配备一定的技术设备等措施，来有效改善建筑的微气候环境。

重庆地区的传统建筑受到“天人合一”思想的启发，经过千百年的发展和演进，在应对当地气候特点方面，形成了典型的建筑风格和特点。具体体现在建筑的设计布局、内部结构和细节处理等方面。

重庆依山傍水，是山城同时又是江城，按中国传统风水理论的说法，背山面水，地理位置极佳。从自然地理角度进行分析，有山有水的地方气候宜人，适合作为居住区。除此之外，背山的条件可以使这个地方在冬天少受冬季风的侵袭，具有充足的光照。

根据晋代的《华阳国志》，重庆是“皆重屋累居”[①]。在夏季时，高密度的建筑群可以彼此间互相遮挡，减少太阳的暴晒，起到遮阴的作用，进而达到降温的目的。在冬季时，高密度的建筑群可以削弱冬季风的风力，同时也能减少热量的散失。

重庆位于我国西南地区，夏季受到来自印度洋的西南季风的影响，气候湿热。而且重庆多山，空气流通不畅。所以，通风条件对重庆的环境状况影响巨大。在当地的传统民居集中区，街道的走向大多与盛行风的风向一致。这样有利于通风换气、避潮去湿，直接对街道两侧的建筑通风带来积极作用。

重庆地区在夏季，通常室内更为湿热，促使人们喜爱户外活动，因此也普遍较为注重室外环境的打造。

1. 改善风环境的设计策略

（1）顺应山地微气候的规划布局

第一，融入城市山体、绿廊等自然微气候环境。基地现状东西两侧皆为公园山体，项目贯通有城市绿色通廊（防护绿地），将基地整体融入周边公园、山体以及远处缙云山大环境。基地基本处于山谷位置，顺应并促进山谷风和山坡风的产生，利于整体风环境的改善。临近基地无可起到调节微气候环境的自然水域，故项目设计中通过适宜性的设计策略，塑造微气候环境。项目总体规划布局中，建筑采用方格网式的格局，利于区域内室外气流的组织。

在更靠近山体的东侧，布置高层住宅，以公园山体为背景，形成独立高层组团。西侧临城市主干道，布置多层建筑，降低对城市主干道的压迫感。遵循地块肌理的同时，合理考虑山谷等环境因素，布置建筑朝向，尽可能利用山谷形成的风气候，以提高室内的舒适度。

商业、高层住宅建筑局部采用退台住宅集中化布置，减少对住宅的影响，根据场地地形关系布置多层住宅化集中高差，合理利用山地建筑原始高差。在已梳理地形基础上增加、叠加地下车库，分别为高层住宅与多层住宅提供足够车位数量。

将车辆的出入口布置在夏季主导风向及冬季主导风向的下风向，可防止污染的空气、废气进行建筑场地内。同时，夏季主导风向的风速为 1.6m/s，由于场地内不形成漩涡气流，场地内在 1.5m 高度人行区域，其风速不会超过 5 m/s；在 1.5m 高度处，场地内风速约 1.6m/s，风速放大系数的最大值为 2。建筑

① 徐煜辉.秦汉时期江州（重庆）城市形态研究[J].重庆建筑大学学报（社科版），2000（1）：37-41.

迎风面与背风面相比较，表面的风压差不超过5Pa。因此，过渡季时，在夏季典型风速和风向的条件下，场地内居民的活动区也不会出现涡旋或无风区。

在冬季，冬季的主导风向为北风，高层建筑起到了一定“挡风”的作用，场地内除建筑外，其余部位较为空旷，为风提供了良好的通风廊道，不至于在项目场地内的人行区形成涡流、形成污染物的聚集。

第二，建筑朝向有利于组织自然通风。重庆夏季湿热，冬季阴冷，静风率比较高，夏季主导的风向为西北风、东南风和东北风。根据国家统一组织有关单位编制的《我国部分地区最佳及适宜朝向建议表》，重庆建筑最佳朝向为南、南偏东10度；适宜朝向为南偏东15度、南偏西5度；不宜朝向为东、西。天地源重庆水墨江山项目的住宅建筑朝向结合场地地形肌理，以东北—西南朝向和西北—东南朝向为主，尽可能迎向主导风向，避免正东、正西朝向，为建筑尽量利用有利朝向争取较多的空间组织自然通风。

第三，建筑错落布置利于导风。结合场地不同标高的台地设置，各个类型的住宅建筑组团在平面形式和立体空间方面均错落布置，避免相互遮挡而影响项目整体的通风效果。使得每栋住宅建筑、每一户住宅户型都尽可能地具有良好的通风条件，以利于应对重庆湿热、静风率高的气候环境。洋房住宅组团虽为行列式规律布置，但在空间上保证足够的间距，加之建筑高度本身有限，可以保证其每一户的良好通风效果。高层住宅位于较高台地处，与其他建筑错落布置，避免正向遮挡。同时底层全部架空处理，同样保证每一户住宅户型的良好通风效果。

（2）利于通风隔热的建筑形态

第一，规整通透的平面形式。本项目夏季的主导风向西北风可直接穿过并进入项目场地区域内，缓解项目场地内的热岛效应、降低场地内的污染物浓度。项目内所有住宅建筑单体平面方正、规整，户型通透，保证主要起居空间均有适宜的开间尺度并设置较大面积的开窗。通透式的建筑布局，在夏季能有效“引风入城”，形成良好的室外风环境，降低场地内建筑的能耗。

第二，建筑底层架空处理隔潮导风。高层建筑尽可能底层架空处理，以应对当地潮湿的气候环境，这种“占天不占地”的设计手法，设置的架空空间在隔潮、遮阳、避雨的同时，也增加了公共活动趣味空间，可以结合实际情况设置休闲娱乐、茶艺棋牌、儿童游乐等具体功能。

第三，立体绿化屋面有效隔热。项目内有条件的区域充分进行立体绿化，在建筑屋顶、地下车库等处进行严格绿化覆土把控，形成良好绿化形式，场地周边种植高大乔木可有效减少太阳辐射对建筑的影响。

第四，合理的构造措施及机械辅助设备。建筑物的主要功能房间采用玻璃外窗及玻璃幕墙的设计，可有效增加建筑的舒适度。而玻璃外窗及幕墙的有效通风换气面积则进一步提升了建筑空间的通风效果。设计应注重房间的天地比，使外窗的有效通风换气面积达到至少为房间外墙面积的 10%。当玻璃外窗及幕墙的有效通风换气面积没有达到标准时，则启动机械通风系统，机械通风换气次数不小于 2 次 /h。在过渡季的典型工况下，保证 90% 的主要功能房间的换气次数不低于 2 次 /h，各主要功能房间外窗可开启面积与地板轴线面积比例不小于 4%。

外墙面宜采用太阳辐射反射系数低于 0.4 的材料，根据渝建发（2013）221 号文核算东西外墙隔热性能（内表面最高温度），设计应满足西向的外墙内表面最高温度符合 GB50176-2016《民用建筑热工设计规范》中夏季室外计算温度最高值 38.90℃的要求。

2. 改善光环境的设计策略

（1）利于户内光环境的总体规划。项目内所有建筑规划应做到前后均无视线遮挡，与周边建筑间距应符合《重庆市城市规划管理规定》中有关间距的要求，实现 70% 以上的区域都能通过外窗看到室外自然景观，且无视线干扰。且主要功能房间均未设计在采光不利的凹槽中。

居住、商业、办公、幼儿园等综合类型的建筑规划、设计，应按照不同的建筑功能采用适当的建筑日照分析标准。结合地方规范及规定，商业及办公建筑可不进行专门的日照分析，但应当满足必要的室内光环境要求。居住及幼儿园需要进行日照分析，满足相关日照标准设计要求。

（2）利于户内光环境的建筑单体设计。住宅建筑单体从功能角度出发，尽量做到平面方正、规整，户型通透。主要起居空间有适宜的开间尺度并设置较大面积的开窗，各辅助空间设必要的外窗。在满足通风的条件下，可有效保证户内光环境条件。建筑单体设计在满足户内光环境的前提下，应充分利用建筑外围护结构设置外窗，保证各功能房间均有自然采光条件。

（3）有效改善光环境的建筑构造措施。建筑外窗应从两个方面控制建筑空间的光环境品质，首先控制窗框与窗洞面积比，有效增加外窗透明部分的面积。其次，在外窗玻璃工艺中，应有效控制玻璃的可见光透射比。

对有眩光要求的房间，应当通过设置外遮阳构件、浅色饰面内遮阳来控制室外眩光。窗周围内墙面采用浅色饰面以减小对比度，避免引起不舒适。外窗设计时均匀布置，保证自然采光的均匀性。

采用玻璃内置中空百叶的构造措施进一步增强了空间使用的灵活性，在光照强，有控制眩光要求的情况下，通过调整内置百叶的方式，控制光照强度，调节室内光环境。

3. 利于节能的绿色建筑设计策略

（1）总平面绿色设计

总平面绿色设计应着重于场地的节地与环境保护指标。通过设置台地与坡道，增加场地的利用率，尽可能地保护自然地形，减少填挖方工程量。通过地下室及建筑底层架空的处理，代替填土石方，减少对自然地形的破坏。场区内坡度、坡向的控制，尽可能做到因山就势，坡度在 0.3%~8% 坡度范围内调整，通过调整道路的平面线形、坡长等要素，尽可能做到节地与环境保护。

（2）建筑单体绿色设计

第一，通风系统。当门窗的排风量不够时，需要采用机械通风系统来保证室内和室外的空气交换，根据国标，外墙有效通风换气的面积不应该小于房间的 10%，机械通风换气次数不小于 2 次 /h。当居住建筑外墙面积比较大，单一通风系统的面积很难满足国家标准时，可在多个位置设置多个不同的通风系统予以保证。通风系统的总面积应达到 8%，每户在通风季节应达到 10 次 /h 的通风换气量，通风系统可采用窗式通风器及墙式通风器。建筑层数为 7~9 层的居住建筑多采用墙式新风器，建筑层数小于或等于 6 层的居住建筑多采用窗式新风器，应满足供暖和空调季节换气次数 1.0 次 /h 的要求。

第二，外窗和幕墙的气密性等级。外窗气密性等级按照现行国家标准 GB/T 7106—2019《建筑外门窗气密、水密、抗风压性能检测方法》中要求：商业层数小于 10 层、居住建筑外窗气密性不低于 6 级；建筑幕墙的气密性等级不低于 3 级。

第三，活动外遮阳。设置外遮阳系统是达到建筑节能的重要手段，而活动外遮阳的方式可充分兼顾建筑的室内光环境品质和建筑节能的双重要求。

第四，空调器（机组）室外机位设置。消防控制、电梯机房、值班室等长期有人值守的房间采用分散式房间空气调节器。

在建筑部分装置的设置中还需要考虑安装的位置，安装的位置不仅不能影响到外表景观的视觉舒适感，还应该方便维修人员的维修和清洁人员对于机器和设备的清理，所以排风系统和排水系统的安装位置就显得尤为重要；空调外机的噪声比较大，不能让空调外机的噪声影响到居民的正常生活，但是空调外机还应该保证安装在靠墙的位置，东、西、南、北 4 个方向都有空调外机组的设置，同时空调外机也不能与周围的景观和建筑违和，它的位置也显得非常重要；室内和室外的空气交换了很大一部分，要依靠通风换热系统，通风和换热系统也要在建筑的内、外安装，安装的位置不仅不能影响到外表景观的视觉舒适感，还应该方便维修人员的维修和清洁人员对于机器和设备的清理。同时，建筑外部安装的通风换热系统应该保证，与风向方向相同。如果安装在一个避风的地方，并不能起到通风和换热的功能，还要控制凹槽的宽度和宽度。这一宽度不应该小于 3.0m，深度不应大于 4.2m；如果已经规划和完成建设的空调机组与外界的空调机组不能形成没有缝隙的连接，便可以调整水平距离，这两者的水平距离应该不小于 4m；室外机位置采用的防雨百叶遮挡，排风通畅，散热条件好；安装牢固，不存在安全隐患。

第五，屋面绿化及垂直绿化方式。屋面绿化及垂直绿化区别于场区绿地及景观设计，是通过向建筑额外绿化的一种新的形式。可借助多种技术手段，让花草等植物生长在垂直的立体墙面上，它可以是攀缘植物绿化、墙面绿化、阳台绿化、门庭绿化、花架、棚架绿化、栅栏绿化、坡面绿化、假山与枯树绿化、屋顶绿化，等等。其意义在于改善环境，净化空气，节能环保，隔离噪声，美化城市，生态恢复等，是绿色建筑的必要手段。

（3）绿色建筑技术应用

第一，节地与场地规划选址。建筑总体布局应符合规划、消防、环保、防灾、减灾等要求。建筑物之间的间距大于或等于标准距离，杜绝出现互相干扰的情况。建筑物应具有良好的采光、通风环境，其位置布局应利于开展火灾、地震等灾害发生时的逃生救援工作。首先，规划设计注重因地制宜，结合场地的地形地貌及交通、通风等外部环境条件进行规划布局，将社会效益和环境效益放在首位。其次，尽可能地增加经济效益，科学规划小区空间，使各功能区合理分布，完善基础设施，打造环境优美舒适、具有文化氛围的舒适住宅区。

项目场地安全，不存在地质灾害、洪涝灾害，无含氡土壤，无电磁辐射危害，无有毒物质危险源。本项目在安排场地时考虑到防洪因素，设计出合理的防洪方案，完全是按照现行标准 GB50201-2014《防洪标准》及《城市防洪工程设计规范》中的规定制定的。

第二，场地生态修复。场地进行生态修复，挖方表层土合理利用，并采取有效的生态恢复措施，包括最大多样性法和保护、回收、利用场地表层土等。在建设项目后，应采取生态恢复措施。

第三，场地交通。控制步行距离，做到公交优先。设置 5~10min 步行圈，建立步行与公交换乘的便利设施。优先发展人车分流系统，保证场地的交通方便、秩序井然、人车安全。做好无障碍设计，建立完整的场地内外无障碍系统。

第四，地下空间利用。地下空间以修建地下停车场、地下设备用房为主。通过架空层等设计有效节约利用土地。采用地下车库的方式，节约用地。实际运营中可考虑错时停车方式向社会开放，在后期进行停车统一管理，提高停车场的使用效率，且地上停车位设置于商业场地上较开阔的空间，与住宅区域隔离，住宅区域实现人车分流，同时不挤占社区内行人活动空间，不对行人活动造成影响。

第五，建筑节材与材料资源利用。建筑立面造型简单整洁，无冗余的立面要素，不存在纯装饰性的外立面构件，不存在除遮阳、载物等功能以外的飘板和构件；女儿墙高度满足标准要求，最大高度不超过其两倍。

第六，景观设计。植物在选择时以能够适应项目实施地区的自然条件为标准，采用乔、灌、草的复层绿化方式，常绿树和阔叶树按照合适的比例搭配种植，既可以在冬天不妨碍采光，也能在夏天起到遮阴的作用。为了使乔、灌、草的复层配置恰当，群落乔木量平均在每 $100m^2$ 的绿地不少于 3 株；复层群落占绿地面积至少为 20%；纯草坪面积占绿地面积不超过 20%。

布置主要以地面植物为主，采用乔、灌、草的复层绿化方式，在地势平坦绿地面积较大的地方以乔木、地面铺砖和植被花草设计，形成植物景观。采用的植物主要为乡土植物，乡土植物占总植物数量的比例不小于 70%。绿化灌溉采用喷灌、微喷灌或滴灌等节水灌溉方式，且绿化灌溉采用湿度传感器或雨天关闭装置。项目绿地与公共人行交通向社会公众免费开放，以提供更多的公共活动空间。

场地雨水径流控制。场地内雨水径流主要采用透水铺装、绿地，在雨洪季节，通过大面积生物滞留带径流控制方式达到标准要求。

### （四）适宜地域文化的建筑设计策略

建筑的地域创作，人文文化是内驱，起主导及决定作用。而自然地理是外因，通过约束及对话形成适宜的建筑形式。分析重庆地区的传统建筑创作，从地域建筑角度出发，我们发现在地域心理、建筑色彩及建筑材料与技术方面，重庆地域建筑呈现出鲜明的特点，影响并决定重庆的地域建筑创作。

1. 地域文化对建筑创作的影响

（1）地域心理。一个地域内建筑的内部布局和外在形态往往是当地人民审美标准和精神面貌的体现。在重庆，山水文化的蓬勃直接影响当地人民的气概，影响人民的心理活动。

重庆人的性格和审美中所体现出的宽容、豪爽、坚韧不拔以及不拘小节的典型特征，与我国古典“以山水比德”的价值观暗合，具有典型的“地域心理”表现。

基于以上“地域心理”特质，反映在重庆当地的建筑形态表现上，体现出不规则、自由灵动、丰富多变的建筑形态。而以地域心理为导向的建筑创作，呈现出与山水自然观类似的设计策略，体现出建筑因山就势，遇水则柔的形态，形成具有重庆智慧的建筑风格。

（2）建筑色彩。建筑色彩也是城市景观主体中最重要的一部分，是城市色彩表现的主角，建筑色彩处理是否得当直接影响着城市环境和城市美观，反映城市的内涵。我国各城市的主管部门，从城市整体风貌出发进行了反映当地城市特色建筑的色彩选择，并用以指导城市的建筑色彩和建筑审美发展。如北京以灰色调为主，哈尔滨市为米黄色及白色等。

建筑色彩表现也体现着一个时期、一个地域的文化特征。从单体到群体建筑的色彩组合搭配，我国古建筑都具有时代特色及民族特色。例如，唐代建筑，以朱白色配灰瓦为主要色调；北宋时期，建筑因琉璃而开始趋向于外观华丽，建筑主要构件也随之改变为青绿色系为主；明朝宫殿色彩呈现为黄绿瓦面，青绿梁枋，朱红墙柱，白色栏杆，这是中国古代木构建筑的典型色彩特征。

现代的重庆地域文化开放包容，建筑风格丰富多样，气候特征明显，综合影响下呈现出异彩纷呈的建筑色彩，同时也带来色彩基调不统一、视觉污染等问题。有关重庆地区建筑色彩的选择及与其所处地段的关联研究显得尤为重要，如从重庆传统“吊脚楼”这一建筑形式及建筑材料出发，其色彩集中反映楠木、砖石等材料本色，体现传统特色；又如从多雾、空气明度低的建筑气候出发，其色彩反映出灰色的基调；而重庆开埠，外国商行建筑的盛行，又带来红砖白墙的明亮色彩；同时，抗战时期，出于战争影响下保护色的实际需要，建筑又呈现与周边岩石色彩统一的特征。时至今日，重庆的建筑色彩选择依然以其所处周边环境为依托呈现不同的效果，而这一结果正是其多元文化影响下的必然，也正是地域建筑的另一种反映。

（3）建筑材料与技术构造。由于重庆多元化的文化影响，其建筑材料与建筑构造也呈现出鲜明的多元化特色。既有传统中式沿江设置的“吊脚楼”形式，又有依山傍水的楼阁式，既有抬梁式建筑构造又有穿斗式建筑形式。建筑屋面既有强调平直的北方风格，又有强调举折屋檐飞升的南方特色。而伴随当代重大历史事件的发生，砖石等建筑材料及技术的发展，重庆建筑又呈现出中西结合的特色。以上种种，从材料与构造出发的建筑形式已无法统一重庆当地的建筑形式。

然而，特殊山水包围下的封闭区域，其建筑材料和构造又具有充分的统一性，所传达的文化符号具有强烈的适应性。本文所列的北碚片区，其学术氛围浓厚，古典建筑呈现出典型的中式特征，其传统建筑构造为灰瓦白墙，呈现出典型的中式特征。如位于北碚区缙云山白云村的白云观（寺）太乙殿，其创建于清康熙十七年（公元 1678 年），为传统穿斗式建筑构造、小青瓦歇山顶。

2. 文化适宜性策略

结合重庆市的自然山水和人文特征，借鉴传统建筑文化表现，重点分析项目区域内的普遍地域心理。笔者认为，身处其文化环境之中的建筑设计表现，应传递北碚的山、水、人文与情怀。基于文化适宜性的研究，通过对历史的探索，对文化的溯源，设计实践，最终锁定“书院文化”为设计的落脚点。通过书院文化与区域文化产生共鸣，融入北碚的传统书院文化之中。与北碚可从宋代追溯到清末民初的历史一脉相承。其特点是或隐于山水，或藏于禅林，以自然为伴，最终达到文化适宜性的效果。

书院文化的外在表现，总结为“新中式”的设计手法。通过新中式的手法，元素的运用，以映射书院文化的内涵，融入周边文化环境。新中式的设计手法秉承在中式元素上建立新型建筑的价值取向[①]。建筑设计立足于体现我国传统文化的特征及内涵，采用现代新工艺、新材料及新做法，使建筑整体呈现具有古典传统比例、尺度及色彩的建筑形式美，而建筑材料构造又具有现代逻辑的当代建筑特色。

文化的融合性也反映在传统的建筑山水观上，我们依然强调“天人合一”“道法自然”的设计创作策略，强调建筑与景观融为一体，与环境融为一体。建筑和自然有机结合，传统文化元素与新型科学技术相结合。

建筑文化的适宜性策略，不仅在于建筑形式与周围文化氛围的融合。而作为项目开发者的企业文化诉求，亦应在文化适宜性考虑之列。当前国内多个失败案例，出于企业形象表达的考虑，过度强调开发者的个别意愿表达，不尊重已有的传统文化氛围。虽独树一帜，但与环境格格不入，凸显粗俗，降低了企业的品质。笔者认为，企业文化元素可以通过适当的手法，以尊重环境的态度，与建筑及周边环境取得统一，形成互补，强化其内涵。本案例通过对企业文化符号进行提取和抽象、演绎，与建筑及周围典型环境元素产生关联，并表达于建筑立面中，反映地域山水文化。

① 郑小东．建构语境下当代中国建筑中传统材料的使用策略研究 [D]. 北京：清华大学，2012.

## 第三节　山地城市公园地形适应性的设计方法

城市公园的规划设计与许多其他项目相同，都是一种对各类矛盾调和与梳理的过程。城市公园从其诞生至今已经有一百多年的时间，已经逐步形成一套相对完整，系统的规划设计方法，并在实践过程中得到一定的检验，很好地推动了世界造园运动的发展。本文在探讨山地城市公园的规划设计方法时，学习研究了一般平地城市公园的规划设计方法，在这些已有的较为成熟的设计方法理论的基础上，着重研究山地地形与其他设计要素之间的关系，从地形特点入手，找出山地城市公园设计与平地城市公园设计的不同，从而针对山地城市公园的规划设计提出相关的策略及方法。对于山地城市公园的规划设计方法，本文着重针对与平地城市公园的不同部分进行研究和论证，而不过多地说明其相同部分。

### 一、尊重地形的功能分区

通常在城市公园的设计中，规划的第一步就是规划各项内容之间的功能关系，分析公园中需要的活动，按活动性质进行功能分区，再将各个功能区合理地组合安排。而功能区之间的关系主要是根据每个区域内所产生的活动来决定。例如运动区和垂钓区，一个是动态区域，一个是静态区域，运动区活跃的氛围，产生的噪声也比较大，而垂钓区是一个需要安静环境的地方。若将这两个区域放在一起，运动区就会对垂钓区产生干扰，所以这两个区域是不适合放在一起的，也可以说他们之间的关系是需要分隔的。又如棋牌区和儿童游憩区，虽然这两个区域也是一动一静，但是在儿童区边上设置棋牌区，方便监管儿童的家长在旁边休息，这样的设置也比较合理。由此可以看出不同的功能区之间存在一些内在的逻辑关系，进行功能区的划分安排时通常以这些逻辑关系作为依据，从而保证公园内功能分布的秩序性。

然而，在山地城市公园中，功能的布局虽然与平地城市公园的布局方式相通，但其山地空间更加丰富、山地形态更加独特，进而决定了山地城市公园中功能布局的复杂性。在山地城市公园中，地形的形态对使用功能的制约较大，某些形态的空间只适合某些性质的活动开展，而不能随心所欲地布置功能。因此山地城市公园中的功能分区除了要考虑各功能区的内在联系外，还要结合山地地形特点寻找符合它的功能关系。由此可见，山地城市公园都有特定的使用目的和基地条件，使用目的决定了用地的功能，而用地功能决定了空间的形态。因此，在公园设计时，我们要以尊重地形和生态环境为前提而进行合理的布局，既要为特定的功能寻找适合的基地，又要为特定的基地布置恰当的功能。

这里需要指出的是，地形如此复杂，在对其进行功能安排时，未必能找到一种完全理想的既满足地形条件，又满足功能之间的内在联系的布置方式。因此，我们在遇到这种情况时需要有所舍取，争取在尽量少地对地形改造的前提下，做到功能布局的合理性。 在山地城市公园的规划设计中，功能的分区有别于平地城市公园，除了考虑各个功能之间的内在联系外，还需要考虑地形的影响，主要包括以下几点。

### （一）依据地形合理布局

功能的布局要依据各个行为活动之间的逻辑联系，在平地城市公园中，这样的联系只需要考虑人的活动性质，分析人的活动心理。但是在山地城市公园中，人的活动行为和心理受到地形因素的影响，与一般的平原地区的活动有所区别。因此在山地城市公园中规划合理的功能布局，要依据山地环境中的行为活动特点来布局。之前讲到山地地形对行为活动的影响，无论是人的活动习惯还是人群分布，都因为山地这一独特因素的影响，有着自身的规律。不同的山体部位适宜开展不同的行为活动，那么根据这些行为活动，在不同的山体部位可能进行不同功能的分区，具体如表 4-1 所示。不同的山体部位根据其不同的行为活动进行功能安排，这样才能设置出适合山地地形的功能布局。

表 4-1　适宜山体各个部位的功能设施

| 山体部位 | 适宜的行为活动 | 适宜的功能设施 |
|---|---|---|
| 山顶 | 观景、下棋、品茶 | 观景亭、观景平台、览胜塔等 |
| 山脊 | 观景、下棋、品茶 | 观景亭、观景平台、览胜塔等 |
| 山崖 | 登山、攀岩、观景、休憩、品茶 | 登山步道、爬壁攀岩、观景长廊、茶室、休息平台等 |
| 山腰 | 聆听风声、观景、休憩、品茶、下棋 | 茶院、棋牌室、听风亭、观景亭等 |
| 山谷、盆地 | 戏水、垂钓、露营、表演、野餐 | 滨水空间、下沉舞台、疏林草坡等 |
| 山麓 | 晨练、运动、跳舞、餐饮、表演、游憩、散步 | 集散广场、接待中心、表演舞台等 |

### （二）功能区的竖向关系

各功能区之间的联系除了考虑平面上的关系外还要考虑竖向的关系，地形的高差会对功能区之间的联系产生影响，平面上看来紧密相连的两个区域，可能因为地形高差的关系，而造成功能区之间交通联系的障碍。因此在布置两个需要紧密相连的功能区时，建筑师不仅要考虑平面构图上的关系，还要尽量设置在高差较小的两个相连的地块上，这样才不会因为高差的关系破坏他们之间的联系性。又如我们要设置两个动静分开的区域，他们有可能在平面上看来是相距很近的，但是如果选择将他们布置在高差较大的地块上，则可以利用地形进行分台处理，将两个功能区分别设置在不同的高度，利用高差将其完全分开，促使功能区之间的独立性，使他们互不干扰。如鹅岭公园中，分台的设计把垂钓区和中心休闲区分隔开，使他们互不干扰。垂钓区和中心休闲区从平面上看是紧挨着的区域，但是由于地形的高差，垂钓区比中心休闲区低 4 m 左右，两个区是通过台阶联系，联系并不紧密。中心休闲区玩耍的人较多，气氛活跃，垂钓区则相对安静，两个区各自独立。拥有的人群，展开的活动，空间的气氛都各不相同，但是由于高差的原因，两个区之间互不干扰，形成了两个独立的区域。

### （三）整合功能适应地形

山地地形复杂，通常可以使用的平坦地块面积不大，且散乱地分布于山地的各个部位。因此对于功能的布置，平缓地段的用地面积不一定能够满足此功能区的需求。山地地形的性质与空间形态与需要设置的功能不一定符合，这时我们可以将功能区进行拆分和整合以契合地形的空间形态。例如，我们在布置公园内的体育活动区时，通常需要一块较为平坦的地块布置各个锻炼场地和设施，场地整齐紧密地摆放。但是山地中不一定有这样用地平坦完整的地块，我们在布置时可以将活动场地分开设置，如健身设施可以单独布置在一个区域，而像羽毛球场、篮球场等锻炼场地可以布置在另外的区域，将这一功能区分为两个小的功能单元来布置，以满足地形的特点，如图 4-1 所示。而又如原本应该分开设置的动、静区域，因为地形的限制，必须安排在同一块或相连的两个地块上。这时需要将两个功能区的各个活动整合在一起考虑，重新进行安排设施，使其布局尽量地合理，如图 4-2 所示。例如，根据地形的特点，将休息区融合在文化娱乐区之中，在文化娱乐区的边缘形成线形区域，又或将山顶观景区的一部分作为休闲、活动区。重庆的枇杷山公园在山顶的观景长廊旁设置了安静的休息区和活动场地，将观景、休闲、活动的功能融合在一起。

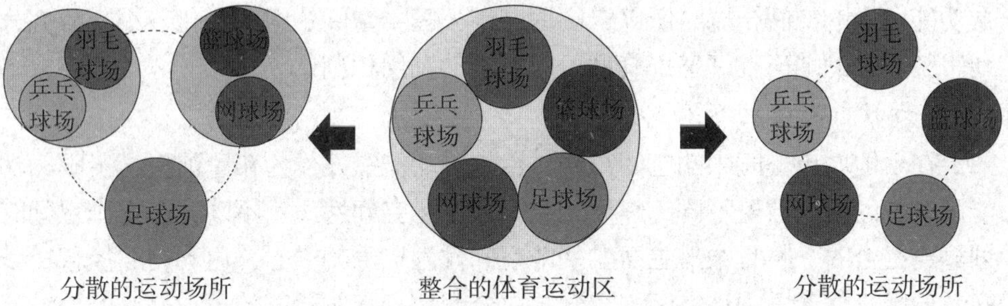


图 4-1　公园运动场地分区图

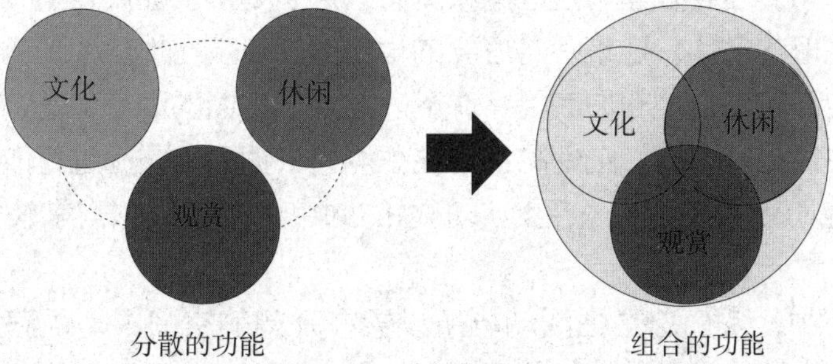


图 4-2　公园功能分区组合图

### （四）慎重规划建设用地

山地地形复杂，平坦用地较少，又因为地质等原因，适宜建设的用地面积更是有限。我们在规划建设用地时，应尽量选择平缓的区域，减少对山地地形的破坏。山地地区生态环境较平地地区更敏感，一旦破坏就很难再恢复，所以我们在进行功能布置时不仅要考虑地形的特点，还要考虑山地地区的生态环境。若在地质不稳定的山头、陡坡等位置，即使功能需要也不应考虑布置对环境影响较大的内容。只有在不破坏地形和生态环境的前提下进行建设用地的规划，才能布置出适宜山地地形建设活动用地，从而促使功能分区的合理性。

## 二、因地制宜构造空间

空间是使用功能的容器，没有空间就没有活动的场所，人的各种功能需求都必须构建在满足相应条件的空间中，功能区之间的关系也是通过空间的创造和布局来实现的。平原城市公园中的空间布局不受地形条件的影响，组合形式自由且形态丰富，而山地城市公园中的空间布局受地形的影响较大，空间的布局通常是依托原有的空间骨架，通过增强和减弱原空间的特征和属性来满足符合功能需求的空间布局。所以，山地城市公园中空间的组织变化较小，且充分地研究原始的地形空间格局有助于对空间的利用和创造。

### （一）空间结构布局

在平地城市公园中的空间布局，通常以功能需要作为布置前提，不同的功能区容纳的游人数量不同，需要的空间大小和空间性质也不同，在安排空间的划分与组合时，将其中最主要的功能空间作为布局的中心，再利用路径和视线联系周围其他若干中小空间，达到主次分明和相互对比的效果。而在山地城市公园的布局中，丰富的山地地形赋予了场地形态丰富的活动空间。山地城市公园中的空间布局主要是利用这些原来就有的形态多样、性质各不相同的原始空间。考虑地形的条件，建筑师将主要的功能空间布置在地势平坦的区域或凹地形以及凸地形和山脊地的坡底处，并不一定处于构图的中心位置，而是将其作为构图的主体进行布局；空间的格局往往需要根据原始空间进行改造，而平面构图形式也不太规则，由于受地形形态的约束，空间形态常常较为弯曲和不对称。

在设计中，人们总是把活动场所设置在开阔的空间内，以满足活动的需要。但是在山地地形中，空间的平面形态多为狭窄的线形，要在山地中选择开阔的场地进行布局有一定难度，通常需要大规模开挖，这是不值得提倡的。但是顺应地形设置小型的空间是有可能的。因此，在山地中，空间常常由线性的原始空间和小型的开敞空间构成，形成了我们通常所说的串珠结构。串珠结构不仅适应山地地形条件，也为游人创造了开合有致的游览空间，形成“山重水复疑无路，柳暗花明又一村”的景观秩序。在山地城市公园中，这种串珠结构在空间布局的运用中很常见，通过道路将散布的空间串联，空间大小位置的安排则根据空间疏密适宜的原则布置。

以重庆市巴南区龙洲湾北区公园为例，其空间结构依照原始地形，首先确定主要活动场地的选址。各场地之间较为分散，形态不规则，但中心的谷底活动场地较大。作为主要的中心区，建筑师再制定景观轴线，用景观轴线将其各个区域联系，形成了串珠式的结构。

### （二）改造空间形态

在一些山地城市公园中，空间的布局主要是依托地形骨架空间进行，建筑师通过增强和减弱原空间的特征和属性来满足符合功能需求的空间形态。山地城市公园的空间由于功能要求的不同，所需空间的大小、封闭程度也各不相同，而原始的地形空间不一定能够完全满足功能的需求。这时则需要通过改变空间的平面、立面的封闭程度以控制空间的边界，通过改变空间的大小和封闭程度来满足设计所需。而在山地城市公园中，这种用来界定空间的元素通常是植物、堡坎、景墙、构筑物等，运用这些元素，通过围、截、堵、导、升、降等不同方式创造改变空间，从而界定了空间的形态和大小，而这些元素的虚实程度也赋予了空间或开敞、或封闭的性质。

1. 植物围合空间

在山地城市公园中，植物是用来分隔空间、改变空间形态的自然元素。在室外环境中，它能够充当如建筑的地面、天花板、围墙、门窗等围合、限制、组织空间的因素，不但能结合地形完善空间形态，还能形成或开敞、或封闭的特殊空间效果。植物对于空间的围合，通常是利用植物的树干或叶丛两部分来进行围合。这两个部位拥有不同的形态特征，对空间的界定作用也各不相同。

首先，植物的树干笔直挺拔，形似一柱体，它对于空间的围合不是完全封闭的，而是具有一定的空隙。当然树干对边界的围合程度与树干的大小和疏密程度密切相关，树干越多越密，则形成的界面越封闭，空间的围合感越强；而树干越稀疏，空间的围合感越弱。其次，植物的叶丛对空间的围合主要根据树叶的密度、分支点的高度有关。浓密的树叶能够形成闭合的界面，从而对空间的封闭、围合作用更明显，而稀疏的树叶，或落叶树种落叶后的树枝，形成的界面较虚。人的视线能够通过空隙延伸到所限制的空间以外，这时植物则主要通过枝条暗示空间的界面，而不是通过封闭的界面来限制空间。

高矮大小、株距、密度不同的植物，对空间的围合度都不同，界定的方式也不同。而对于不同性质的空间，通常也可以通过不同的植物来围合。由植物围合的空间大致可分为四类：开敞空间、半开敞空间、覆盖空间和完全封闭空间，每种空间可以采用不同植物，通过不同的形式进行围合，达到设计者想要的空间性质。

（1）开敞空间。对于开敞空间边界的限定，通常运用低矮的灌木或地被植物来限制，这种空间四周开敞，不需要植物的遮挡、围合，只需暴露于阳光之下。对于这种空间的边界，不需要植物对其进行围合，而是通过平面上界面的限定给人一定的暗示。不同高度种类的地被植物、矮灌木不具视线屏障的功能，但也暗示着空间范围的不同。

（2）半开敞空间。该空间与开敞空间相似，但它有一面或多面受到较高植物的封闭，限制了视线可达性，造成空间边界一半是封闭的，一半是开敞的。这种空间具有一定方向性，空间向开敞的一面延伸。对于半开敞空间的形成，可能由于其空间边界的一边本身有着隆起的地形，如山腰等位置，也可能由于空间的需求，通过人工的方式，用植物和景墙将其进行围合。而利用植物围合，则多是采用较高的灌木和小乔木来进行围合，植物的围合不仅能够有效地限定空间，还可以形成封闭面的背景，打造植物景观面。

（3）覆盖空间。覆盖空间是利用植物遮蔽空间上方，形成封闭的顶界面。这种空间的形成多采用浓密的树冠或藤蔓植物来形成。之前讲到地形、岩石等可以限定空间的顶界面，而那种顶界面不如植物顶界面通透，较为生硬，不如植物有亲和力，其景观性也不如植物强。公园中常常利用树冠遮盖空间顶界面，限定空间范围。

（4）完全封闭的空间。当我们需要一个静谧的空间环境时，通常采用浓密的阔叶植物对空间边界进行限定。这种限定能有效阻挡视线，使空间失去方向性，且具有极强的隐秘性和独立性。对于植被的运用，不仅需要从造景的角度考虑，还需要结合空间的需要，利用不同的植物，创造不同形式的空间。不同的植被对空间的限制程度、围合形式都不同，利用好这一自然特征和属性，我们就可以创造出更加丰富且适应地形的空间形态，对于山地城市公园的设计有重要的作用和意义。

2. 墙体围合空间

对于空间的围合，除了运用植物外，在山地城市公园中还常常运用挡土墙、景墙等工程设施对其进行分隔和限制。挡土墙对空间的封闭性较强，能够对空间的垂直方向的界面进行限制，并且限制视线的穿越。不同高度、材质的挡土墙对空间的制约、封闭作用不同。墙体越高，空间的封闭感就越强；墙体越矮，空间的开敞性就越强。但是与植物围合的空间相比，植物围合的空间边界模糊，轮廓较为柔软，而墙体具有硬朗、分明的垂直轮廓界面，空间界限更为明确。

3. 植物、挡土墙、构筑物等相互配合构成空间

在山地环境中，植物、挡土墙都可以围合构成空间。除此以外，公园中的一些构筑物也可以暗示或限定空间的界限。在山地城市公园中，各个空间的围合要素都是比较复杂的，简单地由地形、植物或挡土墙其中一种要素围合的空间是很少见的。空间的围合通常由各个围合要素相结合，形成或封闭、或开敞的界面，这样的空间形式更加丰富、空间轮廓的形式也更加多变。

### （三）景观空间的拓展

在山地城市公园的规划中，由于地形坡度较大，平坦地块占地面积小，在规划时有时会为了扩大平面建设空间而对山地进行大面积开挖，造成山地趋向“平原化”，破坏了山地地形和原始生态环境。而只考虑生态环境，不改造地形又很难拥有足够的建设用地，在面对这样的问题时，我们可以根据山地地形的立体特点采取有效措施，通过扩展山地空间来缓解这样的“人地矛盾”。

1. 功能化整为零，多维多向拓展空间

公园设计中，有的活动区域需要大面积的平面空间，如体育锻炼区、游客接待区等。在平地公园的设计中，这些功能区通常会占用大面积的平地区域，而在山地城市公园的建设中，如果采用平地建园一样的布局方式则会对地形产生较大的破坏，提高了建设成本的同时，也使山地丧失了本来的特色。遇到这种情况的时候，我们可以充分利用地形特点，将人工活动空间化整为零，把它们立体地拓展开，组织在不同高程的空间场所内，再利用竖向交通联系，在扩大人工空间平面面积的同时尽量少地破坏地形。例如重庆市巴南区龙洲湾北区公园里面的运动区，建筑师将各个运动场布置在不同高度的台地上，依据地形形态布置，形成跌落的运动平台，错落有致，别有一番风景。

2. 多时段利用空间，提高其利用率

多时段使用是指空间场所在不同的时段分别被不同的活动人群占有、使用，开展不同的活动。通过这样的设置，空间在不同的时间具有不同的功能，从时间上赋予了空间更多的功能，提高了空间的利用率。我们在设计这类复合型的活动场地的时候应考虑到各个活动所需的功能设施，将其合理安排在同一区域，这样才能有效引导活动的发生，从而做到从时间上进行空间的拓展。例如湖边广场，早上可以作为晨练、遛鸟的场所，下午可以作为垂钓的地方，傍晚则可以作为饭后散步、休闲的娱乐场所。与其对应的活动设施应有晨练广场、垂钓平台、散步道和休闲座椅，我们在对广场进行设计时就应将相应的设置放置其中，以实现空间多时段的利用。

3. 模糊空间边界，有效利用局促空间

山地空间中存在不少局促的小空间，这样的空间较为封闭、面积窄小，很少被利用起来。对于这种狭小的空间，我们可以通过模糊空间的边界来进行拓展，达到视觉上的扩大，从而增强空间的利用率。通过选择与环境相近的植物，或者利用低矮植物形成空间边界，可以减轻边界和周边环境的色彩对比或明度，使空间的边界形态与环境接近，从而模糊边界，从视觉上达到拓展空间的目的，提高空间使用率。

（四）增强空间联系

山地城市公园中，由于地形的特殊性，景观空间的独立性较高，相互的联系较平地城市公园来说比较弱。因此，在规划设计的时候，建筑师需要通过各种手法来加强空间之间的联系，达到“形散神聚”的目的。

通常可以利用视线上的联系，来加强空间之间的联系。在山地城市公园中，地形高低起伏，视线变化丰富，仰视、平视、俯视均可。建筑师在规划时可以利用这一视线特点，针对各个景点留出相应的视线通廊，增加空间的视觉可达性。虽然不能到达，但可以看见，加强了空间之间的联系，使其独立却不孤立。山地地形复杂，有时候利用视线通廊也不一定能将两个空间联系上，这时可以增设景观过渡点达到增加视觉联系的目的。建筑师在两个互不可见的景观空间之间找到一个中间点，这个中间点可以分别和两个空间产生联系。通过增强人们的方位感和行为动势来间接地联系可不见的两个空间。例如，空间A和B之间是无法取得联系的两个独立空间，我们可以在他们之间增加空间C，通过A—C—B的关系，将空间A和空间B联系上。

以上两种方法都是通过视觉联系来增加空间之间的联系。除此之外，听觉、嗅觉、触觉等知觉都是可以联系空间的介质。利用不同的感官来联系空间，不仅可以起到有效联系空间的作用，还可以增加公园的趣味性。例如，游客走到公园中的隐蔽空间，对周围的景观不熟悉，也不知道现在的方向，此时闻到一阵花香，顺着花香的方向移动脚步，可能顿时视野变得开阔，看见一片鲜艳的花海呈现在眼前。这就是通过嗅觉的吸引，引导游人的方向，无形中将两处空间联系起来，达到增加景观联系的功能。

## 三、顺应地势组织道路系统

山地城市公园中的道路设置较平地城市公园更难，地形的高差造成道路线形弯曲，多尽端路，路径的可达性与疏散性减弱，道路体系结构不易理清。这样的道路特点不利于公园游线的组织，想要设计适应地形又布局合理的道路，必须解决好道路设计中的难点。顺应地形布置道路，合理选择路径形成清晰的道路网络。路径的选择要满足游览空间的体验，增加路径的连续性与识别性以起到有效引导的作用。

### （一）顺应地形布置道路

在山地城市公园中，地形起伏较大，道路的布局不只要考虑到满足功能上的需求，还需要考虑道路坡度的大小，以及建设时造成的填挖量。在山地地形中车行道的规划一般沿等高线布置，以顺应地势而减少对原始地形的破坏。当然有的地形过于复杂，完全按照等高线布置，道路线形扭曲不便于使用。这时我们可以适当地调整线形，结合地形和功能的需求综合考虑。

公园中的车行道是解决消防、后勤等功能的通道，而不是主要的游览线路。公园中主要的游览线路以步行交通为主，因此步行交通在公园规划设计中占了重要的位置，特别是在山地城市公园的规划设计中，步行交通有别于平地城市公园，具有自己的特点。我们在规划时，可以充分利用地形，结合公园景观设置合理的步行交通，利用坡道、梯步、观光电梯等不同的步行交通体系创造丰富的游览体验路线，增加公园的趣味性。

在山地城市公园中，步行交通大致包括了坡道、梯道和电梯三种形式。这三种形式的选用主要根据线路的坡度来决定。

坡道的坡度一般较为平缓，不宜超过 10 度，过陡的坡度游客使用起来非常困难，安全性也不高。在山地城市公园中，这种坡道一般斜向等高线布置，而非垂直等高线。这种平缓的坡道可以布置在比较平缓的地势，用于缓坡中的游步道，坡度平缓，行走起来容易，适合人们休闲散步用；也可以布置在山包间的山坳地带，作为穿越的快速通道。地形坡度较陡时，由于过陡的坡会使人们产生不安的感觉，这时就选用梯道作为交通方式。

梯道可以解决山地中许多高差大、坡度陡的问题。梯道的设置可以斜向等高线也可以垂直等高线，是山地地形中最常见的步行方式。这里值得注意的是，由于梯道一般坡度较陡，行人在上面行走很容易疲劳，因此在较长的梯道中通常会设置休息平台。梯道由于宽窄、长短的不同，在公园中可用作不同的功能。较长、较窄的梯道通常沿陡坡设置，常作为登山锻炼、游览观赏的线路；较宽、较短的梯道一般用于主要的景观轴线，主要作为两个景观空间之间的交通体，其主要作用是解决交通和展示人工轴线景观。

观光电梯、缆车则是设于坡度大、且拥有良好景观视线的地方，是最便利轻松的立体交通方式，可以轻松解决垂直交通的同时也为游人提供了观赏景观的机会。

### （二）清晰的道路网络

道路是山地城市公园中的主要设计元素，它起到指引方向，联系各景观空间的作用，可以说是公园中的基本骨架。在山地城市公园中，道路的设计除了要考虑技术因素外，还要考虑其道路网络结构的清晰度。复杂、混乱的道路网络结构容易使人迷失方向，而清晰的道路网络则可以顺利地引导游人识别方向。

山地地形复杂，容易使山地城市公园的道路不如平地城市公园顺畅，因此导致道路结构变得复杂。我们在设计道路时，若将公园中的交通量集中起来，可以使道路结构复杂、混乱的情况得到缓解。我们在设计时应将道路进行分级规划：主干道、次干道和小步道。

主干道应沿等高线设置，设置在相同的地形条件下，路面应尽量平缓，以减少对行人行走时的阻碍。主干道附近应集中主要的景观功能区，使游客沿主干道行走就可以到达各个区域，也可以加深游客对主干道的印象，增加主干道吸引力，从而减轻次干道和小步道的人流压力。山地城市公园中由于地形的限制，主干道并不意味着机动车可以行驶的，很多山地城市公园的主干道也是由台阶组成的。重庆市渝中区鹅岭公园中，主要的环路是由两条尽端路的车行道和台阶组成，形成游览的环线。但这条环形并不是车行道的环线，车行道是两条尽端路，满足了消防的需求，是这条环形游线的一部分。次干道通常是各个景点中的游览主要路径，它联系了各个景点与主干道，是游客欣赏完景点后回到主干道或原路返回的道路。小步道在山地城市公园中通常指梯道和坡道，这是公园中最具特色和野趣的地方，它的设置主要依据地形，与周围环境相融合。小步道的设置通常坡度较陡、路面狭窄，危险系数较高，应该做好安全措施。

### （三）满足空间体验的路径选择

道路是山地城市公园中重要的组成部分，它起着联系交通、导游线路、组织景观空间的功能。道路贯穿了公园中的各个景区，通过道路游客可以得到丰富的空间体验。道路本身也是景观的一部分，蜿蜒起伏的曲线，精美的构图都给人美的享受。在山地城市公园中，有时道路还无形中起到了边界的作用。由于山体的倾斜，沟壑深陷，道路介于坡地和沟壑之间，形成山与水的边界。在山地公园中，道路的一边是山体，一边是水体，山水交融，形成观景的最佳地点。如重庆市渝中区佛图关公园的主要道路沿山崖而建，道路的一侧是汹涌的嘉陵江水，另一边是陡峭的山体，体现了独特的山地特色。由此可见，山地城市公园中的道路布置应充分考虑山地地形的景观特征，使道路串联不同景区，给游览者提供最佳的观景路线，以满足游客的空间体验需求。因此，道路的布局应坚持以下几个原则：

1. 因景筑路

山地城市公园中道路与景相通，因此道路的设置常常因景而设。设置道路，将不同的景观空间链接，形成丰富的游览路线，做到步移景异的空间感受。对于山地城市公园中的道路来说，景点还可以充分结合地形和道路形式的特点来设计，打破线性空间的单调感，提高公园园林的趣味性。

2. 道路曲折性

“路因景曲，境因曲深”。道路的设置会随地形和景点的变化而曲折起伏，若隐若现，景观环境也会随着道路的曲折而更有意境，道路的曲折性增加了景观的丰富性和层次感，活跃了空间的氛围。在山地城市公园中，道路的设置应该因山就势，避免对称的轴线和整齐的规划，通过曲折的线性道路创造出山林中曲径通幽的意境，从而使空间布局曲、远、空、透，达到“山重水复疑无路，柳暗花明又一村”的山野情趣。

3. 路径丰富性

山地城市公园中园路的形式多种多样，路的形式有盘山道、梯道、石级、斜坡等。在不同的坡度或不同区域，道路的形式随环境的不同而有所变化。在人流集聚的地方，道路可以扩展为场地；在林间或草坪上，道路可以以石步的形式存在；道路穿越建筑的时候，道路则可以以廊道的形式出现。在设计道路的时候，采用不同的形式可以增加路径的趣味性，使空间体验更加丰富，有记忆度。

**（四）路径的连续性与可识别性**

在山地城市公园中，道路景观占据了重要的角色，缺少个性的园路很难使人对各个景区产生深刻的印象，从而将各区域混淆。而道路的变化过多，又会使道路失去连续性，使人眼花缭乱分不清方向。由此可见，在山地城市公园中维持道路的连续性和识别性，对分清公园景区和正确引导游客起着重要的作用。

对于道路的连续性，可从路面铺装和道路界面两方面入手。路面铺装是指同一等级或同一区域内的道路采用一样的铺装方式，或者采用同样的材质，表示整条道路的功能、性质上的一致性，而不同的铺装则意味着道路性质和功能的改变。公园中的园路设置首先应将不同等级、不同区域的道路进行分类，然后每一类都选择符合其功能性质的铺装方式和材料进行铺砌。园路的铺装可采用同一方式铺砌不同材料，或者同一材料不同方式铺砌。这样，园路形式既统一又有所区别，不会造成道路铺装过多而混淆视线，或者铺装相近无法区分的状况。

道路的边界则可以通过植物限定或装饰道路的垂直立面，植物的种类并不重要，只要植物的数量足够，特征明显，就可以形成连续的道路界面，从而表示道路的连续性。特殊道路边界的设计对道路的连续性也十分重要，由于在山地地形中，道路的设置需要开凿山体，因此道路的边界会形成人工的立面（主要是挡土墙）。对于这种界面，我们可以通过雕塑处理、色彩处理、夜景化处理等方式，使人工边界和山体自然景观更协调，为公园景观的一致性打好基础，为区域的连续性、过渡性创造条件。

山地城市公园中，道路方向的变化可以使人感受到地形的变化。同时，地形的变化也促使道路方向的改变，所以道路的交叉口通常设置在地形变化的地方。由于山地地形的坡度较陡，山地上的道路一般是平行等高线设置的，使得道路线形并不是笔直的，而是顺应地势的曲线形，其间还有许多方向的转折。这种曲线形的道路容易给人眼花缭乱的感觉，且游客在道路上行走的时候，方向不停地变化，不知不觉中就失去了方向，找不到目的地。人们总是习惯清楚道路的起始点，使行走具有目的性，目标不明确的道路则容易使人失去行走的动力。对于这种情况，我们可以采用以下几种方法得到解决：一是在道路在起始点设置具有标志性的景观小品，对景区的范围，道路的长度起到一个暗示的作用，给人们提供一个大概的心理度量，使游客心里有数，大概知道自己的所在位置；二是在道路交叉口设置指示牌，明确地指出所在位置及周边景区；三是在道路中设置一系列的休息节点或景观节点，让游客走一会儿停一会儿，减轻游客疲劳的同时，利用节点使游人获得道路的度量性，从而能够估计出大概的方位以及道路的长度，以解除游人方向上的困惑。

## 四、利用地形打造有序视景

山地城市公园与平地公园最大的区别就在于地形的不同，山地地形不仅可以创造出丰富的景观空间，影响功能的布局，对于景观视线也可以产生各种作用。不熟悉地形，按照一般的城市公园手法来设计，会使山地景观显得无序或者毫无特点，而有效地利用地形可以控制视线的角度、视域的范围，形成有别于平原城市公园的景观视觉体验。

### （一）制高点的利用

制高点是山地地形中拥有的独特的景观位置，它高于周围的景物，对视线有着聚焦的作用，通常作为主要景点的位置，统领全局。同时，制高点也是观景的最好位置，可以俯瞰全景，视线广阔而深远。因为制高点拥有这些地理优势，我们在打造、设计制高点的景观时，可以充分地利用这些优势，打造出山地制高点的特色。

山地城市公园中的地形高低起伏，拥有的制高点可以是一个，也可以是多个。当山地城市公园中只拥有一个制高点时，那么它通常是全园的唯一聚焦点，是最主要的观景点，也是最高的景观焦点，是游览线路的终点。对于这样的制高点，我们通常在山顶设置观景塔、观景亭等建构筑物，使其作为制高景点的同时，成为很好的观景平台。当城市公园中拥有多个制高点时，也就是说拥有多个山头的时候，我们通常是将最高或者平面位置最中心的一个山头作为主要的景点和观景点，而其他山头则作为次要的制高点与它产生联系。确定了制高点的同时，建筑师规划各点之间的景观联系，确定全园的景观轴线，从整体的角度对公园景观视线进行规划，确保公园视线的有序性。

制高点位于山体顶部或山脊上，从这一位置放眼望去，山下的景色尽收眼底，因此它是很好的观景位置。而位于山体顶端的物体，人们容易看到天空背景下该物体的剪影，它时常与山体轮廓混为一体，成为轮廓线的一部分，视觉上与背景融为一体。打造好山体制高点，不仅能提供观景的好去处，还会为公园的景观，甚至是城市背景轮廓的景观添彩。比如重庆市渝中区鹅岭公园，对于制高点的打造非常成功，鹅岭公园的制高点由爬山廊和两江亭构成。沿嘉陵江边的崖壁，公园内部设置了爬山廊，作为游客观景、休息、娱乐的场所。而两江亭的设置，给游人创造了良好的观景平台——游人登亭远眺，日暮时，整个江北新城和延绵的渝中半岛像镀了一层金，令人兴奋不已；其建设在山顶，对地形起到了强化的作用，不仅成为公园中的主要制高景点，也成为城市中的重要地标性景观。

**（二）景点位置的确定**

在山地城市公园中，视线、视角、视域在不同的位置有着不同的特点。那么针对这些特点，我们可以对山地中的观景位置和景点位置做出规划，使观景点能够看到最好的景观面。这就要求我们对最佳观景视角、视域有一定的了解，这样才能反推出最好的景点位置或最好的观景位置，使山地城市公园的景观得到最大限度的利用。

人们对于同一景观的视觉感知，在不同距离，所感知到的画面是不同的。在天气晴朗，能见度高的环境下，人们对于 20km 以外的山体景观，主要是山体轮廓的印象，而对于山体的具体形态、植物色彩等敏感度很低；对于 2km 左右的山体景观，则能够看到山体的色彩变化和山体地形的走势；对于 200m 左右的山体景观，能够清楚地看到山石景象和植物的种类；而 20m 左右的景观，则看不到山体全貌，只能看到山中的一角，是布局的景观；2m 左右的景观，则看到的是更小范围的景，可能是某株植物、某堆景石、某条道路的铺装，能看清景观的具体材质。

根据这一特点，景观根据其观赏距离可以分为近景、中景和远景，近景主要是 450m 范围以内的景观，中景指 1200m 以内的景观，远景则是 1200m 以外的景观。我们设计近景景观时，主要考虑植物的配置、景石的摆放、公园内小品的设置等；而对于中景的规划，则注重景点之间的位置、变化、风格，从较宏观的角度对其进行规划；而对于远景的规划，则主要注重山体轮廓线，地标性景点的打造。

在山地城市公园中，对于景观的距离不能做到精确的计算，也不能精确地安排观赏的位置，所以对于视距的原理，大致的满足就可以了。而且山地景观还受主观因素的影响，在不同的观景点，拥有的景观距离和景观角度是不同的。所以对于同一景点，可能要从远景、中景、近景的角度，从宏观到微观对其进行规划和设计，而不只是简单将其归类为远景或近景。

对于观赏点位置的确定，通常是针对已有的景观，选择拥有最好视距、视域、视角的观赏点。在山地城市公园中，地形复杂，精确计算出来的最佳观赏位置不一定适合安排观景平台，可能因为没有足够的活动空间，可能因为地质问题，存在不安全因素。所以对于观景位置的选择，不仅要考虑最佳观赏角度，还要考虑其他原因，通过综合的分析后才能选出最合适的观赏点。

### （三）依据可视度完善景观形象

为了获得良好的观景视线，我们可以依据景观安排游览的线路，反之设计师也可以依据游览线路来设计空间的景观视觉效果。山地地形中，不同视点看同一景点时，观景角度和观景深度都不同。因此我们在设计景观时，需要从多角度，多景深进行考虑。例如，对于作为远景的景点，我们应该考虑其与周边环境的关系，融入环境，增添色彩；而近景的景点，则应该注重细节的处理，还可进行多知觉的设计考虑；在低处的景观，考虑其是俯视的景观对象，注意其整体的空间布局；在高处的景观，作为仰视的对象，考虑其与天际轮廓线或山地背景的关系。对于景观的设计应该从不同的视线角度和视域出发，从不同的角度对其进行设计。在确定了游览线路之后，分析景点是远景还是近景，观看时是仰视还是俯视，通过多个角度来设计和完善景观，可以取得从多维度观赏的景观空间，突出山地景观的特色。

### （四）动态视景的打造

在山地环境中，站在不同的位置，从不同角度、不同距离观看同一景观，会对被观赏物产生不一样的感受。正是由于在山地环境中，人们拥有的视点、视角变化较多，因此在山地环境中可观赏的视觉面也较多，游人能够从不同的角度感受景观环境。在山地城市公园的规划时，我们应该利用好这一特点，尽可能多地为人们提供良好的视点和多角度的观景机会。这种动态的视景通常是结合游览路线而设计，游览线路的高低、方位的变化都会带来视觉景观的不同，移动、变化的游览线路会带来连续动态的视觉景观，使人们在运动中体验空间的开合跌宕，获得仰、俯多变的视觉效果。因此，我们在设计动态视点的时候，可以从游览线路出发，线路的方位、穿越的位置都要有丰富的变化，这样才会为游人带来丰富的视觉享受。比如重庆市江北区鸿恩寺森林公园中的视景变化丰富，顺着步行环线前进，道路高低起伏，时而在山腰，时而在山顶，时而仰视，时而俯视；从一个景区到达另一个景区，景观忽近忽远，景观类型也各不相同，给人带来不同的视景感受，真正做到了步移景异。例如，沿着步行环线，从鸿雁留影到山顶的观景塔楼，游人先是经过平静的湖面，微风拂面，柳叶轻摆。接着，游人从湖边走向清风幽篁，这里是盘旋的登山步道，站在湖边往上看，是垂直的台地植被景观。游人顺着小路盘旋而上，被繁茂的花灌木围绕，可以亲近和接触花草树木，此时景色由远变近，给人不同的视觉感受。游人登上山坡之后到达山脊，这时可以仰望山顶的观景塔楼，塔楼隐约在树林之中，又是另一番风景。游人再登上塔楼，这里可以鸟瞰公园全景和园外的城市风貌，视野顿时变得宽广，给人一种辽阔的感觉，又是一番新的感受。

## 五、符合山体环境的植物规划

山地城市公园中，植物景观是突出山地特色的一大元素。地形对植物的分布有着垂直方向和水平方向上的影响。在山地城市公园中，设计师根据这一特点进行植物配置，将配置出具有山地特色、符合山地环境的植物景观，能够打造出层次丰富、色彩多变的具有山地地形特色的植物景观。

### （一）依据地形营造多层次植物景观

山地城市公园中，植物造景需要从公园的整体布局、空间性质及功能的需求进行整体的考虑，再结合地形条件和景观视线的规划，营造出多层次的植物景观空间。地形对植物的影响较大，二者相互依存，相互影响。山地地形具有立体性，轮廓鲜明，在山地之上利用乔、灌、草合理搭配的植物群落能够创造出适应环境、景色宜人、层次丰富的具有山地特色的植物景观。反之，丰富的植物形态也有助于弥补地表形态或地形轮廓中的不足之处，有利于地形立体景观的表现。

在山地城市公园的植物景观设计中，设计师要将创造多层次植物景观作为植物配置的主要方向，注重对山地地形的利用，在绿地内运用乔、灌、草的结合，构成立体的植物景观空间，营造出丰富的观赏效果。首先，在植物的选择上，应选择生态稳定性最强的多层次的乔、灌、草结构，应避免物种的单一造成空间结构上植物群落层次缺乏，如单纯的乔木、灌木、或草坪会使景观单调、缺少层次。其次，在营造植物群体景观时，还应注重植物形态的选择，通常建议选择树形优美的高大乔木作为主体景观，灌、草、藤等低矮植物对其进行装饰，形成近自然模式的复合性森林绿地，使绿地不同高度空间都得到充分利用，形成三维绿化空间。在植物色彩的搭配上，则建议选择色彩有所变化但相互协调的物种，充分利用植物的季节性，形成变化丰富的植物景观。重庆市龙头寺公园和鸿恩寺公园中的植物配置就采用了乔、灌、草的搭配，且色彩形成鲜明对比，形成了丰富的植物层次。在山地城市公园中，位于山顶或陡峭坡地上的地方，土壤受雨水冲刷较严重，土壤稀薄，岩石外露或者由于对地形的改造，形成了人工堡坎或围墙。对于这些不利于植物的生长的地方，设计师可以选择根系强大、能迅速蔓延的常春藤、九重葛等藤本植物覆盖岩石或挡土墙，用植物对其进行装饰。

（二）突出自然野趣

在山地城市公园中，山地地形越明显，景观越接近自然，较平地城市公园而言，景观更富有野趣。在山地公园中植物的设计应师法自然，根据当地环境因地制宜，突出植物景观的自然野趣。我们在进行植物配置时，应该避免大量植物品种的堆砌，避免对单个植物品种的形态、姿态、色彩等方面的重视，而忽略了植物形成的空间及植物群落的整体效果。植物的选择应适应当地的山地环境，反映地域的景观特色，植物的配置应着重展示植物群落的自然分布规律和整体景观效果。在选择植物物种时，植物本身的形态应接近自然状态，避免过分的人工修建和造型；植物种植时，应避免种类单一、苗木规格一致的整齐划一。这样会显得死板乏味，人工痕迹过重；植物群落搭配时，应尽可能地模仿自然的群落特征，对不同物种、不同规格的植物，进行不同密度的组合排列，形成共生稳定的关系。鸿恩寺公园中的湿地景观，就采用了这些手法，选择共生的不同湿地植物，模仿自然群落特征，对其进行规划设计，创造出了颇具自然野趣的湿地植物景观。比如，龙头寺公园中山坡林地上成片种植的野花也为公园增添了自然野趣。

（三）注重季相变化

植物景观的季相变化就是指植物在不同季节表现出来的不同的景观形态。山地城市公园的植物景观的季相变化在植物景观中占据非常重要的位置，它决定了山体的整体景观效果。要使植物景观有季相的变化，就必须要有一个总体的植物景观的季相规划，将这个总体规划作为植物配置的指导，在局部植物景观设计中遵循总体植物景观规划的原则，这样才能使植物景观能达到整体的季相变化的效果。植物在一年四季的生长过程中，随季节的变化，其形态和色彩都有所变化，开花时、结果时或叶色变化时，拥有较高的观赏价值。我们在对山地城市公园的植物进行配置时，要充分利用植物季相变化这一特点，尽可能地选择能够开花结果或树叶会变色的植物，在不同的季节呈现出不同的植物景观，增强季节感的同时也能给人以时令的提示。在植物的选择时，还可以选择不同时期开花的植物混合配置，或落叶植物与常绿植物搭配，以延长植物景观的观赏期，避免出现偏枯的现象。在龙头寺公园中，开花植物的种类品种较多，有玉兰、桃花、樱花等，在不同的季节展示不同的花卉景观，体现了植物配置的季相变化。

总结以上几点，山地城市公园中植物的配置应该遵循自然的规律，根据山地地形特征和环境特征，因地制宜，进行合理的植物配置。保护好原有自然物种的同时，补种、新增植物种类，把握好引进的新物种和原有植物之间的关系，使新增物种能够适应原始的植被环境，创造出和谐的植被自然景观。而新的植物景观的创造也应师法自然，创造出层次丰富，富有野趣且具有季相变化的景观，使人工配置的植物景观与原始的自然植物景观相融洽。

## 六、体现山体特征的水体设计

### （一）不同形态水体的打造

不同的地形，或山体不同的部位可以围合出不同形态的水体，这些水体以点、线、面的形式出现在山地城市公园中。在山地城市公园中对于水体的设计应充分结合地形高差，顺应水势，形成与地形起伏充分结合的自然形态的水体。山地城市公园中的水体受地形的影响一般分为动态水体和静态水体。动态水体顺地形流动，一般位于山体坡面上，形成瀑布或流淌的溪河。有时，动态的水体还会贯穿公园，将公园中的主要景点串联起来，这种水体通常是线性的。山地中这种流动的水体表现出来的形态多种多样，还具有鲜明的山地特征。在山地地形中，流动的水体总是处于绝对的动势中，它可以是蜿蜒的小溪，也可以是无坚不摧、气势汹涌的巨涛激流，形成了具有动态自然美的景观。静态的水体则是位于山谷或山坳等较为平缓的低地势的池塘、湖泊等，这种水体通常是面状的。水体静如镜面或波光粼粼，给人柔美亲切的感觉。静态的水体常常成为人们抒发温柔、细腻这一类情感的符号，凡相思念远、思乡愁绪等诸般情感都寄予水体，这赋予了静态水体一种文化属性。在山地城市公园中，这两种水体有时单独存在，有时结合在一起，在瀑布的下方或溪流的终点处形成大面积的水面，形成丰富的复层水景空间。无论哪种形态的水体，在山地城市公园中通常规模都较小，设计者常常将水景和游人活动相结合，在水边规划亲水的活动空间，将水边环境利用了起来，打造出“水是活的，景亦是活的”的滨水空间。与此同时，山地城市公园中的水体常常与坚实的山体，多姿的山地植物相映衬，形成了声、光、影、色兼具的动人美景。总的说来，山地城市公园中的水景具有流动美、力量美、质感美和光影美，增添了山地景观的特色，为公园景观画龙点睛。

### （二）水声的利用

在传统的中国园林中，水声是声景设计中必不可少的设计要素，从潺潺流水到泉滴潭池，都给人一种远离尘嚣的感觉。水随着水体形态的不同而有着不同的声音。平静的湖水上，水体本无声，只是外界的干扰会使它产生声音，投石入水、燕子点水，鸭鹅游过等，都会让水发出轻轻的声音，令人心旷神怡。在这种平静的水面旁，我们可以在水边设置亲水平台，给游客提供视线开阔的水体景观，还提供了聆听水声，捕捉水声的机会。而动态的水体，如山中跌泉、瀑布、溪流等，它们撞击山石，水体相互拍打，创造出有节奏感的水声。在山地城市公园中，这种水声藏于山林里，使游人未见其水但闻其声，更容易体会到山林寂静的意境。而对于这种水声的创造，应营造闭合的山地空间，映衬出溪流及瀑布的声音，突出山林的神秘感和静谧的意境。对于这种动态的水体，可以在其附近规划较为隐蔽的休闲空间，潺潺的水声隔离了外界的干扰，使得周围的环境融入自然之中，远离了城市的喧闹。

## 七、地形营造时应注意的工程问题

### （一）稳固坡面

山地城市公园中坡面是很常见的，可能是原始地形中的坡面，可能是由于对地形的改造，人工形成的坡面。如果这些坡面没处理好，容易形成滑坡等现象，带来安全隐患，因此在公园中对于这些坡面的处理首先考虑的是如何稳固坡面，保持水土的问题。稳固坡面的方法很多，这些方法分别适用于不同的坡面，其中坡面的倾斜度和长度决定了稳固坡面的基本形式。对于坡度缓、长度较长的坡面，我们通常采用植物种植的方式稳定土壤，这种方式不仅能够起到固定坡面的作用，还能营造独特的坡地景观，兼具了稳固结构的功能和美化风景的功能。对于坡度较陡、坡长较短的坡面，我们常常采用石材或木料进行填塞、夯土或建立挡土墙等方法进行稳固，这种方法可以有效地避免坡面滑坡，但是和植物固坡相比，缺少一定的观赏性。 坡面的稳固形式不仅与坡度和坡长有关，还与坡面的地质和水文条件有关，它们是决定坡面稳固形式的主要因素。拥有同样坡度的坡面，不同地质情况的坡面其本身的稳定程度也有所区别。如果是石质坡面，则坡面本身较稳定，几乎不需要额外的稳固措施；黏土质地的坡面本身的稳定性较强，只需简单地进行稳固处理就可以了；沙土质地的坡面很容易滑坡，因此对它应采用保护效果强的稳固手段。水文条件对坡面的稳固也有一定的影响，同一坡度同一质地的两个坡面，由于它们所处地势不同，遭到雨水冲刷或流水侵蚀的程度也不同，因此坡面自身的稳定状况也不同。在容易受到雨水冲刷或侵蚀的坡面，其稳定性较弱，需要采用保护力强的稳固措施，而不容易受到雨水冲刷和侵蚀的坡面，本身稳定性相对较好，可以采用的相对简单的措施将其稳固。由此可见，坡面是否稳固受多个因素的影响，在对坡面的稳固方案设计中，我们需要对各个因素进行综合考虑，还需结合城市公园的景观风格，选择一种最合适的方法进行处理。

（二）挡土墙的利用

在山地城市公园建设的过程中，为了构成空间或是完善其他功能，如排水、导流等，在地面上往往会形成坡度较陡的坡面。对于坡面的形成，角度最好不大于50°，这是地表土壤堆砌的最大绝对极限。超过这个极限时，斜坡容易被流水侵蚀而产生滑坡的现象。当然若斜坡是岩石或其他实质物体，就不容易产生这些现象，而对于其他容易滑坡的坡面而言，我们就必须在其上筑起石块或其他硬质、不受腐蚀的材料，以稳固坡面。在山地城市公园中，这种大于50°的坡面很常见，我们常常利用挡土墙作为稳固坡面的工程措施。《公路挡土墙施工》一书中讲到："挡土墙就是用来支撑陡坡以保持土体稳定的一种构造物，它所承受的主要荷载是土压力，挡土墙的形式包括了道路边坡，滨江护坡、建筑护坡等，是坡地中最常见的一种工程要素。"堡坎则是指裸露在外面，没有经过植被等软质景观处理的挡土墙，堡坎是挡土墙的一种形式，在山地城市公园中运用较多。在山地城市公园中，挡土墙常常采用砖石、混凝土等材料砌成，它是用来支撑土壤、承受侧向压力的工程措施。它不但可以保持坡面的稳定，防止土坡滑坡，还可以控制山地地表水的排放，在不同水平高度之间创造最大的利用空间。在山地城市公园的建设中，挡土墙主要出现在对原始地形有一定改动的地方，包括了以下几种情况。

（1）在公园中铺设道路路基或建筑路基时，需要对周围的坡地设置挡土墙，而过陡的坡地不能自然放坡，这时设置挡土墙能取得较好的经济效益和环境效益。

（2）在地质不好的地方建设活动场地，对原始地面的填挖容易造成滑坡的现象，这时需要设置挡土墙来防止滑坡、坍塌等事故的发生。

（3）在公园内建设道路或建筑工程时，对地形的改造可能对周边道路或建筑物的地基产生影响，这时需要利用挡土墙加固原地基结构。

（4）在有水的山地公园中，水边的道路或建筑地基容易受到水体的冲刷而发生工程事故，在靠水的一边设置挡土墙，可以保证地基的稳固。

挡土墙在山地地形的工程设计中的应用非常广泛，它运用在城市公园中，除了满足基本的抵挡土压力、防止土体塌滑的功能外，还需要对公园景观进行一定的考虑，因此公园中的挡土墙还应该具有一定的观赏价值。挡土墙的装饰可以在墙面上做处理，通过材质的处理对比，体现出一定的美感；也可以通过浮雕等手法，将历史名人、文化风俗等当地的人文风俗表现在墙面上，作为一面景观墙。鸿恩寺公园大门两侧的堡坎就采用了这种手法，通过雕刻形成文化墙，龙头寺公园的北门入口处也有百米长的雕塑文化墙，是通过雕刻的方式将历史文化故事体现在挡土墙上，具有强烈的视觉效果和深厚的文化内涵；也可以和植被相结合，通过悬挂、镶嵌、满铺等形式对挡土墙进行植物的美化，这种方式更美观、生态，也为自然景观添加色彩。

在山地公园的设计中，挡土墙的设计根据地形的高差、空间大小的不同，还可以采用不同的形式。对于高差较大的坡面，在场地空间足够大的情况下，挡土墙可以分为多个台阶逐层修建，形成跌落式的景观台阶。这样的设置消除了高墙给人的视觉上的单调感，使空间更富韵律和感染力，设计师还能结合植物的种植，设计出具有立体层次的植被景观。鹅岭公园中崖壁下的堡坎就分台设置，且与植物相结合，每个台地上种植乔木和灌木，形成了较为生态的、层次丰富的立体绿化景观。龙头寺景观大道中，对于微地形的处理也是利用退台的堡坎处理高差，再结合堡坎种植观赏性植物，形成了台地植被景观。对于公园用地局促的情况，堡坎不能分台建造，只能一次筑成，形成高耸的墙面。对于这样的堡坎则多采用对墙面做装饰，如垂直绿化、浮雕、壁画等，来减弱封闭的高墙给人的压抑感。

### （三）地质灾害易发区的建设意见

在山地环境中，地形地貌、地质条件都较为复杂，在规划城市公园时，首先要对其地质进行勘察，了解现状是否存在地质灾害高易发区。若公园建设的范围内存在地质灾害易发区，我们在规划设计时需要注意一些事项，以确保工程项目的安全性。作者认为对于地灾易发区的规划主要应注意以下几点：在地质灾害高易发区的用地范围内应避免高切坡、高填方、深开挖的建设项目；地质灾害高易发区中不宜进行建构筑物的建设及主要活动场地的建设；城市公园常常作为城市中避难防灾的场所，避难点的规划应远离地质灾害高易发区；对于地质灾害高易发区可以采用工程措施对城市公园进行稳固，降低地质灾害发生的概率，减少其存在的安全隐患。

# 第四节　山地城市生态适应性的设计方法

## 一、基于生态适应性的城市设计解读

### （一）城市设计中生态适应观的引入

生态适应性是多学科研究的切入点，对城市设计学科而言，也同样如此。运用“适应性城市设计”的理论与方法对山地城市进行生态建设，其重点是针对山地复杂的自然环境，建立以适应性概念为核心，以人与其特殊的山地环境诸要素间的共生、共存、共荣关系为中心思想的山地生态适应性城市设计理论方法。

华南理工大学博士陈纪凯在其专著《适应性城市设计：一种实效的城市设计理论及应用》中，针对我国目前快速城市建设带来土地无序开发、空间环境恶化、文脉断裂、特色丧失等问题现状，提出有针对性、可持续发展的“适应性城市设计”理论。

云南大学博士徐坚的《山地城镇生态适应性城市设计》通过对山地人居环境的剖析，总结出传统山地城市对自然环境、建成环境、社会生态环境的自然生态适应性、社会生态适应性和文化生态适应性等多种适应，总结山地人居环境中的人地关系以及建筑营造意识中的人地关系，并结合生态城市建设中历史、整体、共生、环境、场所、结构、弹性、绿化的观点，初步提出了山地生态城市“区域—城市结构—城市物质空间”的系统生态建设理论框架。综合考虑历史环境、地理条件、经济需求等因素，为山地城市居民提供更多的、新的活动模式、新的空间肌理和新的城市体验，使其成为真正适宜居住的城市。

总之，当代的生态适应观紧紧抓住“适应”这一核心概念，研究人与自然环境的协调性、城市整体物质形体空间的适应性、城市整体社会文化氛围的适应性等，逐步向广义的生态适应观扩展。作为以运用生态学的动态观和整体协调关系为基本原理的现代城市设计学科发展的新方向、新途径，生态适应性城市设计除了研究传统意义上的广场、街道、轴线、视线和连续性等问题外，研究领域更多地涉及人们的心理体验和社会文化环境的营造，并通过各种管理策略的制定来实现它所追求的目标和价值。

所以，生态适应性城市设计引领着城市设计学科由“对城市环境形态的诸要素作合理处理和艺术安排”，向多元、开放、综合、以人为本、追求人与生存环境高效和谐共存的趋势发展，并更鲜明地体现人性化、整体性、和谐性、地域性、时空性、艺术性的学科特点。

### （二）生态适应性城市设计的基本特征

一方面，作为具体的城市建设者和专业研究人员，从不同的视角，对城市设计又有着相去甚远的看法和理解。另一方面，相对于城市规划而言，城市设计比较偏重空间形体艺术和人的知觉心理，最终以独特的城市格局和环境特色给人们留下了深刻的印象，达到改善城市环境品质和提升人们生活品质的目标。

生态适应性城市设计除了传统意义上的空间—形体分析方法外，也看重场所—文脉的分析方法，强调以现代社会生活和人为根本出发点，注重并寻求人与环境有机共存的深层结构。如路易斯·康（Louis I.Kahn）也意识到场所感的重要性，他认为："城市始于作为交流场所的公共开放空间和街道，人际交流是城市的本质。"

因此，笔者认为，对于生态适应性的城市设计而言，可以从以下两个层面对其进行解析和定位。

1. 生态适应性层面

必须立足于广义的生态观，强调对于环境的适应性，包括对于自然生态、文化生态、社会生态等诸多环境的适应关系。具体而言，自然生态方面包括城市的自然环境格局构建、城市选址、用地功能布局、道路交通设计，等等；文化生态方面包括城市的各种文化经营策略、旅游发展策划、居民荣誉感和凝聚力的培养，等等；社会生态方面包括居民就业、社区团结、归属意识和社会稳定，等等。

2. 城市设计层面

通过对城市中典型空间要素和景观环境的设计，强调对城市公共资源的控制和对公共利益的维护，并通过城市设计导则和法律法规等形式逐渐演化为一种"公共政策"。并且，一切的目标、基本原则及策略都是以人性需求作为基本依据。

## 二、山地城市生态适应性设计策略

### （一）重庆开州区北部新区概况

1. 具体研究范围

本次规划区域是开州区主城区内最后一块城市发展用地，从地理环境、建设经济性等方面看，均是城市近远期开发建设的首选用地。规划区位于开州区主城区汉丰湖北侧，位于开州区的核心区位置，是典型的山地城镇地形，研究范围西依东河，北靠脑顶山，南临汉丰湖，东以调节坝为界，与开州区东部新城，南山、盛山遥遥相望，具有极好的区域环境优势和山水格局。

具体边界范围为：北临余家新屋、脑顶山森林公园的杨家院子和赵家院子及响水水库北侧的谢家院子；西邻东河及东河大桥；南临汉丰湖；东至调节坝以东的野塘溪大桥为界。总用地面积约 6.9 平方公里。

2. 现有自然环境概况

（1）地形地貌方面。规划区北靠脑顶山脉，山峰最高值为 725 m 左右，规划区西侧有两座山峦——迎仙山和熊耳山，最高海拔分别为 450 m 和 330 m 左右，基地大部分地区北高南低，呈台地分布，整个基地内部高差较大。

靠近水域部分为大面积的河漫滩，由于有乌杨调节坝的作用，汉丰湖的最高蓄水水位为 175 m，最低水位维持在 168.5 m 左右。所以，整个规划区的消落带面积较大。规划时应该重点研究。

坡度方面，规划区内迎仙山和熊耳山附近坡度较陡，且基地内有几条东西向连贯的高坡度地带，南北联系较为不便。如果按 5° 以下为适宜建设用地、5° ~15° 为较适宜建设用地、15° ~25° 为一般适宜保护用地、25° ~35° 为较适宜保护用地、35° 以上为适宜保护用地来划分用地面积，规划区内的用地面积分别为：16.44 $hm^2$、29.46 $hm^2$、13.98 $hm^2$、6.72 $hm^2$、2.48 $hm^2$。其中，一般适宜保护用地、较适宜保护用地和适宜保护用地总的面积比例达 33%。

坡向方面，规划区东段大都为南向坡，日照景观条件较好，规划区西段朝向分布较均匀，规划时应结合最佳朝向建设布局。

（2）地质灾害方面。根据 2011 年 3 月重庆市勘测院的《开县县城北部新区丰乐片区及开县县城北部新区镇东片区东段规划区地质环境影响评估报告》，可以看出，本次规划区域内地质环境问题较严重，发生地质灾害可能性较大，地质灾害主要为滑坡（部分地段已经治理）、崩坡积堆积体等不良地质现象，对未来人类的工程活动较敏感。

根据地质灾害评估结论，地质环境影响大区一般不宜规划建设项目，确需规划建设项目时，应同时编制地质环境保护与地质灾害防治规划或规划具有地质环境保护与地质灾害防治功能的项目，针对具体的工程项目应组织专家对其进行专题论证。所以，本次规划的原则应以对环境的保护为主，避免成片高强度开发，尽量减少人类活动对基地的影响。并做好对地质灾害的治理工作，安全、持续地开发北部新区。

另外，整个规划区有若干条发育型冲沟，暴雨天气下会形成区域性的流水，平时很少有水流，规划区沿开云公路有部分截洪沟。整个规划区范围内有众多大小不一的水塘，用于灌溉及防洪。规划过程中，应该充分尊重现有冲沟的现状走势，合理利用现状水塘以及做好相应的生态维育策略，减少对现状自然冲沟的破坏。

（3）各片区环境景观概况。根据场地条件及环境要素，将规划区大致分为 7 个片区进行分析。

A 片区西临东河，地势东高西低呈台地状，地块呈南北向；

B 片区为熊耳山山体和已经建成的丰乐集镇；

C 片区围绕迎仙山，地处三江汇流处，三面环水，视线开阔，拥有得天独厚的景观条件与生态资源；

D 片区为响水水库区域，水库面积约 4.4 $hm^2$，水质较好，四周环境优越，水库东侧为东西向的台地；

E 片区位于一楔形地带，是规划区中心位置，交通便捷，区位价值优越，并且面朝汉丰湖，视线开阔，为城市建设用地的首选区域；

F 片区位于不同标高的台地上，地势北高南低，呈甜橙叶形丘陵山地地形，由南向北比栉抬升，相对高差约 200 m。整个片区背依脑顶山，面临汉丰湖，是较佳的城市聚落选址区域；

G 片区濒临汉丰湖，为一水陆交接区域，景观价值优越，生态敏感，不宜大面积和连续性地开发建设。

3. 现状建成环境概况

土地利用方面，规划区内的丰乐集镇和迎仙山脚下集中布置了居住区和相应的公共服务设施，建筑密度较高，其他区域大多为松散的居住用地，缺少相应的城市公共服务和配套设施。

建筑高度及质量方面，1~2 层砖结构是基地现状建筑的主要组成部分，分布较广，3~4 层、5~6 层、7~9 层的砖结构和混凝土结构建筑主要分布于丰乐集镇和迎仙山脚下。另外，规划区还分布着少量木结构和土结构的建筑质量较差的低层建筑。

建筑风貌方面，规划区建筑风貌大都为现代风格，但由于年代较久远和较少装饰，建筑风貌较凌乱，没有特色，其他散布于规划区的居住建筑则存在随意搭建现象，整体形象欠佳。

现状道路方面，基地中有一条质量状况良好的二级公路——开云公路贯穿东西，宽度约 12 m。迎仙山脚下的老城区内道路宽度不足，难以满足通行要求。其他次级道路以开云路为枝干，分散开去，但不成体系，道路宽度较窄，一般为 4m。

人工构筑方面，出于防洪和治理滑坡等综合考虑，汉丰湖沿岸及东河沿岸部分地段筑有人工硬质堤岸。

### （二）开州区北部新区生态适应性城市设计策略

1. 功能区布局的生态适应性策略

（1）现状保留区布局的策略。经过多次现场探勘和走访调研，我们得出结论：本次规划区域为一个开发度相对较低的新区。规划区的核心建成区为迎仙山脚下的综合居住区和丰乐集镇安置片区，其他地方建筑较为零散。核心建成区的建筑密度较高；建筑高度一般为 7~9 层，并且新建住宅有不断加高的趋势；建筑的建设年代不长，多为 21 世纪初建造；两个区域的人口密集，社区关系和地方文脉已经形成，是一个相对活跃和稳定的城市片区。规划区的其他区域则为相对零散的居民点，土地利用率极低，公共服务设施缺乏，市政基础设施覆盖困难。

因此，基于社会生态适应和经济生态适应方面的考虑，本次规划将迎仙山脚下的综合居住区和丰乐集镇安置片区等两个核心建成区保留，并根据实际情况划定了 45.2 $hm^2$ 的区域作为保留区。

对于现状保留区的具体策略建议为：①不对保留区进行大拆大建，局部地区的改建和新建需仔细协调周边具体环境。②完善保留区的相关配套设施，如公共服务和市政基础建设等。③对局部重点地段做好城市风貌的改进，统一片区的立面形式和地段形象。

（2）居住区布局的策略。除去现状保留区外，其他地方的建筑密度很小，民居散落在规划区范围内。根据片区的总体定位和“大分散，小聚合”的聚居形态构建，本次设计的居住区总体定位为休闲式低密度生态住区。

具体而言，考虑到对于土地价值的集约利用和汉丰湖景观的控制，居住区的布局分为两种。一种为中高档的优质滨水商品住区，位于规划区最东侧和最北侧，远离汉丰湖主景片区，以高层和小高层为主，充分利用土地资源；规划区中部的片区级商业核心区可兼容商品房功能，并做到显山露水的景观效果，总占地约 85 $hm^2$（含相关配套设施用地）。另一种住区是以多层、低层为主的低密度生态住宅区，充分利用并保护汉丰湖的湖面景观，维护公共利益。它们沿台地簇群式生长，组团式发展，形成独特而舒适的区域形象。整个生态住宅区占地约 95 $hm^2$（含相关配套设施用地），是面临汉丰湖的主要建筑群，住区绿地率应达到 40% 以上，尽量融入周边的区域环境之中，以维护区域的生态平衡，努力打造成滨湖区域的最佳生态住区。

对区域内的原居民，进行经济补偿异地安置或就地安置处理措施两种，充分尊重和满足居民的意愿，就地安置的居民，住宅的建设必须符合本次规划的整体要求。并且每个休闲住区组团内配备相关的公共服务设施，满足居民日常生活娱乐需求。

（3）商业区布局的策略。从开州区主城区的商业空间分布来看，商业区布局分布极不均衡。具体而言，绝大部分商业区集中在汉丰湖南岸的汉丰组团，全县的商业中心较为集聚。但是，其他组团的商业、金融配套能力却十分薄弱。基于此，本次规划结合总规发展意图和片区区位地理条件，在廖家湾和三星庙附近形成了北部新区的区域核心商业中心，打造片区级重要的商业服务中心及开州区的城市次中心节点。另外，为了丰富北部新区商业服务的层次等级，在井泉片区东端和华联片区北端各设置一个次区域级的商业服务中心。

核心商业区沿响水水库引入汉丰湖的水系两侧布置，形成商业步行轴线和绿化景观轴线，在轴线两侧形成商业服务、城市休闲娱乐的核心地带，并形成完善的步行服务网络和停车设施。在中心区以一个滨水市民广场为核心，布置一些商场、电影院、娱乐休闲等相关的商业服务设施。核心商业中心作为片区级和城市次中心的高标准要求来打造，形成具有时代气息的现代化核心商业区，为人们营造一个舒适便捷的商业购物和休闲娱乐环境。

（4）旅游服务配套区布局的策略。规划区拥有天然的地理优势，背靠脑顶山，面临宽阔的汉丰湖，有长达 10 km 的滨水景观岸线，其中滨湖岸线达 7.6 km，且与汉丰主城区遥相呼应。因此，设计师应充分利用汉丰湖及其沿岸的优美景观，建设开辟一批独具特色、可游览娱乐的风景旅游节点和旅游项目，完善开州区环汉丰湖区域的旅游服务体系。

规划中结合环汉丰湖景观文化研究的成果，注重景观节点的打造和旅游线路的通达性。具体而言，规划区将形成不同主题的五大旅游服务配套区：① A 区域为迎仙山景区、九阁凌霄景区和开州区民俗风情商业街，建筑风格以西南地区的传统建筑风格为主，以之作为片区的主要景观节点，并且设置进入山顶的标识。以绿化景观为主要特征，注重绿化配置和景观设计。该区域位于迎仙山半山腰及山顶上，三面环水，视线开阔，风景秀丽，是林木茂盛的生态环境优良区域。为保护山形、增强山势，规划区严格控制建筑高度和体量，片区最高建筑（九阁凌霄）限高不超过 36 m，民俗商业街不超过 15 m，容积率不超过 1.0。建筑高度由山顶向山脚跌落，可考虑适当采用架空和吊脚等接地形态，增加区域的趣味性和特色性。建筑屋顶采用坡顶，鼓励使用乡土建筑材质，形成与自然地形的良好结合。② B 区域紧邻城市核心商业区，布置体验式购物公园、美食广场、风情酒吧街等，为游客提供丰富的餐饮美食和休闲购物场所。③ C 区域布置休闲旅游度假村落、休疗养会所等，为游客提供高档的住宿条件和舒适的康体设施。④ D 区域为游乐设施、体育训练基地、水上活动配套设施如游艇俱乐部等。⑤ E 区域为旅游服务配套设施节点，为游客集散提供便利。

2. 道路交通设计的生态适应性策略

从道路广场所占建设用地比例来看，开州区的现状数据和规划数据都高于国家建设用地的基准范围，主要原因在于开州区属于典型的山地滨水城市，总体规划确定的城市格局为多中心组团式，各组团之间和内部的通勤道路相对较多，导致对道路用地的需求比例相应较高。如何在设计中采用生态适应性的策略来处理道路设计和交通组织，是山地新区城市设计中的重点内容。本文将从道路设计策略和交通组织策略两个方面来展开。

（1）道路设计的生态适应性策略。相对于平原城市而言，山地城市环境在气候、地形、土壤、植被等方面均有较大的特殊性，其生态敏感性和脆弱性也更突出，对生态系统的反应要比平地环境大得多，如处理不好与自然环境的关系，极易发生崩塌、滑坡、泥石流等灾害。因此开州区北部新区在道路设计方面应尽量适应地形的高低起伏，减少对原有地形地貌的破坏，协调好建设开发的“度”和“量”。具体归纳可有以下几点生态适应性策略原则：

第一，道路线型顺应地形，宜曲不宜直。英国学者麦克卢斯基（J.Mc-Cluskey）曾说过：“良好的道路布线应利用自然地形，路线应与原有的地形融合而不是去触犯它。”在山地环境中，首先应该根据地形选择道路线型。一方面必须使山区道路满足爬坡的要求，道路尽量沿等高线布置，如图 4-3 所示。这样就可以通过调节等高线与道路之间的夹角，把道路纵坡控制在一个合适的范围内，避免因为道路横穿等高线继而产生生硬的边坡。另一方面，要尽量减少对原有地形的改变，使道路布线与山地景观协调。

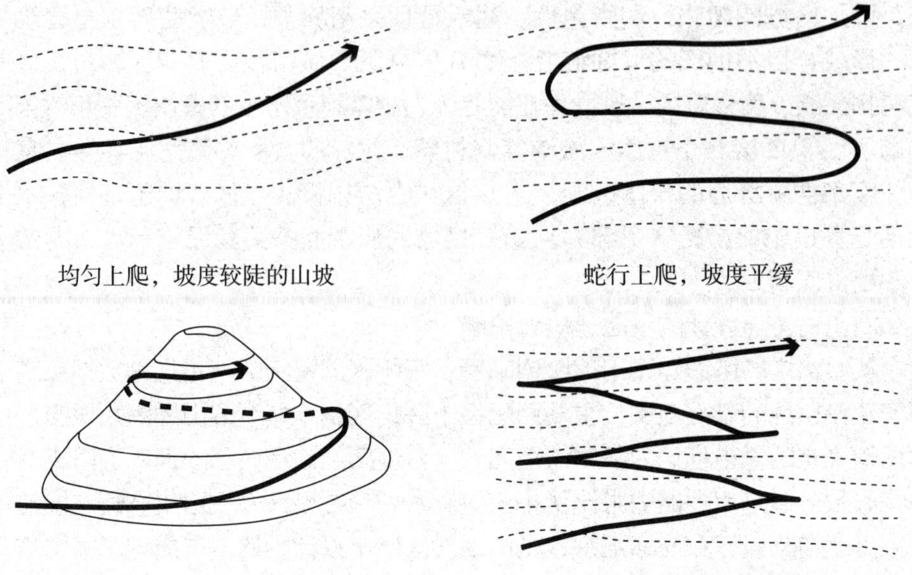

均匀上爬，坡度较陡的山坡　　蛇行上爬，坡度平缓

均匀上爬，坡度较陡的山坡　　设回头路线，坡度很陡

图 4-3　道路与山体坡度

在纵坡设置方面，基于交通安全的考虑，山地城市道路的纵坡不宜太大，坡段也不宜太长。山地道路的纵坡设置取决于道路的功能，同时与汽车的种类、车速有关。根据《道路工程》里面的阐述，山地道路的最大纵坡应小于9%，而且根据不同的坡度还应有适当的限制坡长，如表 4-2 所示。当然，根据经验，对于建筑小区或群体内部的车行道，由于设计车速较低，其最大纵坡可以放大至 10%，特殊情况下，甚至达 13%。 基于山地道路的线型与地形的契合，在路网结构方面，形成了贯穿型路网、环型路网、枝环型路网三种基本路网结构。此外，对于一些特殊地段，山地道路也会运用隧道、开山、架空或架桥等手段，但这些手法将增加道路工程量，增加投资。因此，在本规划区内，道路布线应该因地制宜，充分考虑与地形的结合，道路纵坡控制在 8% 以内。

表 4-2　公路纵坡限制坡长

| 纵坡度（%） | 限制坡长（m） |
|---|---|
| >5~6 | 800 |
| >6~7 | 500 |
| >7~8 | 300 |
| >8~9 | 200 |

第二，慎动坡脚，加大对坡脚的生态维护和人工治理。由于山地区域生态环境脆弱，生态敏感性高，为了维护区域生态环境的稳定性，本规划区的车行道路特别是主干道路应该慎动坡脚，即在坡度较大的地段谨慎动土。如果确有需要，需加强坡脚的生态维护和人工处理措施。

第三，半挖半填，路幅紧窄。山地车行道路的截面形式主要有路堤、路堑、半挖半填、架空、局部悬挑或隧道等方式。在实际情况下，后面几种方式对经济及技术的要求较高，没有前三种方式简便易行，但单纯地采用路堤式或路堑式的截面形式都会带来较大的土石方量，在不同的坡度条件下，土石方量也在不断变化。因此，规划区内为了尽量减少对原有地形地貌和山地景观的破坏，我们可以将两种建设方法融合，采取半挖半填的方式，就地平衡土石方的挖填方式，并且除了主干道开云路和华联路外，其他道路尽量紧缩路幅宽度，避免更大的工程难度和经济损失，具体见表 4-3。

表 4-3　各地地形条件下的正常土石方工程数量

| 项目条件 | 平地 | 5%~10% | 10%~15% | 5%~20% |
|---|---|---|---|---|
| 每公顷土方工程量（$m^2/hm^2$） | 2000~4000 | 4000~6000 | 6000~8000 | 8000~10000 |
| 占地面积上土方工程量（$m^3/m^2$） | 2~4 | 3~4 | 4~8 | 8~10 |

第四，边坡的生态化处理。在对山体进行挖填以后，不可避免对边坡进行处理。边坡的处理不仅会关系到山体滑坡、塌方的山地灾害问题，影响城市景观，而且边坡的形式也会对人的心理感受产生影响。护坡的基本形式有垂直式、斜坡式和台阶式等，护坡首先必须满足工程技术的要求，防止灾害的发生，还必须考虑居民心理上的需求和景观上的审美需求。

护坡是调节道路与地形冲突的方法，护坡绿化是用各种植物来保护具有一定落差坡面的绿化形式[①]。运用绿色植物材料来覆盖斜坡与山体，以防灾患、美化环境、增加绿化覆盖面积，充分发挥绿化生态作用。总结起来，大致有以下几种形式。

披垂式：即选用藤蔓植物、花卉或灌木种植在边坡上或山体顶部边沿，柔化坡面，其枝叶迎风飘曳，呈现一种动态的美。

① 赵世伟.园林工程景观设计——植物配置与栽培应用大全[M].北京：中国农业科技出版社，2000：115.

覆盖式：即选用藤蔓植物、草坪或其他地被植物来保护斜坡或山体，这种绿化形式要求植物有良好的覆盖性，种植时密度较大，好似给边坡披上了一层厚厚的绿被。

花台式：指在边坡上布置花台或花坛。道路两旁的垂直护坡，可以考虑用花台和花坛进行美化，还可以种植具有观赏价值的花卉，局部遮挡暴露的护坡，更好地美化环境。

图案式：在坡面上用混凝土网格塑造出各种优美的图案，并在空心处填充固土植物。这种图案式护坡法对于某些地质条件不稳定区域，既起到稳定边坡作用，又起到美好景观的作用。

第五，生物迁徙廊道的考虑。道路施工过程中，一方面应该组织好道路排水的排水系统，如涵洞等。另一方面由于道路系统是人工化的阻隔界面，对地区的生态环境做了生硬的划分和阻隔，隔断了自然景观中生物迁徙、觅食的路径，破坏了生物生存的环境和各自然单元之间的连接。因此，在道路设计的过程中，考虑到地区的生态多样性的维护，必须为生物的迁徙提供方便，规划中可以考虑设计架空的生物保护廊道，保证生物顺利通过、迁徙、扩散和繁衍。

第六，园林化的街景设计。园林化街景设计不仅要考虑在道路内部人们的体验，还应综合考虑在道路外部多视点、多视角上的设计。既要为不同标高层面的道路行人所欣赏、还要为不同标高层面的外部视点、视角所欣赏。盘山道路依山而建，弯曲有致，园林化的街景设计使得地形、道路和建筑有机融合，俯视景观更是自由舒展、优雅灵活。滨水道路一边依山，一边为驳岸，并且与山体景观相互呼应，道路两侧经过生态化的护坡处理，俯瞰街景呈现出生动流畅的景象。当视点处于较低位置时，如滨水区域，则要把握好道路仰视景观的整体感和层次感，控制好道路本身、道路下方和道路上方以及与周边环境的关系。综合考虑道路靠山侧的环境背景和道路下方架空空间自然景观的保留或景观处理，强化其层次感，体现山地特色[①]。

第七，道路布局引导城市形态。凯文·林奇（Kevin Lynch）在《城市意象》（*The Image of the City*）的第一章里就提到了"'可读性'在城市布局中的关系重大"，一个可读的城市街区、标志物或道路应该容易识别，进而组成一个完整的形态。在北部新区的城市设计中，可以通过道路系统的布局来力图引导和构建一个清晰独特的城市形态，具有较强的识别性[②]。多条平行等高线的

---

① 艾维涛.山地新区开发项目内部道路交通研究[D].重庆：重庆大学，2006.

② 林奇.城市形态[M].林庆怡，陈朝华，邓华，译.北京：华夏出版社，2001：167.

线性道路逐渐上升，并且由于天然冲沟和绿化廊道分割，而形成山地累叠的城市景观。

（2）交通组织的生态适应性策略。交通规划的整体策略是采用“低碳交通”的概念，鼓励“公共交通”，提倡“软化交通”，发展“水上交通”，配合“步行交通”，实行快慢分行，形成“公交 + 软化 + 水上 + 步行”的多元化交通出行方式。

第一，车行交通组织。道路系统方面，区域主干道开云公路的通行能力、服务水平都不能满足客货运输的需要，迫切需要进行升级改造。规划开云路道路红线为 25 m，是规划片区的区域主干道，起到连接主城各区的重要通行功能；滨湖北路道路红线为 24 m，并将滨湖北路串联成为环湖旅游线路，主要承载旅游车流。沿环湖旅游线路的重要节点处布置停车场，沿岸设置公交车站，连接城市公交系统；其他次干道的道路红线为 16 m~24 m 不等；支路道路红线为 7.5 m~14 m 不等。通过主次干道的结合，一起形成规划区的等级分明的道路网络系统。

在捷运交通方面，推行快速公交（BRT）的发展模式，推行公交优先的理念，设置公交专用道。以公共交通作为交通系统的主干，其他交通形式为辅助形式，形成一体化公共交通体系。把滨湖北路定义为旅游休闲专用路线，充分利用汉丰湖的景观资源，降低对区域内交通的干扰，形成相对独立的环汉丰湖旅游线路。并在沿湖区域，设立 5 m 宽的公共自行车道路，并在多个节点设立自行车租赁节点，提倡低碳绿色的出行方式。

另外，在人车合流的情况下，最关键的问题是人的安全和汽车带来的噪声问题，因此，在道路设计时必须采用一定的手段和措施来控制车行速度。通常可以从平面和断面两个方面考虑。平面形式方面，山路本身的曲折多变和通过人为设计道路时的宽窄变化来加以控制车速。断面形式方面，可以设置立体的减速隆起条（如驼峰），通过选择合适的断面形式和隆起间隔就能起到限制速度的作用，还可以通过路面铺设的变化，刺激司机的视觉，达到心理减速的效果。

第二，步行交通组织。步行是人类最基本的交通出行方式，人们日常的生活、工作、游憩等都离不开步行，山地城市的居民更是如此，山地城市因受地形坡度的限制及车行安全的要求，城市道路的纵坡坡度最大不宜大于 8%（北方多雪严寒地区 5% 以内），小区内部可以放宽到 13%。因此，当坡度大于此坡度时，则适宜采用梯道台阶来组织人行交通，保证居民出行。并根据使用性质的不同，可以划分为用于散步和休闲的游憩性步行梯道和消化不同高差、利于居民出行的交通性步行梯道。

在山地地形条件下，为尽量保持地形地貌的原生性，利用地形采用立体交通跨越城市道路也是可行的，如人行天桥、地下通道以及架空平台。既可以满足车行交通的需求，又可以方便人行组织，提供公共活动空间，并且形成山地特色的景观要素。如重庆三峡广场的步行街区附近，城市道路就下穿步行人行平台区域，并在平台上设置了公共活动场地以及景观设施。

北部新区的立体人行交通设施考虑设置在中心商业区内，消化基地的地形高差，并通过架空和地下通道连接各商业设施，使其形成一个全天候的步行购物网络。步行梯道主要设置迎仙山登山步道和沿生态廊道通往脑顶山山腰设立的步行梯道，沿滨湖自行车道设立自由的游憩步行道，并结合广场、码头布置小品节点景观。

第三，水上交通组织。建立完善的船舶租赁系统，推广观光游艇活动，在滨湖的重要节点处设置停泊码头，其他主要节点处设置短暂停靠码头，布置水上的士路线，通过各码头之间的水上交通联系，形成流畅的水上交通网络，从而完善环汉丰湖的整体的交通组织体系。

第四，静态交通设施布局。随着私家车数量的上升，对城市规划的静态交通设施也提出了更新、更高的要求。对于山地新区而言，由于平地缺乏，停车场面临着可使用面积不足的困难，同时，作为山地环境中的人为空间，山地停车场还需要考虑与山地自然景观的融合，以尽量避免其对山地原有自然环境的破坏。

山地城市中停车场的布局，可以充分利用地形和建筑，由于建筑与道路、建筑与建筑之间一般具有高差，停车场地则可以靠布置在架空建筑或架空道路的下面，最常用的方式是利用建筑的勒脚层，或放大勒脚层成平台，在其下停车。大型的建筑群往往结合基面的建立，在其下设置停车场（库）。

在山地环境中，应避免出现大面积、集中式的人工硬地。为了使停车场与山地自然景观相协调，削弱人工环境与山地自然环境的冲突，可适当保留停车场周围一些自然植被和起伏的地形，并利用山体自然地形和植物绿化形成对场地的视线阻挡，或者结合建筑的挡土墙形成室内停车场，并在其上部覆土、培育植被，成为山体的延续。规划区应充分利用地形条件，合理布置停车场（库），并做到与环境的协调。

3. 建筑设计的生态适应性策略

（1）建筑的地区功能适应性。川东地区由于山地众多，地形地貌复杂，因此紧密结合地形、地貌给城镇规划和建筑的设计建造带来较多的益处。首先，由于充分利用自然地形、地貌，可以减小基地改造的工程量，从而使建造费用大大降低；其次，错落有致的建筑布局也有利于形成极富特色的城镇整体形象；再次，传统民居的宅基地错落分布对于建筑单体来说能争取有利的通风，并在冬季获得较长时间日照，这对川东地区潮湿温暖，日照少的气候条件说是有利的。

川东盆地属湿润温暖的东南季风气候，气温高、雨量多、湿度大、云雾多、日照少，是全国日照最少的地区之一。因此，在单体建筑上，民居必须具有防雨防潮功能。其传统住宅多为“四水归堂”式，很典型的一个特征便是大出檐，而且是四面出檐，建筑出檐深远。川渝地区年降雨量大，特别是夏季，以阵雨较多。雨水冲刷的强度和水量都较大，大出檐的悬山顶结构适应了这种气候特点，不仅便于人们的活动，在屋檐下提供足够的灰空间，而且也保证了墙面不会直接受到雨水的冲刷。同时，屋顶四面相连形成整体，能很好地防雨。由于外形方正，称为“一颗印”式。

而吊脚楼则是一种充分适应地形的屋基结构方式，是川东地区民居建筑的典型处理方式。吊脚楼采用台、挑、吊，坡、拖、梭，转、跨、架，跌、爬、靠，退、钻、让，错、分、联等山地地域特色方式。占天不占地，随地形空间的大小将二层或纵或横拉长，挑出楼面，楼上重楼，增大面积。一层为厨房、客厅或店铺，二层为卧室，三层为起居室，眼界宽阔。川东吊脚楼多以木结构为主，也有少量年代久远的石结构。由于气候的潮湿，这种住宅形式被大量采用，并对于下层空气的流通、上层良好的光线、防潮防水以及免受毒蛇、猛兽的攻击等都有很好的效果。当然，目前由于现代建筑材料和技术的提升，建筑在防潮防水等方面都已得到了良好的解决，但这种源于地区适应性和功能适应性的生态适应性设计观念是我们必须借鉴的。如在本次规划中，可利用山地的地形特色，利用地形高差灵活布置地下车库；对沿街建筑也可采用挑台等形式，在避雨的同时也形成了适宜交往的灰空间，还能带来阳光下富有表现力的光影变幻，塑造建筑形体和构造细节等。

（2）建筑接地形态的适应性。山地建筑的接地形态表现了山地建筑克服地形障碍、获取使用空间的不同形态模式。接地形态的不同，反映了山地建筑对山体地表的改动程度及其本身的结构形式，体现了对山地生态环境的保护与利用力度。为让建筑更好地适应山地地形环境，减少工程量，应遵循依山就势，因地制宜，小规模平整场地的开发建设策略。

根据建筑底面与山体表面的不同关系，山地建筑的接地方式分为地下式、地表式和架空式三大类。它们对山地环境有不同的适应范围，具有较强的典型性。

在地形较陡的山地环境中，为避免较大的土石方量，可采取在同一建筑内部形成的不同标高，即错层的建筑接地形式，来适应山地坡度和丰富空间组织，错层可适的坡度为10%~30%范围；而当地形高差进一步加大，达到30%~60%时，建筑内部的接地面标高差达一层及以上时，就形成了掉层。架空式建筑由于其底面与基地表面完全或局部脱开，以柱子或建筑局部支撑建筑的荷载，对地形的变化具有很强的适应能力，对山体地表的影响较小，有利于保护山体的原生植被，减少对山地原有水文状况的搅动，是一种较为理想的接地方式。如怒江白族往往就地取材以捆绑的方式做结构上的处理，以点接触的方式架空建设，俗称“千脚虫”，是干栏式建筑中的一种。“千脚落地房”体现了干栏式建筑的构造特征，且顺坡修建，对原地表不挖土填方，仅依靠立柱的高度将楼面调节水平。这类房屋结构简单，建造容易，省工省料，便于搬迁，是一种高度适应地形特点的接地方式。此外还有跌落和错叠等接地形态。总之，通过不同的建筑接地形态，来适应不同坡度的山地地形和生态环境。

综合考虑开州区的经济实力、环境保护、功能使用，以及汉丰湖沿岸的景观形象等因素，规划区的大部分地区建设用地选择在25%坡度以下，并且大部分区域采用地表式建筑接地形态。结合对山地地形的局部调整，建筑底面与山体地表直接发生接触，基地地表呈层层升高的阶梯形，建筑直接位于经过小范围修整的基地上，以阶梯形和倾斜型为主。在局部地区，如迎仙山半山腰的旅游古村落，考虑适当采用架空和吊脚等接地形态，增加区域的趣味性和特色性。

（3）建筑风貌的适应性。一座城市的特色和建筑风貌，来源于地域景观的自然过程和格局，以及人对这些自然过程和格局的适应；适应的过程就是文化的过程，时间使这种适应过程积淀为乡土文化景观或历史文化遗产。

开州区地处三峡库区，具有典型的川东民居建筑特色。在色彩方面，主要由灰色、棕黄色和白色组成。白色主要是白灰夹土墙的颜色，从视觉上给人以洁净、干练的感觉；棕黄色主要由木质材料构成，如柱、梁、檐、门窗等，在四川盆地这样夏季持续高温的地区，这种色彩使人感到凉爽和惬意；灰色主要指小青瓦的颜色，使人感到平静祥和；在形态方面，川东民居的形态特色主要是布局灵活。因为川渝地区多山地丘陵，民居的分布自然也就依山而建，将民居建在山上，房屋之间的关系就变得错落有致，“爬坡上坎”也就成了人们为适应民居而产生的步行方式。这种不规则的建筑布局形态，显示出自然之美与和谐的人居关系，造就了川东民居风貌景致的独一无二。在肌理与材质方面，建筑的肌理决定着它以一种什么样的状态展现在人们面前。

全球化带来了交流和开放，但需要警惕的是全球化背后的商业化、工业化。对建筑风貌来说，可能就是某一类商品化、标准化的建筑在世界泛滥，破坏了文化的多样性。在城市化生活方式的冲击下，乡土建筑风貌逐渐被缺乏地域特色的新建筑潮流所取代。因此，如何建设具有地方特色的建筑风貌成了城市建设的重要课题。中国建筑师王澍对于建筑与环境的联系就较为看重，尤其是在外立面材质及构造做法上注重从传统技艺中汲取经验，根植于当地文化的底蕴，又能与传统元素相结合。所以他的很多建筑都能融入当地的文化环境中，并讲究建筑与场地环境的联系，这点与其他建筑师比如马岩松及国外的哈迪德（Zaha Hadid）等有很大的区别。

对于快速城市化进程中的开州区，也同样面临着建筑风貌特色丧失的危险，大量的欧式元素充斥其中，虽然欧式建筑有其固有的优点，也在一定程度上满足了当地居民“洋化”和现代化的享受，但是大面积的欧式建筑却割断了和三峡库区的文脉联系，也割断了和川东民居，甚至中国民居的内在联系[①]。风貌特色体现的是此时此地的人用此时此地的技术和经济、生态途径来实现某种生活方式。任何复古的、照搬古典西方和现代西方世界的建筑和城市景观，任何追求异域和奇特景观的城市建设，都只能使本来的地域特色丧失。诚然，小面积欧式小区的存在是合理的，但是整个城市的欧化甚至整个库区的欧化则不是一个好现象，容易孤立三峡文化和地方文脉，拉大了交流的鸿沟。

川东民居具有特有的艺术价值和构筑方式。目前的复古建筑以及借用古风的现代建筑都汲取了它的元素，但是在实际建设中，仍然存在大量的问题，主要是使用方式和使用程度拿捏不准。要解决这些缺陷，就不能再照抄复古风格，而是需要对传统建筑的主题元素进行仔细分析，总结提炼，选择性地用在现代建筑中。使传统风貌在保护的同时，让传统继续有生气地活着。

当然，今天我们不可能，也没有必要完全采用传统的工艺与材料来应对快速和大量的城市建设。因此，对于开州区北部新区而言，在建筑风貌的总体策略上，我们必须避免大量欧式建筑的出现，并注重对传统元素的分析与提炼，适当地融入现代建筑与规划中。因此，对于本规划区的建筑风貌有如下建议。

现状保留区：现状保留区由于风貌破碎，应进行街道立面改造工程，以白、灰、棕黄色为主，协调环湖区域的建筑风貌，提升开州区整体环境品质。

迎仙山景区：景区民俗商业街采用传统的川东民居风格，注重对传统符号的挖掘，如石灰白墙、青砖墙、穿斗山墙面、坡屋顶、挑空阳台、回廊等。颜色以木色、青色、白色为主，并配以地方特色的灯笼、幌子、招牌等地方元素。

① 刁晓峰．三峡库区民居建筑形态初探[J]．山西建筑，2010，36（5）：54-56.

中央商务区：中央商业区采用现代风格，营造一个充满时代气息的现代化商业文化中心，商业底部色彩可适度大胆，但整体风格应协调统一。

低密度生态住宅区：低密度生态住区的建筑风貌采用清新的现代风格，色彩以灰、白为主，色调淡雅，融入周边大的山水格局中，构建整个片区建筑风貌特色的基础，体现川东中小城市规模的城市特色。

高档滨水住宅区：华联片区和井泉片区的现代高层开发小区，占地不大，采用现代简约风格，色彩跨度不宜过大。

其他旅游配套区：其他旅游服务设施建筑由于占地不大，可采用现代前卫的设计风格，并使建筑隐藏于周边的自然环境之中。

（4）建筑与道路的适应关系。山地道路的布线需与建筑形体组织和布局状况、出入口位置的选择相结合。当然，由于山地建筑具有“不定基面”的特征，有时一个建筑会有不止一个的出入口，并且与其相连的道路也会只有一条，而且是位于不同的水平标高上，这对于满足建筑的人车分流、功能分区和增加层数等，都是有益的条件。

道路随地形的弯曲和转折，使建筑的外部空间产生起伏错落的变化，不再单调充分，在人的视线中产生丰富多变的街景立面，给人以层次丰富、自然灵活的感觉。对于坡度较大的区域，街道空间以错叠的形式来适应地形的变化。建筑前后都可以是街面，建筑上下错叠于不同的水平面，产生丰富而独特的街道形式和城市空间。

（5）建筑群整体形态控制。第一，多样化的建筑群体空间布局。在山地城市中，通常以道路交通为骨架组织建筑群体的整体布局，在与山地地形结合的情况下，不同的布局方式会产生不同的空间感受与城市景观。

最常见的是线性串联型，即道路线形沿线性方式结合地形，建筑群体则沿道路空间排列。建筑群体的各个组成部分可相对独立，整体布局比较灵活、自由，对山地地形的适应能力较强，能使建筑消隐在自然环境之中。

踏步主轴型是一种极具山地特征的空间组织方式，垂直等高线的大踏步成为组织建筑群体的“脊梁”空间。建筑的各个部分分布于两侧的不同高度的平台上，通过平台与踏步联系。最典型的案例是日本建筑师安藤忠雄设计的六甲集合住宅，它随地形向上呈台阶状布置，室外台阶和斜向电梯共同构成了主轴空间，连接了各住宅单元。

台地组合型是山地城市最常用的建筑群体空间布局方式，对起伏地形的适应性很强，它根据地形的高差和建筑功能的实际需要，建立若干平台，通过踏步或坡道相连，组成高低变化的空间体系。平台的组织应充分考虑构图的有序和优美，当根据原始地形组织平台，不能获得完美的空间构图时，也可利用建筑参与组织，考虑空间构图，组织建筑屋顶作为平台。

由台地组合型衍生出来的空间院落型多位于山坡上，它们通常沿坡面、垂直等高线设置若干院落来组织人流，再用梯道等方式串联成序列，创造出变化丰富的空间景观层次。这种类型的组织方式，把建筑空间序列和山地地形的升降起落结合起来，充分融合周边环境，既符合山地原有的地形特征，又拥有较高的空间艺术感染力。

第二，整体形态界面的控制。在山地城市设计中，我们除了要考虑建筑群体本身的轮廓层次外，更应该注重整体建筑轮廓与山体之间的相互关系，设计中应该保持“显山露水”的原则，留出一定的“缺口”和“空白”，统一中寻求变化。

为了减少建筑形态与山地环境的冲突，人们多以山体自然地形的趋势作为建筑轮廓的出发点，运用协调的手法，让建筑与山体相呼应、浑然一体。通过对北部新区的整体形态界面控制，并通过保护、绿化山体及通廊，保护坡地的自然高程形态，使规划区呈现出山地城市显山露水的整体形态和层叠式的建筑景观。

（6）工程与防灾减灾的适应性。除了上述的建筑接地形态、建筑与道路的关系及建筑群整体形态要充分结合地形变化，选择合理的标高和构筑方式外，在工程上一般做法是：不轻易改变原有山体的自然排水和发育冲沟，尽量少动土石方，维持原有地形地貌，不大填大挖，以免引起排水不畅，造成泥石流、山洪和边坡失稳，避免形成坍塌、滑坡等自然灾害。

同时，建筑宜布置在挖方上，高填方处用地不宜布置建筑，适宜做绿化和活动等场地。山地单体建筑竖向处理常用提高勒脚、错层、掉层、跌落、架空、附岩等方法处理，这些方法能使建筑与地形更好地结合，节省工程投资，保持原有地形地貌，并争取最大的建筑空间。

边坡及地形高差处理在山地规划建设中也十分重要，实践中应结合地形及地质条件，充分考虑景观、环境因素，确定边坡及高差处理方法，常见的手法有自然放坡、混凝土花格绿化放坡、放坡与挡土墙结合、挡土墙与山地建筑的结合等。

总之，科学的山地工程技术和防灾减灾措施应该符合山地建筑的生态观和技艺观，强调工程技术与生态学、美学的结合。

# 第二篇　生态理念下的山地建筑设计实践

# 第五章　山地住宅建筑设计研究

## 第一节　山地住宅的居住优势及可行性

我国国土中山地的面积非常广阔，在山地居住的人不在少数，我们来分析一下山地住宅居住的优势及可行性，为之后山地建筑设计奠定理论基础。

### 一、山地住宅的居住优势

#### （一）满足人们“回归自然”的精神追求

城市化的高速发展为人们的生活带来了许多便利，但随着城市建设的不断发展、扩容，尤其是大城市、特大城市的建立，各种声、光、空气、水源的污染也接踵而来。现代文明使人们离自然越来越远，“回归自然”成了每个现代都市人心灵深处的向往。

“回归自然”并不是说让人们放弃现代化便利的生活，而是将大自然的青山绿水引进人们的生活，打破现代都市钢筋水泥丛林的桎梏，使人们在物质上能够享受现代化的生活，精神层面又能得到大自然的熏陶。而要“回归自然”，必须先要了解自然，而后顺应自然、利用自然，最后适度地改造自然。“亲近都市，拥抱自然”是人类追求居所的最高境界，而建造山地住宅，完全可以满足人们“回归自然”的精神追求。

#### （二）符合中国传统风水学对住宅选址的要求

从风水学的角度出发，好的风水通俗地说，必须要“有风有水”。所谓“有风”，指的是基地必须能够藏风聚气，从现代科学角度来说，就是必须有好的自然通风条件，而且从中国的地理位置和气候环境来说，尽量避免冬季北风、东北风的影响也是非常关键的；“有水”则比较好理解，因为水是万物之源，住宅基地附近有水源，既能改善住宅基地的气候环境，增加空气湿度，提高住宅居住舒适度，同时在工程成本方面，也能就近获得水源，降低项目开发成本。

### （三）对生态环境的改善有利于人类的健康

在 2021 年公报中指出，在检测的 339 个地级及以上城市中全年空气质量达标的城市占 64.3%，未达标城市占 35.7%；90% 以上的城市水源污染，50% 以上的城市水源不符合饮用标准；40% 左右的城市居民生活在高噪声之中[①]。城市的高速发展对于自然生态的破坏已经威胁到了城市自身的生态安全。

建设森林城市，开发、利用自然山地来建设住宅，无疑是对目前日益恶化的城市生态环境的最大贡献，在短时期内，也能给城市居民的身体健康好处。

### （四）通风、采光条件较之平地更优

目前都市的城市用地极度紧缺，高楼林立，建筑的高度与密度导致采光条件不佳，空气难以流通。相比之下，高绿化率、低密度、通风采光条件良好的山地住宅更加宜居。

## 二、山地住宅的可行性分析

由于平地资源的日益匮乏，开发山地建筑，特别是山地住宅成为大势所趋。越来越多的城市已经把目光放在了大规模利用山地、建造山地建筑。但由于开发山地需要有比平地更大的经济投入以及更高的工程技术水平，同时对建设者的设计、施工、管理等综合实力要求较高，要如何稳妥、有效地建设山地建筑，还需要谨思慎行。在这里，我们首先分析下在目前的经济技术条件下，大规模开发山地住宅的可行性。

### （一）山地住宅是社会、经济发展的必然趋势

根据住房和城乡建设部的统计数据，2018 年，中国城市人均住宅建筑面积 42.4 ㎡，全国城镇化水平为 59.58%，到 2019 年已经突破 60%。随着中国经济的稳步迅速发展，会有越来越多的人口涌入城市。而以目前的城市规模，以及平地资源，是无法满足这样的发展需求的。所以，城市的扩张是大背景、大环境因素影响下的必然结果。

我国是个多山的国家，国内的各大城市附近常有生态环境较好的山地，这一类型的山地正是城市扩张的首选。开发山地住宅是社会、经济发展的必然趋势，也是解决城市人口居住问题的重要方法。这一点，在各个发达国家经历过的高速城镇化发展阶段中，已经被证实为切实可行的方式。

### （二）基础配套先行、科技水平提升

据交通运输部统计数据显示，2010 年以来，全国公路总里程不断增加。

① 曾永生．山地住宅将成为中国人居发展的主流 [J]. 今日国土，2004（4）:40-44.

截止到 2018 年末，全国公路总里程 484.65 万公里，比上年增加 7.31 万公里。公路密度 50.48 公里 / 百平方公里，增加 0.76 公里 / 百平方公里。高速公路的建设也呈平稳增长态势，高速公路里程 14.26 万公里，增加 0.61 万公里。

从上面的数据不难看出，随着经济的发展，国家对基础设施的建设力度是极大的。同时，也能说明目前我国的工程科技水平足以支撑这样大规模的开发建设，为大面积开发山地住宅提供了有利的先决条件。

（三）历史悠久的山居文化底蕴

我国名山大川众多，自古以来就有着依山而居的传统。历朝历代的文人墨客都有关于山居的诗文、书画流传于世，形成了中国独有的山水文化。可以说大多数的中国人，心中都或多或少有着山居的情结，对于山居生活，都是“虽不能至，然心向往之”的。特别是现代人，厌倦了现代都市的嘈杂拥挤与污染，都会向往山地的清净和开阔，只要解决了生活的便利性，多数人会对山地住宅趋之若鹜。

（四）山地住宅将成为中国人居主流

我国的山地、丘陵占国土总面积的三分之二，平地只有 13%。有限的平地资源无法既满足居住需求，又满足经济发展需要，如工业、农业、商业办公等。人口的逐年增加，以及经济发展导致的城市扩张，最终将会导致有着丰富自然资源的山地住宅成为中国当代居住发展的主流。

综上所述，无论是从人文因素、经济因素，还是从功能适应性、工程技术等方面分析，在我国现阶段，山地住宅的大规模建设均具有极大的可行性。

## 第二节　山地住宅建筑设计的影响因素

为了建设一个宜居的、富有地域特征的居住空间环境，设计师应该着重利用那些基地原有的地域环境要素来进行设计，在加强表现建筑可识别性的同时，还能结合地域环境特征的营造来促进当地历史文脉的进一步保存和发展。因此，在本节接下来的论述过程中，通过详细分析这些环境要素是如何对山地住宅建筑的规划设计产生影响，来具体阐述设计师在设计过程中应该遵循什么样的设计理念。

## 一、自然环境对居住区设计的影响

自古以来，为人类在自然环境中提供躲避自然灾害和生物侵袭的庇护场所就是建筑最根本的功能效用。因此，建筑外部形态和内部空间的设计，必然会直接或间接地受到自然环境中各种因素的影响和制约。

随着社会和经济技术的进一步发展，人类利用其先进的科技手段在自然界中获得了前所未有的自由生存的权力，而且他们之间的相互关系也从“消极顺从”翻天覆地地变化到了“为所欲为”的境界。因此，相关建筑的创作形式也随之发生了巨大的改变。

相较于其他影响建筑构造形式的环境因素来说，自然环境可以说是最原始、最本质因素之一，同时也是最稳定、最具地域特征的环境因素。因此，受到自然环境中湿度、温度和日照等条件的限制，居住建筑相关地域特征的表达会在不同程度上地受到自然环境的影响。例如，为了防寒保温，寒冷地区的住宅建筑一般采用的都是封闭的外观形态，而其深色的外墙可以帮助吸收冬天居民生活中急需的阳光热量，再加上居住建筑采用的都是大间距行列式布局，可以更进一步地帮助居民获得充足阳光；与之情况相反的是，位于夏热冬冷地区的住宅，不仅建筑间距窄小，而且其建筑色调更为浅淡、外观形态更为开敞，有利于建筑内部的通风散热。

除了上文描述的情况之外，人与自然环境在精神上的交流活动大部分都是在居住建筑中发生的，是重要的联系纽带，而且它身上还凝聚着人类在改造自然和适应自然的过程中所累积的智慧经验。因此，基于居住建筑的这个特性，正确地处理好“人与自然环境的关系”成为建筑师在设计中应该着重处理的核心问题。同时，地域自然环境的不同，也会促使其建筑设计观发生一系列的变化，而在居住建筑中突出表现其地域特征正是一种对于这种建筑设计观的集中体现。因此，人类作为自然界中的成员之一，他们所创造的居住建筑必须与自然环境条件相适应，并符合人类生存与发展的需求。根据分析总结可得，影响居住建筑地域环境特征表达的自然因素主要包括了气候、地理和资源这三个部分。

### （一）气候条件

气候是一个地区多年以来大气变化情况的综合经验总结。具体来说，它是通过一系列称之为气候参数的大气变化数据来进行描述的，例如太阳辐射值、湿度、气温和风速，等等。从远古时期开始，人类就开始在自己的聚居地上建造遮蔽物，用来抵御雨雪风霜和其他外来的生命威胁。建筑的地域特征在一定程度上反映了当地的自然环境，而气候则是决定建筑物外在形态、建筑材料和技术手段的主要影响因素。客观的自然气候条件，让长期栖息于此的人们通过相关的生产生活行为来为建筑塑造独特的地域特征。古人所描述的“挖地建穴、构木筑巢”的建造模式正是一种当时人们对建筑气候关注程度的体现。

因为居住建筑最根本的使用功能是为人类提供一个能挡风遮雨的庇护所，针对不同的气候环境的影响，建筑就必须提供相对应的保护措施。因此，住宅建筑所在地区的气候环境背景，是决定其外部形态表达与内部空间构造的重要影响因素之一。基于这个情况，可以说在人类尚未完全掌握自然之前，气候条件决定了居住建筑的设计基础。

由于受到各地不同的气候环境背景的影响，人们在居住建筑的建设过程中，使用了各式各样的建筑材料和构造手段来适应当地的地域环境。因此，建筑的外部形态特征也随之而呈现出了丰富多彩的变化。例如，西双版纳位于我国西南边境地区，地处热带，气候十分的炎热和潮湿，人们对于建筑通风散热的功能需求比较强烈；再加上当地拥有极其丰富的动植物种类，除了对建筑提出避免洪水野兽袭击的功能要求以外，还能为建筑的构造过程提供种类丰富的建筑材料的选择。基于这种地域自然环境背景，该地区发明创造出了举世闻名的、造型独特的干栏式木构建筑。它在底部设置的架空层不仅可以储藏物品，还能抵御当地自然灾害的侵袭；同时，顶部屋顶向外伸出的宽大的挑檐，可以帮助居民躲避风雨并遮挡阳光；而建筑四周活动开敞的围护结构，则可以进一步地为室内的自然通风散热创造有利条件。

同西南地区强调散热的建筑形态形成强烈对比的是，以保温挡风为首要任务的北方民居设计，在建筑的构造布局方面采取了截然不同的设计策略，最典型设计范例就是北京传统的四合院。四合院不仅在布局方面采用了坐北向南的形式，尽最大可能来争取日照，其建筑组合也使用了相对比较封闭的形式，来抵挡不利气候的影响，只在住宅内部开一定的空间，有利于在四合院内部营造良好的微气候循环；同时，除了四合院之外，大部分北方住宅院落的尺寸明显要比前者宽敞很多，这主要是为了符合日照间距的标准，在冬天争取更多阳光。

从另外一个方面来考虑，地域气候环境还能在一定程度上影响基地原有的人文历史的发展脉络。例如，很多国家地区流传的神话故事，从本源的意义上来说，与当地的气候环境紧密相依。墨西哥和印度在其传统文学中所描述的开敞空间的玄学属性，是伴随着它们地域环境中炎热的气候条件而产生的。因此，出生于印度的建筑设计师柯里亚（Charles Correa）认为：“气候环境因素不仅仅只影响建筑设计的构造形式，它还与当地的人文历史保持着千丝万缕的联系”。基于这种想法，柯里亚在接下来的设计中提出了“形式追随气候”的设计口号。虽然这种提法忽略了其他环境因素的影响，显得过于绝对，但它却为我们点明了适应气候环境设计的重要性，同时也为今后设计师在建筑创作中提供了一种可靠的思路。我国土地幅员辽阔，为了在建筑设计中体现出不同地方的地域环境特征，最有效的方法之一就是以适应当地的气候环境作为基本出发点来进行设计。

### （二）地理条件

当地的地理环境条件，是影响居住建筑表达地域特征的另外一个决定性因素。地理环境条件不仅在宏观方面影响着人们在心理上对该地区场所意象的认知程度，还在微观层次上决定着居住建筑具体的构造手段，以此来体现对场所环境的回应；因此，按照“技术与艺术兼顾”的设计原则的要求，居住建筑设计和地理环境背景两者在建设过程中，必须紧密地结合在一起考虑，不能只单独表达其中的某一个元素，造成设计上的偏失。

我国自古以来就出现了很多结合地理环境来进行建设活动的设计思想，其中以“倚山面阳、逐水而居”等风水观念的运用最为广泛，它不仅指导我们如何选择恰当的山水布局来作为居住建筑的选址基地，还进一步体现出了古人朴素的自然环境观。在全面综合地考虑了基地原有地形地貌和土壤水文等自然环境因素对建筑设计的影响之后，结合采取经济的技术手段和恰当的表现形式，就能够在山地居住区里创造出丰富多变的、适宜的居住空间环境，提高居民的生活质量。

国外也有很多这种以适应地理环境条件为核心指导思想的设计理念，比如在日本，街道两旁所排列的居住建筑大都呈现“下大上小”或者“方盒子”的构造形式。其实这并不是因为民众的审美情趣偏向于此，而是因为日本处于特殊的地质构造环境之中，是一个地震高发地带，所以日本的建筑师们在为居住建筑选择构造形式的时候，都是从减少住宅建筑的侧向位移和维持稳定性出发，尽量采用这种下大上小、下重上轻或者由下向上逐层缩小的平面空间布局模式。以此可以看出，在当地特殊地理环境条件的影响之下，为了维护普通居民们的生命财产的安全，日本建筑师就逐渐形成了这样一种特殊的带有明显地域环境特征的建筑设计风格。

### （三）资源条件

居住建筑作为人工构筑物，其最基本的功能是为人类遮雨挡风并提供生活空间；同时，作为人工设计建造的构筑物，其离不开对相关资源和建筑材料的使用。因此，在传统民居建筑的发展历程当中，基地原有的自然资源条件不仅能够为居住建筑的设计和构造提供了物质保障，还会对其外部形态特征的塑造产生重大影响。很多地方的传统建筑在结合地域资源条件进行设计的基础上，创造出了各式各样、特色鲜明的地区建筑风格，而它们的地域特征主要是通过建筑色彩、建筑肌理和建筑结构等方面来进行表达的。所以，在建造过程中把审美倾向、建造工艺与地区的文化内核融合在一起，就可以构成人们对地区表达情感和维护地方传统记忆的又一重要途径。

在这方面比较具有代表性的例子是在中国的天津地区，由于当地的土壤品质不佳，且缺乏相应的营养元素，让高大的乔木很难生存，数量极其稀少，从而促使木材成为当地稀缺的建筑材料；受此影响，在其传统民居的构造过程中，为了弥补木材的储备量不足以完成整栋建筑的缺陷，设计师还会辅助地使用一些玻璃和金属来作为替代材料。由此可以看出，建筑所在地区的自然资源条件在很大程度上影响着当地建筑构造形式的选择和立面风格的表达，经过一段时间的积累沉淀之后，就慢慢转变成为居民们寄托对整个地区的情感和记忆的重要方式；而这种通过自然资源转化形成的在情感和记忆方面的精神需求，给居住建筑在设计工作方面带来了重大的影响，其影响的深远程度可能要远远超过自然资源条件本身所造成的影响力。

## 二、适应自然环境的山地居住区设计理念

地域化的建筑创作是山地居住区规划设计中最核心的内容，它最早发展于对场地气候、地形地貌和自然资源等自然条件协调适应的过程。伴随着我国社会经济环境的快速发展，科学技术方面的进步可以说是日新月异，因而在建筑设计的过程中开始出现建造材料的多样化、建造技术的先进化以及建筑功能的复杂化这三种趋势。因此，传统地域建筑中适应自然地理环境的设计原则已经失去了其原有的发展背景。然而，新时期、新技术和新功能下的新建筑设计要求有新的技术应对措施。因此，“与地域自然环境取得协调”依然是今天山地居住区地域化设计研究的重点。

场地中的自然地理环境基本上是一种恒久不变的力量，它决定了地区的文化风俗的深层次结构。由于自然因素具有这种相对稳定性，而稳定性又是地区性凸显的基本条件之一，所以在居住空间中进行对自然环境的适应性设计能够有效地展现出居住区的地域特征。

尽管国内外一些经济发达地区已经开始广泛采用先进的绿色建造技术，针对目前我国大部分地区的经济技术水平仍较偏低的现状，在创作过程中，建筑师还是应充分考虑当地市场和经济方面的因素，主动寻找出一条适合当地人需

求的、更加直接的低成本建构方式。只有这样做，才能避免为建筑师们为突出建筑外部造型效果而不切实际地照搬其他地方流行模式的设计做法，应当把“形式因循气候”作为营造山地居住区地域特征的重要原则之一。同时，传统民居在经济技术和自然生态方面都拥有极强的适应性，其中所蕴藏的丰富的地方性元素，可以成为设计师们塑造现代居住区地域特色的创作源泉。认识并挖掘出这些地方元素，将对未来的住宅建筑创作设计产生极大的现实指导意义。

## 三、社会环境对居住区设计的影响

### （一）社会文化

建筑设计除了会受到自然环境因素影响之外，还会一定程度上被社会文化因素所控制：因为人是矗立在天地之间并生活于社会环境之中的，他的身上必定会带有两种属性，一种是依赖自然环境而产生的“自然属性”，而另外一种是身处社会群体之中而被赋予的“社会属性”。这两种属性相互交叉结合，就构成了世界上最复杂多变的“矛盾综合体”——人类。而居住空间环境作为人类进行相关社会活动最基本的物质场所之一，要与人类身上所具备的两种基本属性（自然属性和社会属性）相适应。因此在设计中不仅要求建筑能够满足人类进行物质活动的需求，还要求建筑能够满足人类在精神文化方面的需求。由此可以看出，这两种功能定位与人自身的属性分类形成了一一对应的关系，他们之间的相互关系就如同人类的灵魂与肉体一样紧密，不可区分。

受到不同地域环境背景的影响，每一个地区的居民都会在其群体中，形成一种特殊的、具有当地特征的文化氛围；在这种极具地域特色的文化氛围影响之下，该地区的居民群体会逐渐形成一种统一的行为心理模式。因此，不同国家和地区的居民在行为和心理方面的需求都各有各的特点，从而进一步影响了当地建筑构造形式的选择。以在住宅中营造空间领域感为例，印度或者中国的传统民居大都以封闭且极具隐私感的居住空间而著称，其建设封闭居住空间的途径主要是依靠厚重的砖石围墙；相反，在以美国为代表的北美地区，受到文化背景的影响，居民大都喜好开敞的前坪空间，基本不设置遮挡物，虽然在某些住宅的周边也会设置一些围栏，但它是以不遮挡公众视线作为设计的基本前提的；而严谨传统的英国人，在为其住宅选择构造形式的时候，他们的偏好是介于中印和美国两种极端形式之间的，具有中庸的特征。

对地域环境和人文主义的重视，促使当今社会在其发展中呈现出了多元化的趋势，而多元化发展中最典型的代表就是人文环境的多元化，它对居住建筑在创作方面的影响是：要求建筑内部的文化底蕴不再是由跨国家和地区的“国际式”文化来单独组成，它应该是一种在建筑中对所在地区的地域环境特征进行综合考虑后，归纳提炼出来的建筑文化综合体；再加上建筑本身还是一种具有时间和空间维度的实物坐标，不仅可以帮助人们记忆历史，还能使人在其中向往、流连。因此，具有地域特征的居住建筑在其设计中创造出了一种可以赋予人归属感的居住空间环境，与那些受到“国际风格”影响的建筑群落形成了强烈的对比。他们一味地在设计中模仿复制所谓的“经典造型”，只会使建筑缺乏亲和力，丧失与居民之间进行精神交流的物质空间环境，从而让生活在其中的居民增添一种迷茫感。

### （二）经济技术

经济技术的发展成熟与否，是决定居住建筑构造形式的另一个重要因素。这主要是因为建筑是伴随着人类物质生活水平的提高而产生的，不同的地方之间经济技术的发展成熟度不同，就会使建筑的物质环境背景不尽相同。因此，不同地方的建筑在设计过程中会根据其现有的物质基础，选择使用恰当的构造技术，在满足功能使用需求的同时，表达各自的地域环境特征。

由此可以进一步证实，对居住建筑设计起决定性作用的环境因素是相关的构造技术，它除了反映出人们改造和适应自然的能力，还在一定程度上决定着该地区的建筑设计具有何种的历史地位和成就。因此，居住建筑里蕴含的所有内容，都是通过构造技术来完成表达的，它是建造过程最直接的反映。而在我国传统民居里所应用的技术手段，是经济技术与自然文化等多方面因素经过长时间的相互协调而产生的最佳选择，它可以说是在特定地区环境背景下，在居住建筑中实现建造目标最为便捷和有效的一种方法。

居住建筑的构造手段与其外部形态之间的相互关系具有复杂性和多变性，因此对它进行深入研究，将有助于设计师在方案中对居住建筑进行整体上的掌控。同时，由相关案例分析可得，最经济有效的构造技术应该是在建筑位置上能对环境作出最合理反映的一类：这种构造形式不仅应该在建筑施工的过程中给予最完美的配合，而且还能够与所在地区的经济技术发展水平完全相适应。因此，即使某些地方的居住建筑并不完全符合大众的审美情趣，但它不管从施工技术方面的应用还是结构形式上的选择，都是根据自身建造需求综合考虑之后所作出的最佳选择，并从另外一个角度反映出了当地的地域环境特征。

但是这里有一项需要设计师特别铭记在心的是，经济技术本身并不是设计方案要追求的最终目标，它只是实现目标的一种技术手段，不要颠倒主次过分追求使用高科技，从而忽略了对宜居空间环境的构筑。因此，建筑师在设计中可以适当地利用它们来达成建设目标，但不应该完全地被它们占据整个设计理念。换句话说，就是建筑师应当恰当地处理好空间营造与经济技术之间的相互关系，决不能轻易成为“技术至上”主义的支持者。虽然，居住建筑的设计需要先进技术手段的扶持，但建筑构造技术的相同并不意味着建筑风格上的类似，所以设计师必须把现代的构造技术与传统的地方文脉融合在一起，提炼创造出能够适应新时代发展需求的地域风格特征。

### （三）政治因素

由于受到相关意识形态的影响，在世界各地特别是中国的建筑创作过程中，政治因素是所有影响建筑设计的社会因素中最重要的一个。因此，任何一个地区在发生了重大政治活动或者交替更换了政权之后，都会给当地的建筑设计风格带来一次革新，而社会的当权者更是把建筑风格按照自己的喜好进行控制，并以此作为一种至高无上的权力象征。同时，只要建筑工程项目牵涉到国家重大利益，不管其性质如何，都必须经过当地领导来拍板定案。由此可以看出，无论国内外，政治总是在建筑方案的选择上起到了决定性的作用。而且地方领导的职位越高，其个人喜好就越能影响到建筑项目的设计，比如在某些地方公共建筑的招投标过程中，相关主管领导在对各方案进行审批的时候，往往只注重建筑模型的外部效果，不会对其方案内部的功能组织进行审视，因此，模型的制作效果越好，方案就越有可能中标。

在今天这种追求市场经济效益的环境背景中，主管领导的这种偏好无疑会给建筑师们的价值取向和工作重心，带来严重的偏颇，促使他们把绝大部分的精力和工作重心都放置在了构筑模型表现图上，而缺乏对内部功能空间的合理性设计，从而降低了建筑方案整体的设计质量。

除此之外，开发商的个人素质也会对居住建筑的设计造成一定程度上的影响。一些有深谋远虑的房地产开发商往往能够尊重建筑师的设计理念，不以个人喜好来左右项目的设计；但也有部分开发商为了追求经济效益，喜欢在建筑设计上玩各种花样，标新立异，力争首创。同时，这种开发商还会强硬地要求设计师们按照他们的想法来进行设计，一概不管项目的设计是否能与地域环境背景相适应。虽然，建设项目的利润收入跟建筑师的设计水平存在一定程度上的联系，但这并不意味着建筑师只需要关注项目的商业利润并且他的一切设计行为都应该以提高经济效益为首要目标。毕竟设计师所创造出来的建筑是城市形象的重要组成部分，会在某些方面对市民的价值取向产生重大影响。因此，设计师身上的社会职责除了做出优秀设计这一项之外，同时还应该借助其设计的建筑向广大群众积极宣传和推广正确的价值观，绝不能轻易屈服于开发商的个人喜好以及被社会中“金钱至上”的观念所迷惑。

在这个方面最具有反面代表意义的设计案例，就是曾经被列举为新中式设计典范的深圳万科第五园。整个小区为了在建筑造型上追求创新，全部采用了类似于四合院的建筑布局模式，结果在部分别墅内部造成了不必要的围墙遮挡，使居民进出受到极大阻碍。同时，建筑为了最大限度地模仿中式传统住宅造型，墙上的开窗大部分都很小，对室内的采光和通风造成了一定的影响。再加上小区建筑为了迎合中式设计主题，全部采用的是白色墙体，未来如何防范深圳海洋性湿润气候对墙体的侵蚀将成为居民必须面对的一大考验。

## 四、适应社会环境的山地居住区设计理念

社会人文环境相当于地域环境中的可变量，其技术经济水平、文化习俗等组成要素将会随着社会的发展始终处于一种动态的变化过程中，它只会在一定的时间段内，表现出一种相对的稳定性。因此，能够适应社会人文环境背景的居住区规划创作，就是要抓住当前住宅建设与社会人文背景之间最突出的矛盾，分析其形成原因并提出相对应的解决措施。

在当前这个社会中，山地居住区由于所处地区的特殊地形、地质地貌等原因的限制，在设计上与平原地区相比，缺乏了相对应的灵活度。由于建设用地的稀缺，在山地居住区的设计中，住宅建筑的高层高密现象越来越普遍。然而在大量建设高层住宅建筑的过程中，一些不可避免的社会问题也开始逐渐地显现出来。譬如，尺度亲切宜人的传统多元化居住空间被千篇一律的高层住宅所取代，传统居住空间的体验正渐渐离我们远去。因此，依托于传统建筑空间的各种人文活动也难以得到有效的传承，这在很大程度上降低了居民们的生活质量。总而言之，在未来山地居住区开发建设的过程中，设计师们必须时时刻刻关注居民生活的行为特性，并在综合地考虑消费市场的需求种类以及建筑构造技术的发展导向之后，才能真正地设计出符合居民使用功能需求的住宅产品。因为，在当今这个社会里，富有地域特征的建筑创作已经从孤立的学科扩大发展成为融合城市学和社会学的综合性学科，这同时也为地域化的创作设计提供了空间的扩展，并为设计理念的更新提供了新的素材和契机。这样发展的趋势不仅是中国城市建设发展的需要，也是在建筑设计中提升地域化创作地位的社会基础。现代山地居住空间对社会人文环境的适应性设计理念主要包含了以下几个方面的内容。

（1）居住空间的总体布局和建筑空间形态继承原有的城市肌理模式，以期达到延续基地传统文脉、体现城市文化品位和地域特征的目的。

（2）深入研究住宅建筑高层化趋势下的社区交往模式，以寻求在当今城市高密度居住状态下的新型居民交往方式。

（3）探索传统院落空间的布局特征，并在住宅建筑中进行再创造，用以改善居民们的生活品质，并在一定程度上对传统地域文脉特征做出回应。

## 第三节　山地生态住宅建筑设计的原则与方法

### 一、山地生态住宅建筑设计的原则

#### （一）生态住宅的概念

生态住宅就是以生态学的理论为基础，以人为本，充分利用西南地区环境资源，通过采用当地适宜技术，即被动式建筑技术，通过利用自然力，即阳光、风力、气温、温度等，尽量不依靠机械、设备、能源之力来从事最佳居住环境规划的建筑设计。这是一种难以量化的环保设计方法，从绿化、自然通风、自然采光所获得的良好环境出发，使人类生活更加人性化、自然化，达到“少费多用”的效应，并使住宅与外围环境形成一个良性的平衡关系，将对环境的影响尽量减少到最小，为居住者提供一个健康、舒适、环保的住宅环境。它包含了以下几个要点：①以人为本，将人的舒适性放在首要位置；②树立正确的环境意识，主张人与环境的有序协调；③可再生资源的合理利用；④适宜性技术的采用。

#### （二）生态住宅设计的原则

生态是指人与自然的关系，生态住宅设计就是应该处理好人、建筑和自然三者之间的关系。它既要为人提供一个舒适的生活居住环境，又要保护好周围的环境。具体地来说，就是要通过设计来创造良好的温度、湿度、洁净的空气以及良好的声、光环境[①]。

1. 以人为本原则

住宅作为与人类生活最为密切、存在时间最长的一种建筑类别，其设计的好坏与人们的生活质量息息相关。人们对住宅的要求首先是满足使用功能，除此之外，就是生理健康和心理健康的保障，并且提倡一定的私密性和开放性，具有一定的趣味性和回归自然的心理需求。住宅设计主要体现在通过合理的体

① 张国强，徐峰，周晋，等. 可持续建筑技术[M]. 北京：中国建筑工业出版社，2009：138-194.

型选择、房间布局、技术处理等方面，提高住宅在山地环境背景下，适应当地湿热气候的应变能力，创造舒适的室内热环境，为居民提供清新的空气、良好的采光和丰富的空间，并且努力创造优美、和谐的外部空间环境，满足人们生理和心理的需要。

2. 生态平衡原则

保留和保护脆弱的山地环境，减少过多的挖掘，保护原始的植被和自然水系，能够尽可能地利用当地资源，并且具有一定的生态性和历史连续性。综合考虑确定合理的住宅选址、住宅形式，以达到住宅的修筑不会对当地的环境，特别是对地质环境造成破坏。

通过单体设计、技术选用等合理利用自然资源，利用自然通风、自然采光、被动式降温等技术来应对当地的湿热气候。

3. 尊重地形地貌原则

山地环境中生态极为脆弱，过多的破坏和开发会造成生态的破坏，造成地质灾害。因此，在山地环境下，需要充分地尊重地形地貌，依山而建。不仅从选址上考虑山地环境对日照、通风的影响，从形式上通过住宅布局的立体化来顺应山势，从建筑的接地模式出发来应对不同的地形起伏。

4. 资源利用本土化原则

提倡优化资源配置。通过优良的设计，采用当地适宜的技术，提高资源的利用率，积极促进资源的合理配置和利用。尽量利用本地的材料与资源因地制宜，倡导资源的回收利用，在尽可能减少对环境造成负面影响的同时，减轻住宅在使用过程中对资源的浪费。

需要摒弃原来粗犷型的生活消费模式，而走节约型道路，能够最大化地发掘资源的潜力，有利于缓解资源匮乏的现状。通过对生活用水的净化、回收、再利用以及雨水的收集等措施，来达到节约水资源的目的。同时，对垃圾进行分类回收，形成可再生资源系统。

5. 防灾安全原则

山区地质薄弱，土地贫瘠，建筑师需要在设计的前期，在选址和布局上充分考虑发生地质灾害的可能性，需要对地质状况进行调研，包括岩层走向、滑坡频率、地下溶洞等，在修筑过程中避免人为因素造成山体生态的破坏，并利用边坡、挡土墙等措施防患于未然。此外，山地环境给消防扑救在一定程度上造成了挑战，需要在设计中加以重视，灵活调整。

6. 适宜技术原则

当前的生态设计大致可以分成两种设计途径，一种是以“发展极限论”为基础，提倡保护现有资源为主的“乡土派”，其技术手段则倾向于“乡村类型”，即以中、低技术为主要手段加以利用，代表人物有柯里亚。而另一类则是以西蒙（Julian Simon）、卡恩（Herman Kahn）为主要代表人物的“发展无限论”，主要是以具体实践为主，并着重强调技术的效率和“少费多用”的思想，倾向于利用高新技术①。吴良镛先生在《广义建筑学》一书中就指出，“所谓适宜技术，简言之即为能够适应本国风土条件，并发挥最大效益的多种技术。就我国情况而言，适应技术应当理解为包括先进技术，也包括中间技术，以及稍加改进的传统技术”②。就目前山地地区欠发达的经济、技术、传统习惯而言，倾向于中、低技术的生态设计途径，该技术类型具有价格低、范围广等特点，更加容易被山地地区广泛采纳，具有普遍性，是我们应该选取的技术类型。

## 二、山地生态住宅建筑设计的策略——以西南地区为例

### （一）建筑布局

住宅的建筑布局应该根据不同的气候条件、地理环境、社会习俗以及技术程度等因素因地制宜，形成适应当地气候、环境以及功能需求的各种布局形态。

1. 场地选择

西南湿热地区山地众多，有“地无三分平”的形容，山地环境是当地的主要地貌，所以大多数住宅都修筑在具有一定高差的山地环境中。自古“仁者乐山，知者乐水”就表达出了中国人对山水环境的热爱。住宅依山傍水，不仅能够提供新鲜的空气，对减轻湿热具有一定作用，同时，背靠大山还能在一定程度上减弱冬季来风，对于室内气候具有调节作用。

在山地环境中，住宅以位于南向坡为最佳，一方面可以保证充足的日照，同时，也可以阻挡冬季的北向来风；东南向次之；北坡由于地处于背阳面，日照较为不佳，同时，也不利于抵挡冬季寒冷的北风。为了避免冬季的“霜洞”效应的发生，应该尽量减少在山谷、洼地修筑住宅，或是利用底层架空等方式来减少对低层住户的不利影响。

由于地形的凹凸，受风压的影响，当气流在经过山体时，遇到阻碍就会发

---

① Sim Van der Ryn, Stuart Cowan. Ecological Design[M]. Washington D.C.: Island Press, 1996: 5-15.

② 吴良镛.广义建筑学[M].北京：清华大学出版社，1989：77.

生绕行，形成了六个区域。按照通风的优劣顺序，最适应修筑住宅的区域依次为迎风区、顺风区、高压风区、越山风区、背风坡区、涡流区。其中，迎风坡区和顺风坡区的通风性能优良，为最佳的选址点。位于山顶的越山风区需要通过植物的种植或者将高大的住宅布置在北面来抵挡冬季的寒风。而在背风坡区内容易产生绕风以及涡风，气流不稳定。涡流区气流紊乱，容易造成住宅室内清浊不清，均不适应修筑住宅建筑。

2. 整体布局

在住宅布局的时候，首先要满足房屋的合理日照朝向和日照间距，是人们身心健康的保证。同时，良好的通风对湿热地区居民的舒适性而言是至关重要的，决定湿热地区热应力水平的一个主要因素即为通风能力①。在考虑住宅布局时候，应该先对该地域的风环境进行调研，通过对风玫瑰图等考察来确定夏季主导风向和风频率。建筑师通过将相反风向的频率进行叠加计算出夏季最高风频率方位，并与利于冬季日照的正南北方向相结合起来，综合协调考虑。以四川内江为例，夏季主导风向为西北向风，西北方向与东南方向的叠加频率最高，从争取住宅的“穿堂风”而言，东南向为最佳布置朝向。反之，该地区东西向的风频率为最低，因此最不利于室内通风。重庆地区由于其夏季主导风向为北向，与日照方向基本没有矛盾，因此南北向住宅为其最佳朝向。但是对于贵州遵义地区而言，其夏季主导风向为东向风，与日照方向要求的南北方向发生冲突，可以根据住宅所处的山地环境的不同方向来进行协调。一般而言，当住宅位于南北向坡时，方位取南偏东 30° ~40° 为宜；当地面坡度为东南向或西南向时，住宅方位以南偏东 30°及南偏西 30°之间比较有利。除此之外，还需协调山地区域小环境综合分析，合理布置。

山地环境对日照和通风都具有一定影响，需要相互协调。考虑不同的坡向和坡度对日照阴影具有的影响，将节地与日照配合起来，通过不同的排列方式来达到节地的目的，如图 5-1 所示。一般而言，南向坡住宅以朝南间距最小，东南及西南朝向次之，东西朝向最大。而在北向坡地，若住宅平行布置于等高线则会随着坡度的增加，所需间距加大。为了减少坡度对日照间距的影响，应该将住宅斜交于等高线，利用斜列式、交错式等进行综合布置；或者通过降低南面住宅的高度减少日照间距，降低坡度对日照间距的影响，从而达到节地的

① 邹经宇，许溶烈，金德钧．第五届中国城市住宅研讨会论文集（上下卷）——城市化进程中的人居环境和住宅建设：可持续发展和建筑节能 [M]. 北京：中国建筑工业出版社，2005：305-309.

目的。因此，对于北向坡而言，住宅朝向东南向或西南间距最小，东南朝向次之，南北向方位日照间距最大。但对于地处东西向坡的住宅则可以通过修筑垂直于等高线，沿山势逐渐增加的退台式住宅，在满足日照的同时，减少日照间距。

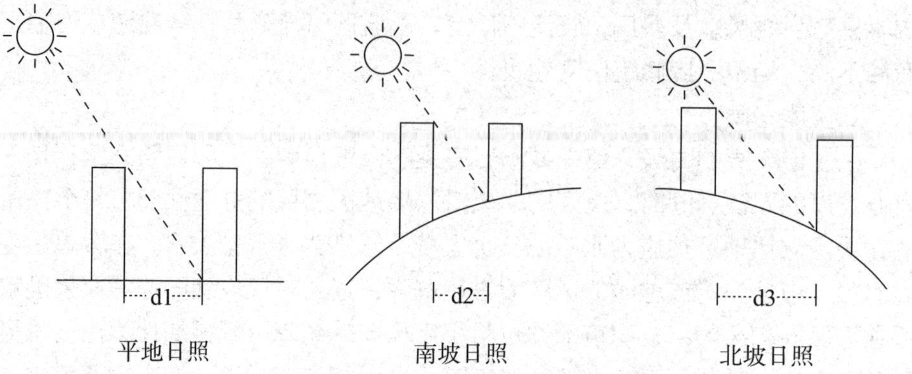


图 5-1　不同坡向日照距离

在群体布置时，西南地区由于受山地条件的限制，很难形成单一的阵列式，更多地采用灵活布局的方式，将错列、斜列等形式综合排布来增加迎风面和提高土地利用率。为了避免由于前排住宅的遮挡而形成过大的涡流区，影响后排通风，应该将住宅群体的布置与风向投射角控制在30° ~45° ①，并根据不同的山地坡度将住宅平行、斜交或者垂直于等高线，并尽量扩大山墙间距，为后排建筑提供通风通道。

将点式住宅与板式住宅合理搭配，在坡度较陡的东西坡向，则需通过板式住宅垂直跌落布置，在保证住户拥有良好朝向的同时又能顺应山势。而点式住宅由于其占地面积较为紧凑，可以灵活布置于用地较为紧张的山地环境中。在住区设计中，利用底层的架空空间设置停车、娱乐或者是辅助用房，也可以通过积极发展地下以及半地下空间，实现土地利用的立体化。对于增加环境绿化、土地利用率以及分流，具有积极意义。

---

① 邹经宇，许溶烈，金德钧．第五届中国城市住宅研讨会论文集（上下卷）——城市化进程中的人居环境和住宅建设：可持续发展和建筑节能 [M]．北京：中国建筑工业出版社，2005：305-309.

3. 布局形态

对于以山地为主要地理形态的西南地区，由于受地形起伏的影响和用地的限制，山地住宅在布置的过程中，不能如同平原地区般可以自由布局，往往是依山就势地根据住宅所处的位置来进行灵活布置，大致可以分为以下几种布局形态。

（1）线网式。由于受地形限制，在山地环境中，建筑的布置往往是以线网式为主要布局形态。线网式可以适用于山地的各个位置，各住宅单元体间保持相对的独立，利用道路作为骨架来进行串联。因此在该类形式中，道路的作用十分重要，应该尽量简洁，依山就势进行布置，便于车行或步行。而当坡度较大时，可以利用高架式或“Z”字形道路的布置来解决坡度问题。同时，由于住宅之间是相互呈线性排列，因此，在设计初期就应该确立该地块的夏季主导风向，力求使线性布置与风向保持一定的协调，才能有利于住宅之间的整体通风设计。

（2）层台式。层台式是住宅根据地形高差的需要，依照不同的等高线，经过较少土方量改造，建立若干个平台，各个平台间通过踏步或者坡道进行联系，并结合绿化形成高低错落的多层次立体空间。这种形式最大的特点就是空间的层次性较强，并且修筑成台的空间有一定的领域性，相互之间很难形成遮挡，有利于整体通风，是山地与平地空间的一种结合模式。

（3）主轴式。主轴式是最具有山地形态的一种形式，一般位于坡腰。住宅沿着等高线平行布置，利用阶梯垂直于等高线作为联系骨架，解决竖向交通问题。车流由于坡度的限制，一般则交叉布置或者在外围解决。这种布局形式是我国传统村落所常用的布置形式，既可以利用相互间进行遮阳，还可以利用竖向的梯段作为开敞空间，利于通风。但是，在现代住宅中，该类模式不常见，这主要是由于漫长的梯段对于人的体能消耗较大，不利于老、少出行。同时，在一定程度上也很难满足消防扑救的要求。因此，该模式多作为住宅群中的局部组织方式，较为少用。

（4）主从式。主从式多见于平原地区住宅群的布置，而在山地环境下，一般是住宅用地位于山顶或者是山底这样的特殊位置，利用顶部或者底部地势较为平缓且具有内敛性强的特点，通过广场或者内院作为空间核心来进行组织。在这种布置情况下，切忌出于景观的考虑，而忽视了部分单体的朝向。

### （二）单体设计

西南地区的住宅在单体设计上具有不同的特点，从形体、立面、空间以及接地模式上都应该充分地与当地的山地环境相融合，并能够通过对单体的总体把握来减轻湿热气候对住宅室内的影响。

1. 形体选择

住宅建筑的体量大小关系着住宅单体在使用过程中采暖和隔热的能耗问题。因此，选择与当地气候特点相符合的体量形式在一定程度上具有节能作用，而体型系数就是决定热量得失的重要因素指标。体型系数是建筑物表面积与体积之比，一般而言，建筑表面面积越大，其与外界的热交换也就越强。对于气候条件比较单一的干热和寒冷地区而言，都可以通过减少体型系数来最大幅度地减少得热和失热，隔绝外围气温对住宅内部的影响①。而对于以湿热气候为主要气候特点的西南地区而言，减少体型系数虽然在一定程度上能够有利于减弱外围热气候对住宅的影响，但是也减少了用于夜间散热的表面积。而该地区的主要设计要求应该是以散热为主，因此，适当地增加体型系数，加大表面积设计，以提高住宅建筑表面积的散热能力。通过较大凹凸尺度的平、立面设计，来增加住宅的通风散热能力，降低房间的湿气。同时，通过表面积的凹凸在住宅立面上形成阴影投射，达到遮蔽的效果。也可以利用山地特有的跌落形式，形成立体的层叠形式来遮蔽烈日。

在目前西南山地地区，塔式住宅的份额要比板式住宅高，究其原因是板式住宅对于地形的要求较大，而点式住宅则可以“见缝插针”地修筑在用地比较紧张的环境中，且该类住宅容积率较高，能够有效地节约用地，比较适应在山地环境修筑。板式住宅虽然单栋的通风效果好，但是它对后排建筑的遮挡也较大，易形成涡流区，需要与风向倾斜布置来减少对后排住宅的通风影响。而塔式住宅形体紧凑，很难对后排住宅进行遮挡，在小区环境中的整体通风性能则较好。针对塔式住宅单栋通风性能欠佳的现象，可以通过单元拼接方式和方位的调整来促进单栋的通风。

2. 立面构成

住宅的立面设计上，应该尽量加大立面上的凹凸，在建筑外表面形成丰富的阴影，从而达到遮阳隔热的效果。从一定意义上来说，就是利用建筑本身的实体部分，如屋顶、阳台等外凸部分形成的阴影来达到遮阳的目的。为了隔热，应该在住宅中利用大屋顶来隔热。对于现代式住宅不适应斜坡屋顶的时候，可以利用顶层向外挑出，一来可以形成阴影，二来也会在该处形成风压，利于通风。

---

① 德克里尚，贝尔，扬纳斯，李利洛伊 . 建筑节能设计手册——气候与建筑 [M]. 刘加平，张继良，谭良斌，译 . 北京：中国建筑工业出版，2004：23-56.

骑楼是西南山地地区当地一种常见的建筑形式，它的上部面积向外突出，而下部形成了一段由实墙面和柱廊共同形成的灰空间，它的设计符合了山城建筑“占天不占地”的思想，极少地对地面进行破坏。由于西南地区潮湿多雨，因此骑楼在一定意义上兼有风雨廊的功效。同时，由于其外挑出来，在遮阳效果上相当于水平遮阳，能够在底层形成大进深的阴影空间，使内部房间感觉到凉爽，而廊道空间也常常成为居民闲话家常、互相交流的场所。

3. 空间形式

在西南湿热山地地区，为了应对气候的影响，往往需要在立体空间上考虑住宅的整体通风性能，利用有效的被动通风方法，使自然通风能够渗透到住宅的内部。可以利用立体空间的通透性设计来强调住宅通风的流畅性。

（1）底层架空。底层架空，是山地吊脚楼的精髓所在，而现代建筑结构中的框架结构利用梁柱作为主要的受力结构，可以很好地将这一特色发展下去。建筑师根据地形，调节柱子的长短，不对该地块的生态进行破坏，是对山地生态文化的一种保护。底层通透开敞，在避开潮气的同时，还能使气流顺畅地穿过底层流向后排建筑群，由于建筑上部实体的阻挡，使得气流在穿越底层后的风速得到大大增强。架空建筑，在底层形成了灰空间，不仅将空地还给了居民，能够起到节地的功效。同时，其良好的遮蔽性成为人们夏季乘凉的良好去处，促进了居民间的交流，减少了空调的使用，具有积极的环保意义。在架空建筑的周围通过种植树木，利用水域等来达到降温的效果，使热压与风压相互作用，促进通风。

（2）空中花园。空中花园就是在联排式住宅的中部设置一部分透空的空间，作为高层居民的一个交流、休闲平台场所。同时，居民能够通过在该处栽种植物来调节小气候，给身处高层的居民一种亲近自然的感觉。其上部的开口可以避免形体对气流的阻碍，有利于后排建筑的通风。这一点与顶层架空类似，只不过它们所处位置有所不同。

（3）天井。西南地区夏季呈现的主要气候特点为高温，因此可以借助于热压通风来解决通风的需求。吸力来引动气流，属于一种“封闭型通风文化”，通过在住宅内部设置天井等竖向空间达到通风的目的。天井在空间上是一个构筑在室内气温与室外气候之间的缓冲空间，有利于温度和风环境的相对稳定，有利于冬季的保温防寒，而夏天则可以通过门窗的开启来促进通风，在一定程度上减少了恶劣气候对住宅的不良影响。同时，也可以解决现代山地住宅用地较为紧张的情况。为了增加容积率而使得住宅进深较大，无法满足内部采光问题。在一定比例内，天井的尺寸应该是各方面权衡比较出来的效果，就正如《理气图说》中有言："主放消纳，大则泄气，小则郁气，大小以屋势相应为准"[①]。在西南湿热地区，为了强调夏季天井的"拔风"性能，还可以通过在天井的顶端设置吸热板，通过吸收太阳辐射，使天井上部的温度增加，扩大天井上、下部分的温差，从而达到增强通风的效果。但在设计上一定要避免在天井上部温度增加的同时，影响到顶层住户的室内温度，可以通过隔断等措施既保证竖向通道的通风，又与下部的空间隔开。在现代住宅建筑中可以根据同样的原理，在住宅中设置高出屋面的通风管道、楼梯间、改良的廊道空间等能达到同样的竖向通风效果。

4. 接地模式

在山地环境中修筑住宅需要在建筑设计中考虑住宅与山地环境的协调性，尽量保持山地地形，避免过度挖填对脆弱的山地环境造成破坏。西南地区人民已经在长期应对山地环境的过程中，总结出一系列顺应地形的接地形态处理方法，最为实用和常见的有以下几种模式：

（1）错层。错层是在住宅的同一楼层形成不同的标高以适应倾斜地表面的一种处理手法。有错 1/4、1/2、3/4 层等形式，一般利用楼梯来解决相互间的高差问题。

（2）掉层。掉层是当地形高差较大时，将建筑基地经过适当改造，做成阶梯状，使其阶差等于住宅层高的一种处理方式，也就是所谓的"天平地不平"的现代演绎形式。

（3）跌落。跌落是当住宅垂直于等高线布置时，以开间或者单元为单位顺坡形成阶梯状，与掉层不同，它形成的是"天地都不平"的空间形态。该种方式可以根据地形的变化来调整跌落的高差，可以避免过多的土方量，建筑的顶层可以做成南向退台式的跃层住宅，既能拥有良好的视野，也可以缩小日照间距。

（4）错叠。其方式与跌落类似，也适用于住宅沿等高线垂直布置，但不同之处在于它是以单元沿山坡跌落，是以纵向方式进行错叠，而前者是以横向方式进行跌落的[②]。

（5）架空。架空是利用柱子作为支撑，将住宅与地面的接触点减少到几个点，避免了对地形的过度开发，并且柱子长度可以根据实际地形进行调节，能够适应各种坡度的山地环境，是适用性最为广泛的一种类型。同时，架空还

---

① 林宪德.绿色建筑：生态·节能·减废·健康[M].北京：中国建筑工业出版社，2007：13-18.

② 卢济威，王海松.山地建筑设计[M].北京：中国建筑工业出版社，2007：2-19.

能够维持当地的生态，促进通风，减少泥石流等自然灾害对其的影响，因此，最值得推荐。以上的住宅接地模式，除了架空式不受坡度的限制外，其他可以从减少土方量和经济性出发，具有各自适应的坡度范围。山地住宅顺应地形的修筑，常常形成立体多层次入口空间，对于流线的组织比平原地区更具有较大的灵活性和机动性。

### （三）户型设计

住宅的户型设计不仅要求功能合理、流线清晰，还应该与当地的气候、地形和技术特点相适应，满足人们生理和心理的需要，提供一个舒适的室内环境及设计。

1. 单元拼接与组合

高层住宅根据单元拼接的不同，多层次入口空间具有多种不同的平面形式，可以根据西南湿热地区山地的实际情况来提高土地利用率，增加散热面，相互形成遮挡等需求。住宅可以利用单元拼接的不同平面形式或者体型之间的凹凸关系形成的丰富阴影空间，来对烈日进行遮挡，如一字型、Y 型、风车型、T 型、锯齿型等。即使是平整的板式住宅也可以利用相互间的错位拼接形成形体间的遮挡。住宅的平面形式对通风有着巨大的影响，为了创造理想的通风环境，住宅的平面设计在很大程度上就是要组织穿堂风，使套内的风能够流畅地通过。由图 5-2 可以看出，一字形的板式住宅单体通风效果最好，能在平面上做到两面相对，前后贯通，为单栋建筑的最佳选择。缩小进深，扩大面宽更能够有利于获取更多的自然风。但是，由于山地环境中高差起伏大，用地较为局限，很难如平原地区那样能够任意展开、随意拼接，更多的是采用短拼接原则，一般单栋不超过 3 个单元，也可以根据地形错位拼接，灵活调整。

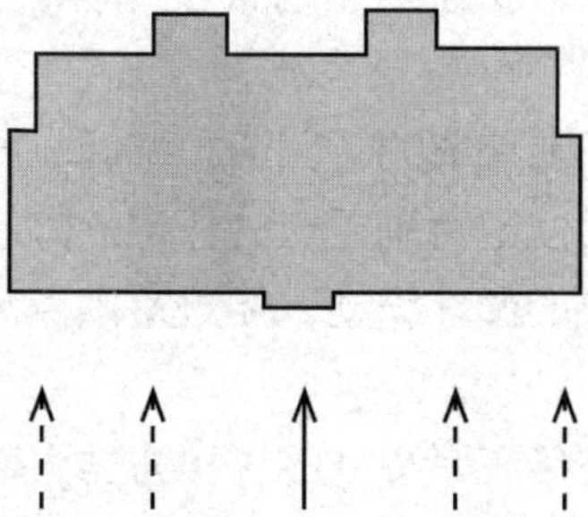

（a）一字形

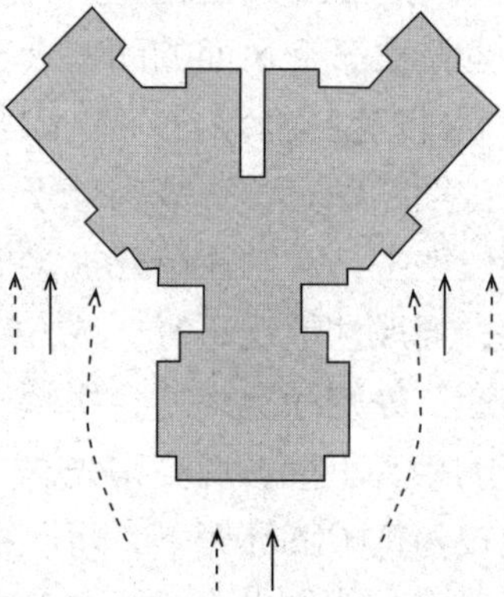

（b）Y 字形

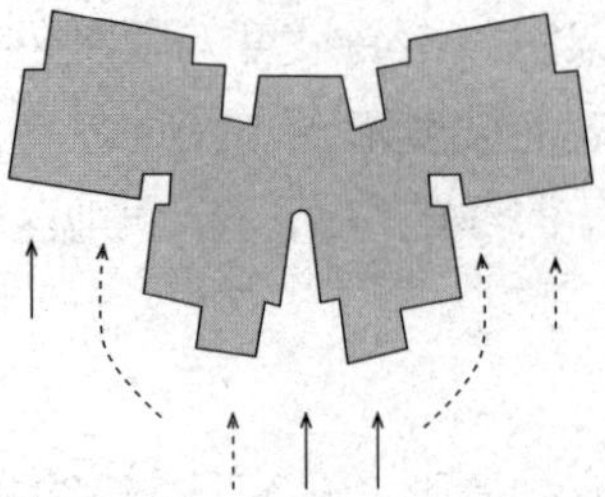
（c）蝶形

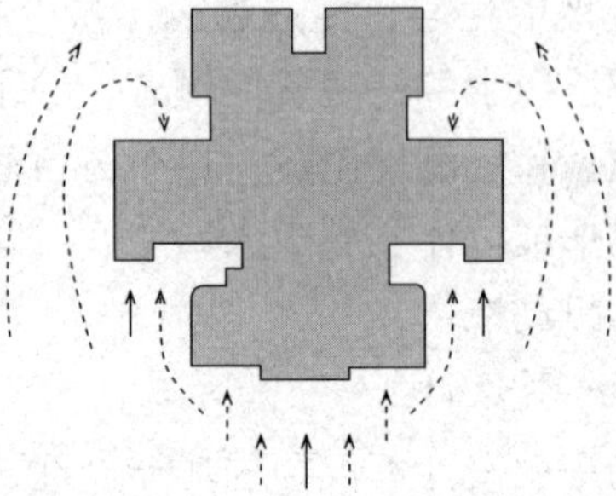
（d）双十字形

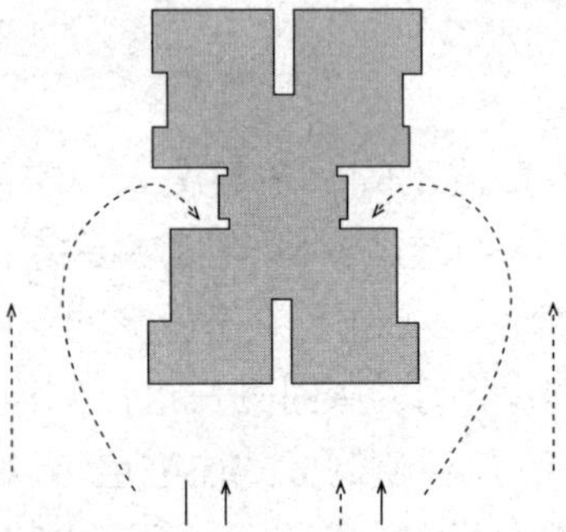
（e）工字形

**图 5-2　不同住宅平面类型的通风状况**

塔式住宅平面紧凑，能够有效地节约用地，适用于用地较为局促的山地环境。为了保证每户均能够得到良好的朝向与通风，需要适当地控制每栋的户型数，目前当地高层住宅中最为常用的是一户拼接式。塔式住宅中的 Y 字形和蝶形虽然在朝向上会有个别户型不佳，但在通风上却能做到户户相通。双十字形和工字形则由于迎风面的面宽大于或等于背风面，容易对后排住户形成遮挡，不利于后排户型的套内通风。因此，对于点式住宅而言，应尽量缩短迎风面，加大后排面的净宽，形成类似于“T”形或“Y”形。

在目前住宅中，常常在单元拼接处出现狭窄的“凹道”空间，导致空间的采光并不佳，通风性能也不好，成为现代住宅特别是点式住宅的弊端。只有尽量加大“凹道”处的净宽，才会引起气流的循环流动，促进室内通风，还能够减少住户间的相互干扰，提高采光。

在用地较为宽敞的环境下，可以摆脱传统紧凑式的拼接方式，而采用较为宽松的拼接形式。我们借鉴杨经文的公寓设计模式，即将每一个户型看作是一个相对独立的单体，它们之间利用廊道空间等相互连接起来。廊道间的间隙空间构成了一个个竖向的通风通道，其功能与天井类似，具有增加热压通风的效果，既能够促进通风，为夜间散热提供了条件，又能够避免塔式住宅采光欠佳的问题，还能够减少住户间的相互干扰。

2. 户型优化

户型是住宅的基本单元。在西南山地地区考虑户型的时候，不能单纯地从户型的功能性和流线性出发，还要从隔热、通风两个方面去探讨应对湿热气候的平面布局，通过对户型整体性地把握和优化户型设计，从而提高人体舒适性和减少能源的消耗。

著名的生态建筑师柯里亚认为："调节气候绝不仅仅是日照角度和气窗的问题，它与建筑平面、外形、剖面和内部布置都有关系"①。他对湿热地区最大的贡献除了著名的"管式住宅"外，还根据印度传统民居总结和提炼出了"中间区域"的模式空间，即将主要房间布置在中间，通过周围附属房间的环绕布置来减弱当地湿热环境对主体空间的影响。其后，马来西亚生态建筑师杨经文提出的"过渡空间"的思想，即将高层建筑的核心筒或绿化空间等布置于易被烈日暴晒的东、西向面，也可以说是柯里亚"中间区域"思想的继承与发展，既可以保证核心筒等附属空间对外具有良好的视野和景观性，又可以作为热缓冲区域，减少烈日对主体空间的影响。

在西南地区的住宅设计中，我们可以利用上述原理设置热缓冲区域，减弱太阳高度角较低的西晒对主要房间的影响，即根据功能不同，对热环境的需求高低来进行分区，将对热环境要求较低的套内空间，如储藏室、卫生间、厨房、楼梯间以及廊道等布置在温度较高的西面，形成热缓冲空间。热缓冲空间具有空间隔热的作用，从而尽量避免太阳辐射对主要房间，如卧室、客厅等的西晒，避免造成室内温度过高的弊端。

由于夏季太阳高度角较大和冬季日照的需求原因，在户型布置中，设计师应该将卧室、客厅等主要房间布置在南向。而当住宅由于景观等原因需要将卧室、客厅等房间布置在东、西面向时，居民可以利用配套阳台、阳光花房等休闲空间栽种植物调节气候，同时，也在一定程度上形成了热缓冲区域，减少了东、西向较低太阳高度角对主要房间的直接影响。设计师也可以通过采用百叶帘、涂膜反射玻璃等措施来减弱太阳辐射通过门窗洞口对室内的影响。

良好的自然通风对于湿热气候的西南地区是至关重要的。为了缓解湿热地区户型内的闷热感，设计上应尽量争取穿堂风。设计师应该增加住宅迎风面的面宽，缩短进深，尽量保证住宅双面通风，门窗位置两两相对。在此情况下，

① 科里亚 . 建筑形式遵循气候 [J]. 李孝美，杨淑蓉，译 . 世界建筑，1982（1）:54.

其进深控制在 20m 以内，以 14m 以内为宜。设计师在套内留出通透的风道，以保证通风的路径。避免平面设计上形成气流的转折和“缩颈”[①]。设计师在转折处易放大空间或是做圆角处理，并保证有 2~3m 的通风道以利于风的正常通行。住宅内部为了让气流畅顺地通过应该尽量保证房间的通透性，中间尽量避免设置其他横向的永久性隔断，但在位于山顶的越风坡区，设计师需要考虑冬季寒风对室内的影响，可以设置临时隔断来阻挡寒风。

通风的主要目的就是给人们带来新鲜的空气，因此在住宅平面布置中要做到清浊分区，在迎风面布置客厅、卧室等，而对于产生浊气的卫生间、厨房以及储藏室等，则应该放置在下风面。

在西南地区白天开窗通风，虽然能够带动室内空气流动，可热气也会随着门窗洞口传递进室内，因此在该地区应该摒弃全时段通风策略，而提倡夜间通风观念。即在白天应该关闭门窗，以隔热为主；而当周围温度下降时候的夜晚，则通过开启门窗来进行散热。然而夜间使用最为频繁的卧室出于私密性的考虑，一般都会将房门关闭，这在很大程度上影响了室内通风，这就需要我们对单面通风问题进行考虑，在净深上不应超过净高的2.5倍[②]。对于一般住宅而言，即进深不应超过 7m，设计师还可以将卧室，特别是主卧室中衣帽间、卫生间的门窗与卧室的窗相对。即使在卧室门被关闭的情况下，也能通过配套房间的门窗来进行通风，减缓屋内的闷热感。

随着人们生活质量的要求提高，人们已经不满足于平面型家庭布局的单调性，而三维空间组合型则满足了人们对空间多变性的需求。三维空间对于西南地区人民而言，一点也不陌生，因为当地为了解决竖向上的高差，常常设置不同的基面，利用楼梯作为连接通道，形成“天平地不平”。而现代的立体空间则多是从空间的层次性考虑，不仅在平面上进行动静分区，还从三维空间中去考虑这一点，它可以被看作是联排式住宅和多层住宅的一种结合形式，具有综合气候性能优势。目前西南地区常见的三维空间形式有复式、跃层、三夹二等。三维空间上下空间的高度差容易形成热压，能够有利于套内的通风。因此，三维空间组合型在西南地区比较适宜，但是对于家中有老弱病残、行动不便人士的家庭居住则不太适用。

---

① 王凤友．科技与民族发展（第 1 辑）[M]．贵阳：贵州科技出版社，2011：139.

② 张国强，徐峰，周晋，等．可持续建筑技术 [M]．北京：中国建筑工业出版社，2009：209.

（四）建筑防灾

住宅的首要目的就是为人们提供一个良好而稳定的居住空间，然而，山地环境中脆弱的地质条件和起伏的地形地貌对住宅的修筑和使用过程中的安全性提出了挑战，值得在设计时加以注意。

1. 地质灾害

西南地区山地环境复杂，生态极为脆弱，常常在人为外力或是恶劣气候条件下产生灾害，滑坡、泥石流等时有发生。这需要我们不得不将其作为生态考虑的一个方面，保护人与建筑的安全。

（1）防灾原则。在建筑防灾中，重要的就是要以预防为主，防患于未然。因此，在修筑住宅前需要对地块进行仔细勘测。山地生态脆弱，容易发生断裂、滑坡的坡顶近边地带，具有溶洞的山体内部，易造成地质崩塌的区域都应该尽量避免修筑住宅①，而将其只作为环境用地。积极规划，通过绿化和防护措施的修筑来减少地质灾害的发生，并加强对暴雨和地震的监控，以免出现山地地质灾害造成财产损失，人员伤亡。为了减少由于人为原因对环境的破坏，我们在修筑住宅建筑的过程中，应该以保护当地的生态平衡为宗旨，尽量减少过多的挖掘与改造，积极维持原有的生态关系。

（2）防灾措施。在西南山区为了减少地质灾害的发生，一般是从保、防、疏三个方面去考虑这个问题。

保：就是尽量保护当地的地质地貌，西南湿热地区主要是以石灰岩为主要地质形式，地下水常常会将水溶性的石灰岩慢慢溶解，形成内空和洞穴。在这样的情况下，为了避免由于地质内空而形成地质塌陷，前期的调研工作保证住宅周围没有矿藏和地下水，并在施工时候尽量减少土方量，成为地基稳定的关键。在小区环境中，过多的硬地会使得地表的渗透率大大降低，不利于水的循环。特别是在暴雨时期，由于雨水量在短时期内大大增多，会使得地表径流忽然加大，超过了原来沟渠的疏散能力，会使水溢出，出现山洪现象。因此，在山地环境中，特别是容易出现滑坡和径流压力大的边坡地带，通过保持原有的生态草坪，"软化"地表表面，而对于需用硬质铺地的地方，如停车场等则可以用植草砖代替。通过"软化"地表面的设计能够有效地增强地表水的储水能力和渗透力，也能够通过绿化进行蒸发，减轻该类突发情况的发生。

疏：山地环境中常常出现的泥石流、山洪等，多是由于雨量较大时，山地

① Kuniaki Sato. Underground Space Use and Environment Protection Technology in Japan[J]. Urban Underground Utilization, 1991: 11-24.

表面排水系统不畅而造成的，这就需要加强该地块对雨水的疏通能力。山地排水系统分为自然排水系统和人工排水系统，自然排水系统一般是由天然形成的冲沟和低凹处的水洼、溪流等组成，能够解决日常的排水需要。人工排水是人为修筑的排水系统，是特殊情况下对自然排水的补充措施。因此，对于天然形成的泄洪冲沟、水洼等我们应该尽量保留。为了提高应变灾害的能力，还需要我们在山地环境中人为地增加补救措施，增强山地的快速疏水能力。通过利用原始的地形地貌，留出自然的地形高度差异形成排水通道。在坡度较大区域，地表径流时间较短，为了缓解地表水流对山体表面的冲击，可以设置明沟排水。为了减少地下水对土层的摩擦力，则可以设置暗沟泄流。

防：为了防止山体滑坡等现象的发生，对住宅建筑以及居民的安全形成威胁，在施工过程中应该避免挖掘承重的坡脚，而使斜坡失去承载能力，发生滑坡。在山体边坡修筑挡土墙，当地人民形象地称之为“堡坎”，即具有一定高度，也有一定的预防保护能力。挡土墙一般适用于坡度较大或地质不稳定的边坡地带，在地基承载力较高、用地范围较大的地带，可以利用石块砌成，利用自重抵抗后土压力。而对于其他地区，则需要在其中加入钢筋来增加承压能力。挡土墙的设置还可以减少住宅与山体的距离，提高基地的使用率，达到节地的目的。不过，在现实生活中，由于挡土墙的高度较高，常常使得很多底层住户无法得到充足的日照，整个冬日又冷又潮，而退台式的挡土墙则可以解决这一问题，当地法规也意识到了这一点，以贵州遵义为例，就规定 6m 以上高的挡土墙必须采用退台式来解决低层住户的采光、日照问题，如图 5-3 所示。

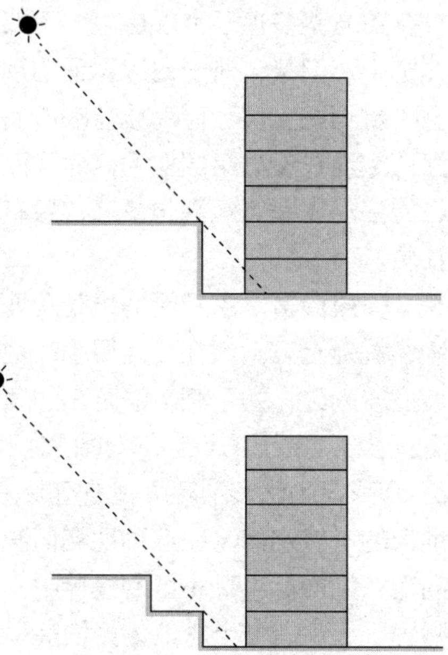

图 5-3　挡土墙设计

2. 山地防火扑救

山地住宅由于地势的起伏，常常高差在几米甚至几十米，很难通过依托平原地区的扑救模式进行扑救，使得当地的住宅防火设计具有诸多的问题，因而成为设计难点。在长期的实践中，当地的人民已经对此掌握了一些灵活有效的方法。

（1）法规完善。为了满足消防车的通行需求，住宅周围往往需要设置消防车道，而西南山地高差较大，道路往往斜交或平行于等高线。根据《建筑设计防火规范》所要求，消防车扑救场地坡度应控制在 3%。在此背景情况下，地方性法规如《重庆市坡地高层民用建筑设计防火规范》，就是根据实际情况的一个良好补充，其中规定在坡地情况下，可以将消防车扑救场地的坡度控制放宽到 5% 以内。

（2）利用裙房扑救。山地坡度陡峭，道路崎岖，很难在住宅旁设置环形通道，大多是沿高层住宅的两个长边设置消防车道。然而，很多住宅由于地形限制，常常设计成掉层或者紧邻山崖边修筑，很难在底层两长边同时形成消防通道。因此，可以通过山地的高差形成的多层次入口，利用下层裙房的屋顶作为扑救面来解决。这样的处理方法，不仅可以形成多层次的消防扑救系统，能够有效地增强消防扑救的实际能力，同时屋顶平台平时也可以作为空地供居民休闲、娱乐使用。这种布置方法多见于上部住宅、下部商业，且上、下部分严格防火分区的综合类住宅中。但是，对于裙房屋顶的承载能力要求较高，需要能够承载消防车的重量。贵州遵义爵士蓝岛楼盘临街面就类似这种设计，由于地形差异较大，临街面住宅通过设立吊层作为裙房，而车行道通过外围蜿蜒上爬，在这样的情况下，无法沿崖壁修筑消防车道，只有利用下吊的裙房屋顶作为消防扑救平台进行扑救。

（3）消防道路组织。一般而言，由于受消防车爬坡能力的限制，车行道往往是平行或斜交于等高线蜿蜒上升。而在坡度很小的地区，也可以垂直于等高线设置消防车道；在坡度较大时，为了满足消防车的爬坡能力，可以在道路中设置回头线来折叠上爬，形成“Z”字形道路。但是对于局部高差过大，用地局限的住宅小区，用“Z”字形盘山路很难解决高差问题，也容易将住宅划分出很多边角地带，不利于地形的有效利用。在这种现实情况下，当地大型住宅利用立体交通来解决这一问题，如融侨半岛小区的设计中不仅利用垂直交通快速将居民送达到各层台，减轻了居民爬坡上坎的体力消耗，还通过立体螺旋交通的建立来解决消防车道问题①。重庆的望龙门工程也是一个巧妙利用高架桥来解决消防高差的实例。用地位于渝中半岛的江边陡坡，上下高差接近40m，用地十分受限，顺应地势上下交错布置了多幢高层住宅和公共建筑。传统的消防车道无法满足高差如此悬殊的连接要求，只能通过架设8~14m高的曲形车道将各建筑连接起来，既可以让各栋之间能够相互联系，又能够解决消防扑救问题②。

住宅可以紧邻市政道路修筑，利用城市道路来形成消防通道，但需要种植绿化带等措施来减少外部环境对住宅的干扰。而对于住宅区内部，常常没有足够的用地来修筑消防平台，则可以结合小区内部的人行坡道做一个尺度可以供消防车停靠的平台，既能够便于消防车在其上进行扑救，又能够不另外设置车行道，属于一箭双雕。

### （五）环境设计

小区的绿化是实现生态住宅的一个重要标准，同时也是评价小区环境质量的一个重要依据。小区内的绿化不仅能够带来优良的景观，清新的空气，还能够通过绿化来改善住宅的小环境。

在西南地区的绿化环境设计中，应该顺应山地地形地貌，保留原有的高差

① 聂晓晴，李泽新，周亮．山地住区设计中的生态思维——以重庆住区设计为例[J]. 新建筑，2008（5）:126-129.

② 章建刚，李敏，魏宏杨，张庆顺．山城高层建筑防火实践探析[J]. 消防科学与技术，2002（3）:22-25.

进行多层次绿化，而不只是停留在平面上。其绿化应该是多层次的“Z”形景观，并对具有山地特色的边坡、挡土墙等进行垂直绿化，能够有效减少石壁地表的辐射热，防止水土流失，也形成了独特的立体绿化景观。在树种的选择上，应该尽量选用当地的树种、草木，能够更加适应当地的自然环境，体现当地的自然文化特色。其次，外来树种的到来有时候会造成生物种群的暂时性混乱，不利于生态的平衡发展。

在住宅旁的山墙面特别是西面山墙栽种高大的乔木可以对阳光形成遮挡，能够有效减少住宅的西晒；而在住宅南面，则需种植落叶类乔木，夏日可以遮蔽烈日，而冬季落叶后又能够满足住宅合理的日照需要。

绿化一定程度上可以促进空气的对流。因为利用绿化的遮蔽、反射、吸热能力使得该区域的温度较低，与没有绿化的空地间就会具有温度差，从而形成气压差，促进空气的流动。同时，利用风压原理，将树木合理地排列种植以形成一条“狭窄”的通风道，就能够起到促使气流方向发生转变和增进通风的效果。例如在迎风面，通过在住宅的两旁种植树木，能够将气流引向住宅；而当住宅三面都种植树木时候，则会阻碍通风，因此在需要通风的湿热地区，应该尽量避免在住宅周围三面种植高大树木的情况。

植物的遮蔽性能在给局部环境带来阴凉的同时，也会在一定情况下会阻碍自然通风，从而加重该区域的闷热感。在湿热气候条件下，当通风与树木的遮蔽效果发生冲突时，植物的种植更多地应该是从通风效果上出发考虑。因此，当地较为理想的植被类型应该是以草坪花圃和灌木丛为主，搭配少量的高大乔木，既能形成丰富多样的生态效应，又能够形成绿化的层次性。

中国人自古有“面水而居”的习惯，大的水域能够有效地改善气候环境，影响小区的温度与湿度，倍受当地人喜爱。对于无法亲近自然水系的小区，也通过在小区环境中人工引流，创造出灵动的水环境。水系的运用，在小区的环境建设中起到了画龙点睛的效果，它流动的形态不仅能够给空间带来灵动与活力，也创造出了“小桥、流水、人家”的优美意境。同时，西南地区独特的山地环境为水的景观增添了层次性，可以利用地势高低不同来形成水瀑跌落的美景，形成生动别致的环境。

水会随着周围环境温度的升高或降低，随之吸收或释放大量的热量。在外围温度较高的白天，水体在蒸发的过程中会吸收大量的热量，达到降温的效果；然而，到了夜晚，周围温度下降时，水体则会慢慢地将白天蓄积的能量向周围环境释放。对于季风气候明显的西南湿热地区，也可以利用水面与陆地之间的温度差形成的热压来带动小环境风。

通过建筑的总体布局、朝向等方面的考虑来减弱山地环境对住宅的影响，保证冬季日照需要和形成便于整体通风的布局，以利于夏季散热。从经济性和生态性考虑，在单体设计上根据地形起伏的不同坡度来选择不同的接地模式。其中，以架空为最佳选择模式，具有较强的适应性和生态性。通过对住宅单体形体、立面构成、空间形式等的选择去创造一个利于通风和隔热的单体。户型优化设计方面，设计师应充分考虑利用房间的布置来引导气流和通过次要空间的布置来形成隔热空间，为卧室等主要空间创造一个舒适的环境，并从平面布置上考虑了卧室夜间的隔热性，降低水体在夜间散发出热量对住户的影响。设计师应该把白天活动的区域，如客厅、餐厅、书房等布置在临水面，而把夜间使用频率较高的卧室空间布置在背水面，以避免水体散热时对其形成影响。山地地形环境复杂，需要考虑必要的防灾措施，即防、疏、保等方面来增强住宅的山地防灾能力，在消防扑救上则通过道路的灵活设计来减弱山地环境对消防扑救的影响，为居民提供一个安全的住所。通过景观环境的布置形成一个优良的住宅外围环境，减轻气候对住户的影响。

## 第四节　山地生态住宅设计的典型案例

——广东韶关盈峰翠邸宜居山地住区规划设计

### 一、项目背景及概述

#### （一）项目背景

韶关随着城市化发展以及山多地少现状，城市里适合建设的平地越来越少，无法满足人们居住要求，目前的住区用地选择上，不得不向山地发展。利用山地，作为建设用地近年来已经成为一种趋势，因此出现了很多山地住区。虽然山地住区满足人们居住、休闲以及度假等消费的需求，但山地特殊的地质结构形态、竖向道路交通、立体绿化景观等诸方面的因素对规划设计提出新的要求。

#### （二）项目位置

盈峰翠邸是韶关市曲江区“三旧”改造项目和招商引资建设的重点工程，原是韶关曲江枫林度假村所在地。用地东、南、西、北均为天然树林，绿树葱葱，将来打造成山顶公园。基地西临近 106 国道，马坝河在基地前方不远处缓缓流过，基地海拔较高处可远眺繁华的曲江城区，与另一个山地住区半山豪庭隔河相望，在附近还有南华温泉酒店、祈福酒店、食为天餐厅和漕溪温泉度假村等服务设施，距南华禅寺大概 5 分钟的车程，距曲江区中心不到五分钟的车程，到韶关市和韶关高铁站也只要 20 分钟，区域优势得天独厚。基地环境优美，拥有自然山体、山谷溪谷、天然湖泊，可谓青山环绕，湖光山色，鸟语花香，是天然的氧吧，是典型的山水型山地宜居住区。

### （三）地形地貌特征

基地用地 20.39 $hm^2$，基地内地形起伏大，山谷多，海拔 97~197 m 之间，垂直高差达 70 m 之多，平均坡度在 15%~20% 之间，属中坡地，局部为缓坡地和陡坡地。坡向多为南向坡和西向坡。基地整体上由四条较平缓山脊、三条山谷以及大大小小共五个湖泊组成，附近的当地居民称之为“燕子窝”。山地特殊的地形地貌对于住区开发来说是一把双刃剑，既有优势也有劣势：优势方面，起伏多变的地形为创造住区丰富多样的山地景观和三维立体的场所空间形态提供了得天独厚的有利条件；劣势方面，复杂的地形地貌，给住区的竖向道路、建筑摆布和市政基础设施建设带来困难。

### （四）生态环境特征

基地内部地势北高南低，树木植被覆盖率高，湖泊面积大，山谷较多，地块被划分成梳型。平地的住区建筑布局往往是建筑尽量沿着地块的建筑退让红线布置，中部留作本住区自己私有的公共绿地，这不失为一种较好的规划设计手法。如果在山地住区建设也采取这种布局，则会加大建设用地边缘的负荷，给住区安全埋下隐患。本规划打破以往的建筑布局方式，将自然生态敏感区，如中心的大大小小的五个湖泊和三条较长的山谷保留下来，建筑围绕着湖泊和山谷周边布置并留有适宜的空间，这样基地内最有价值的湖泊、山谷得到保护，同时为周边的建筑提供丰富的湖泊景观和山谷景观。虽然整个地块的容积率不是最大的，但是整个住区的品质得到很大的提升，而且有效地防治次级地质灾害的发生，正所谓一箭双雕。

山地的生态环境呈现异质性特征，影响生态环境的生态因子比平原的要多，生态脆弱，一旦遭到破坏，则自我恢复能力差。影响山地的自然生态因子除了地形地貌以外，气候、水文、植被及土壤等也会对山地住区产生很大的影响。

## 二、规划设计手法

### （一）大处着眼，小处着手的调整设计手法

本地块的地形相当复杂，结合已有的相关技术和经验，进行规划设计，但在设计师刚开始的道路设计时就遇到了困难，甲方提供的地形图的标高与后来

把场地清理后的实测标高有很大的出入。原因是这些山谷的地方测量的信号都进不去，无法进行准确的测量，因此这部分误差达到了十几米。因此，在第一次初步设计时，设计师由于没有发现地形高差相差这么大，认为挖方和填方都很少。在深化设计过程中，场地内的障碍物清理干净以后，我们采取了每间隔十米就放一点，然后在每个放点的左右相隔 5m 和 10m 的地方再测出其标高。这样我们可以清楚地看到每个台地摆在我们的面前，面对每个台地，把其分为往上和往下两种情况，当遇到往下的情况，主要用吊脚楼的形式消除高差；在道路的上部，通过室外楼梯上一个平台，然后再进户，而平台的下面则巧妙地设置了停车库。这样可以做到挖方最少。

### （二）因地制宜结合环境的场地设计法

文化是蕴藏于环境特色和丰富性格的内涵。在总平面的整体规划概念中，设计师意在创造一种围合院落式的生活场景；在环境设计中需将环境设计与建筑设计充分融合渗透，整合本项目的区域特征、文化特征、场景特征的整体概念。

基地内的三条山谷是本项目的重点打造的景观元素，在土方平衡中充分考虑成百上千年形成的山谷，尽量给予保留利用。山谷汇集了山体的大部分雨水，在漫长的岁月中，其一直起到天然排水的作用。如果单纯地追求要达到一定容积率而把山谷填平作为建筑用地，这是很危险的。在规划设计过程中，建筑和道路避开山谷布置，注意尊重大自然的鬼斧神工，把山谷留出来，建筑与道路沿着溪谷的两边布置。这样既取得多维度的建筑空间环境，又保护了山地原有的地形地貌，使建筑与山谷和谐共处。

这里原来有一个十分形象的名字叫“燕子窝”，在基地内部的中央有一个下凹窝，天然的泉水在这里日积月累形成了多个大小不一的湖泊，大者大约有 4~5$hm^2$，小者亦不小于约 0.67$hm^2$。在湖泊的利用上，无论是甲方、乙方还是策划公司一致认为不能改变湖泊的现状，这就是说其周边的道路和建筑的标高要与湖泊水平面的标高发生关系。我们谨慎地处理湖泊周边的建筑和道路，我们以正常水平面的标高来作为我们建筑标高的基准点进行设计。防止过度开挖带来的自然灾害。

## 三、规划设计内容

### （一）规划设计理念

中国人自古以来就有山居的习惯，对山居情有独钟，把山林作为修身养性，领悟人生真谛地方。孔子曰：“知者乐水，仁者乐山。知者动，仁者静”

（论语·雍也）。古往今来诸多的墨客骚人对山居有过生动的描绘，陶渊明有“采菊东篱下，悠然见南山”（《饮酒·其五》）；王维有“明月松间照，清泉石上流”（《山居秋暝》），王维所居辋川别墅在终南山下，故称山居。因此，本项目的规划设计理念是，因地制宜地对住区进行整合设计，把山、水、建筑等自然要素和人工要素有机地整合作为本次规划的切入点，把营造环境优美，静谧的宜居山地住区作为最终目的。

规划设计目标传承用地周边正在和已经形成的居住文化，结合本地块自身特点和要求，确定该项目发展为：韶关市高品质的“园林化生态宜居社区”。着眼于“人、环境、建筑”的世纪主题，致力于将本项目打造成为曲江乃至韶关市引领市场潮流的高品质精品社区。通过适度创新领先市场，兼顾经济效益和品牌建设的原则。

均好性的提出是关注环境资源与居住空间品质在规划布局上的均衡性，避免极端苦乐不均，资源分配极端失衡的情况。均好性并不意味着环境资源的绝对平均分配，事实上也做不到绝对平均，因为住宅产品本身也需要提供档次有所差别的多样性。而要做到整体的均衡，对于较不利情况应用最差限制原则，即避免出现最不利套房和不好卖的位置。在销售策略上做到“户户有卖点”。均好性还意味着要体现物超所值的原则，即所谓“好马配好鞍”甚至“好马配金鞍”，应当把最好的景观和环境资源分配给规划中大户型和最高档的产品，以求在销售时取得超额利润。

环境景观的最大化，首先意味着不但要充分“借景”，还要充分“造景”，在本地块内营造第一流的住区园林景观；环境景观的最大化，还意味着让尽可能多的套房享用优良的景观环境和最好的景观资源。在布局上表现为尽量提高景观优质套房的比例和户数。环境条件中的有利之处应充分发挥，不利之处应尽量遮蔽。

要实现景观最大化，就要达到必要的景观要素的“丰富性”，丰富性是在景观要素的数量和差别性中体现出来的。从而实现“处处有景，各具特色”。

日照是大自然的恩赐，良好的日照环境设计是健康住宅的必要条件，在较为宽松的设计条件下，更应强调日照在良好居住品质中的重要作用。粤北属于湿热地区，组织良好的自然通风是体现居住环境质量的重要方面，很多情况下比日照更为重要。本项目规划设计通过宽松的楼房间距、局部架空层的运用和建筑高度的变化与控制实现良好的通风组织。

软质景观主要指绿色植物和环境景观水体，硬质景观主要是环境小品、硬质铺地，有时也包括建筑。注重环境的生态性，就要做到软质硬质景观的均衡，尽可能地增加“绿量”，营造优良的微气候环境。在绿化策略上应注重林木，尤其是高大乔木的生态作用。

在消费者的心理预期中，标志性与可识别性是需要考虑的重要设计要素。可识别性是规划设计的基本要求，标志性是可识别性在较高层次上的体现。本项目要做到标志性与可识别性，关键还是在住宅区环境景观特色与空间层次的特色、住宅产品的特点、建筑设计的特点。要继承已有的成熟经验，但有所创新是关键。

住区休憩环境的设计侧重现代都市田园生活的品位，关注各类住区休憩人群的需求，营造各具特色的生活体验空间。

本规划设计强调空间尺度的变化和层次性，既可以保障小尺度空间的亲切感，又能提供良好的集体性氛围，以及创造愉快的邻里之间的交流，为社区文化的形成创造情境。

### （二）总体规划布局

基地总体规划布局遵循“尊重地形，景观最大化”的原则。建筑布置分为三个区域，分别是低层住宅区，高层洋房区以及酒店公寓区，分别布置满足不同人群的使用要求。低层住宅区布置在地势较高的山坡上以及景观较好的湖泊、溪谷四周；高层洋房区布置在地势较为平缓，容易布置地下停车场且接近入口的东侧；酒店公寓区主要布置在住区的入口附近，利用地势高差作瀑布，既方便旅游客人的入住，又可以作为整个住区入口形象。基地做到局部人车分流设计，内部大量车辆在高层洋房区解决停车，低层住宅的私家车可以直接开到家门口停放，外来车辆尽量在入口处酒店公寓度假区解决，不对内部交通造成压力。

充分考虑组团围合式规划结构与院落空间，为保障高档私密的居住氛围，考虑组团围合式规划结构，主要以开放式组团为规划模式。各住宅单元既有组团布局的特征，围合而不封闭，整个小区内的空间具有流动性。同时利用建筑本体或景墙及绿化系统的结合设计，以提升小区的品质；同时便于分期开发。在建筑形象和整体轮廓上体现标志性。

在T型道路交叉口位置设置三个地块的步行入口。从而在这里形成完整的节点空间，增强仪式感，提高心理预期，营造鲜明的领域性，增强业主的归属感。各地块在外围设机动车道，实现人车分流。会所设在场地中心的半岛上，强化入口区生活氛围和建筑错落有致的空间感受。

总体规划时，考虑到分期开发建设的可能性与实施性。场地分三期开发，首期开发位置相对较高的底层住宅区，二期开发靠近入口的高层洋房（含会所和沿街商铺在内），三期开发作为旅游配套服务设施的酒店（含沿街商业裙房在内）以及高层洋房。从投资少、建设速度快、市场易于接受的小高层入手，做到滚动发展、紧密衔接。各地块地下室同时开挖施工，在满足最低配套车位的前提下尽量减少地库面积，从而减少前期开发投入。随开发进程卖场逐步扩大，景观渐入佳境。先以稍微高端的产品打造住区的品牌，在环境渐入佳境后依次推出较中端的产品以便培育市场。

### （三）道路交通设计

规划时充分考虑整个项目道路体系的畅通性和合理性，采用人车分流的设计，步行优先，车辆在各地块外围绕行，地库入口也设在外围，保证中心绿地的完整性；提高步行道路的便捷性与安全性，同时增强其趣味性，从车库至各楼的人行距离应适当，保证所有楼栋住户可直接上下地库，消防车道结合功能性车道或景观步道设置，减少硬质路面的不良景观影响。

沿各地块外围设置机动车道路，车辆出入口相应进入就近的地下车库，尽量缩短小区内车行路线，从车库至各楼的人行距离也十分适当。沿整个基地设置环形车道，可有序地组织交通流线，地块车行出入口形成扩大的交通性小广场，满足车辆出入和高峰期的车辆查证管理需要，提高管理效能，可有效避免小区内高峰期机动车堵塞，充分体现了整个项目道路体系的畅通性和合理性。每个建筑组团有相应的地面停车位，也方便了住户和访客的临时停车需要。

本着以人为本的原则，道路尽量能做到可通达到各家各户，采取环路的形式，尽量不用断头路的形式，主车道贯通全区的道路设置为 7 m 以及 1.5 m 的人行道，次要或是断头式的道路宽度为 4 m，不设人行道，设置 12 m × 12 m 的回车场。在道路交叉口视距的范围内避免种植挡住视线的植物，建筑距离道路边线至少有 1.5 m 的距离，有的建筑可以在门前停放私家车。此方案可满足道路通达的要求，按照规范把道路坡度控制在 8%~11% 之间，并且还要分级处理，设置不大于 3% 的缓坡段连接。坡度在 8% 以内，道路的长度可做到 200m；道路坡度在 11% 以下的，长度控制在 80m；当遇到局部坡道大于 15% 时，路面采取防滑措施，横坡控制在 1.5%~2.5% 之间。

### （四）山水景观设计

基地中心位置有面积不等的五个天然湖泊，每个湖泊在不同高度，面积约 50000 $m^2$，水质良好。这些天然湖泊对本项目品质的提升起到了关系性的作用，在规划设计过程中，政府规划部门的人员、房地产开发商、房地产策划公司以及规划师都认为基地内中心天然湖泊应该保护起来，要重金打造使其成为这个住区的点睛之笔。由于湖泊是纯天然的湖泊，不是人工挖掘出来的，我们对于多年形成的自然环境要责无旁贷地进行保护以及利用，对湖泊形成的自由岸线尽可能地保护下来，避免做大的改动与破坏。另外，在湖的尽端也就是入口对景的地方设计了高级 VIP 会所和水上高尔夫练习场。会所定位以“健康、时尚、实用”为表现主题，创建“主题型功能会所”，在满足基本康乐功能需求的同时，根据商业策划突出会所某些个性化主题。会所设施和功能的安排强调多样化服务和自身经营的可持续性。不在湖泊的岸边布置低层住宅，让整个住区的业主共同享有天然的湖泊，而不是让湖泊变成某几栋低层住宅占有的私家湖泊。

除了湖泊外，另外重点挖掘的景观资源是基地内三条较大的山谷，营造天然的山谷景观。为了保护山谷，在设计时使道路和建筑避开山谷，让道路沿着山谷两边布置，建筑再沿着道路两边跌落式展开，把山谷的空间留出来。其内部不再设车行道，只设置一些供业主步行用的登山道，这样可以做到人车分流。利用原有的溪谷，打造潺潺流水的溪水山谷景观，使建筑和景观相得益彰。

本项目中环境景观是提高品质的重点，项目的景观设计与总体规划布局概念、建筑场景相结合，借鉴岭南园林的造园手法，创造尺度宜人，自由活泼，幽静深韵的人居环境，同时也与小区的整体建筑风格相协调。绿化设计以住区修建性详细规划为设计依据，采取注重生态效应、尽量利用本土植物并保留场地内现有生长良好的树种为原则，目的是创造宜居的环境。

集中绿地以植物造景为主，结合公共空间设置小型硬质场所以供人与人交流、儿童玩耍及人对植物、景物的观赏，营造一个和谐、自然的环境。结合视觉通廊可以远眺绿野广阔的中心园林绿地，运用微地形的变化，有效形成一条步行景观长廊，将景观视廊与休憩、晨运、交流的功能相融合，创造小区公共景观空间。

主要以开放式组团为规划模式。各住宅单元既有组团布局的特征，又围合而不封闭，整个小区内的空间具有流动性，并通过地形的变化、建筑的错位围合成半私密的多层次空间，每个局部可以以多种素材建立各自的主题。

宅前绿地尽量在住宅建筑之间设一些流动、舒畅的园路和健身步道供老人休闲散步、运动健身。针对会所、步行入口等重要或特殊位置的空间环境设计，着重场所的塑造，通过小品建筑、雕塑、铺地、植物配置等多种设计手法，使之成为环境中的精彩之处和视觉焦点。

植物配置尽量利用场地原有的树木，特别是基地内部的枫木作为场所的记忆。辅助以海南蒲桃、麻楝等经济、美观、易存活的常绿乔木树种为主；在人流、景观相对集中的地方可以放置桂花、黄槐等开花或气味芬芳的植物；灌木选择大红花等形美、易修剪、低养护的种类。主景树的位置比较重要，可选择木棉、大王椰子、鱼尾葵等观赏价值较高或遮阴效果良好的树种。

### （五）建筑布局设计

建筑布局主要采取分区布局，集中与分散有机结合的特点，原则是朝向好，景观面积最大。低层住宅沿着道路展开，两边布置，首层标高低于道路标高，采取“吊脚楼”形式；首层标高高于道路标高，采取“台阶上”形式，使建筑空间利用率最高，把低层住宅布置在海拔相对较高的地方且坡度较陡的地段，高层住宅布置在海拔相对较低的缓坡地段，这样既没有了高层建筑在高处盛气凌人的感觉且容易处理地下车库，又使低层住宅取得了比较好的景观视线。另外，在景观相对好的一些地方，布置一些面积比较大的低层住宅，特别是在较平坦的湖泊两边布置较大的低层住宅。

广东的商业业态与北京、上海的一个差别是，广东人偏爱投资街铺，而北京、上海等地以投资大商场内铺位为主。本规划在沿主要道路的周边都设计了沿街铺面，营造整体的商业气氛，又避免了对小区内部住宅的影响，延伸了小区休憩空间。商业配套的功能定位应以便民为宗旨，满足业主足不出社区便可以轻松解决生活基本问题，如洗衣、药店、便利店、各类维修服务、邮政服务等，同时积极引进酒楼、银行、证券等大型机构。

本规划设计地下室根据布局需要，考虑把地下室随住宅同期开发，半埋地下车库，上部形成多层次的庭园绿化空间。地下室顶板比规划路面标高提高1.2~1.5m，并留出相应的摩托车停放及非机动车停放空间，有效降低地库的造价。

建筑节能是建筑规划的重要内容，本设计对建筑的总平面布置，建筑平立剖面形式，太阳辐射、自然通风等气候参数对建筑能耗的影响进行分析，朝向的选择、建筑的体形都有利于节能的要求。在外墙材料、窗、管材等方面采用节能环保材料，设计构造上以深飘檐作遮阳，采用双屋面防止辐射热，以及户内花园、屋顶花园的应用也在建筑设计上体现了生态主题。

### （六）接地方式设计

山地建筑的接地方式根据地形特点以及建筑使用的需要可以采用掉层式、错叠式、错层式、跌落式以及错叠式（台阶式）等设计手法。掉层是指当山地地形高低悬殊，建筑内部的接地面积高差达到一层或一层以上时，就形成了掉层，在中国传统山地建筑中，掉层的手法也屡见不鲜；错叠式建筑设计时应注意视线干扰问题，因为这类建筑下层平台正处在上层平台的视线之下，有损于下层住户的私密性；错层是指在地形较陡的山地环境中，为了避免较多的土方工程量，人们往往会在同一建筑的内部形成不同标高的底面，这就形成了错层；跌落是指单元式建筑，顺坡势跌落，呈阶梯状的布置；错叠台阶式与跌落式相类似，也是由建筑单元组合而成的，通常建在单坡基地上，其主要特征是每住宅单元沿山坡重叠建造，下单元的屋顶成为上单元的平台①。

建筑的入口根据地形以及台地的特点分别设计为不同的形式，通过步行系统来进行连接。这些入口设置分为双侧分层入口、单侧分层入口、利用室外楼梯、踏步和天桥式等形式，前面三种在山地住区的住宅入口中较为常见。

### （七）护坡挡土墙设计

山地住区的建设无论是道路的开挖，还是建筑基地平整都会带来挖方的现象。因此，挡土墙的出现是不可避免的。在调研考查过程中我们看到的挡土墙都比较单调、生冷以及缺乏文化气息。在挡土墙的设计过程中，可以把其处理成人物故事壁画、知识宣传、自然山石造景、传统景墙等形式。

人物故事壁画可置于主干道两侧及中心绿地，把当地的传说，寓言故事以壁画形式展示给住户；住宅之间的道路两侧设计成宣传栏的形式，把挡土墙结合报刊阅读栏、广告海报栏以及各种宣传栏利用；在重要景点道路交叉口以及转弯死角位置设置自然山石堆景造景；艺术景墙形式用于宅间的装饰，改变挡土墙平直单调的形式，加设成花池。

### （八）土方平衡设计

本项目注重土方工程的设计，原则是“内部消化，防止土方过剩或不足”。在设计过程中采用 5m × 5m 的网格，标出原始标高、设计标高，求出挖方或填方的高度，粗略能得出每一方格的挖方或者填方的土方量，逐个计算，最终得出基地内总的挖方量以及总的填方量。挖方与填方总量基本相等是最理想的状态，同时还应该主要防止反复挖填，造成不必要的工程量，使建设的基础费用增多。

### （九）减灾防灾设计

本项目的防灾减灾设计主要遵循“以防为主，防治结合”原则，在规划设计之初，已经把给山地住区带来安全隐患的因素考虑进来，从一开始就加强这种防灾减灾的意识，可以说是防患于未然，有意识地去避开一些不利于住区安全的因素。保护好整个山地地貌，不做过多的开挖，道路坡度在基地内尽可能

① 万庆峰．重庆人民广场及建筑空间形态研究[D]．重庆：重庆大学，2005.

均匀，避免局部大挖方，挖方的土坎均做好挡土墙护坡处理。保持现有的湖泊水体，进一步加固堤坝以及重新设计泄洪口，发生洪涝时能及时排除。保留三条山谷，不在其上填土或者盖建筑物，作为山坡的回水沟，结合景观一起设计。雨水汇集采取分段、分级处理，由于山坡冲刷带泥土容易堵塞管道，因此采用明沟排水，汇水面积比平地的适当减少，使雨水能方便快速排走，不会对建筑以及场地造成灾害。

## 四、建筑设计内容

### （一）户型设计

户型设计注重高端住宅的实用性及品质感，巧妙有机地运用入户花园、空中庭院、双层花园、阳光房等概念。住宅平面均考虑了明厅、明厨、明厕，生活及服务阳台齐备，观景窗可考虑设计为飘窗、落地窗等，景观阳台不应阻挡室内观景效果。平面户型功能分区明确，交通流线合理。不同面积户型的厅、房、厨、卫的面积应随建筑面积的不同而改变，可适应不同户型消费者生活需要。

主要功能房间尽可能朝南，且有良好的景观、采光和通风。平面布局注重功能分区，厨房与服务阳台、佣人房及其卫生间要结合在一起组成服务区进行设计。部分户型考虑了设置储藏室或壁橱柜等储藏空间。

楼层电梯厅做到自然采光、通风。首层设置了入户大堂，设计时在尽可能提高使用率的同时，考虑与小区的整体格调相呼应，使其更尊贵、气派。电梯井道尽量远离主要房间，避免电梯噪声对房间使用产生影响。

本项目按详细规划，枫林度假村共有若干栋 17+1 层高的洋房（不含底层架空），若干栋 11+1 层高的洋房，若干栋低层住宅，一栋酒店公寓，还有会所及大型超市。根据用地特点和户室比要求进行多种方式的组合，单元户型均为一梯四户，其中低层住宅户型面积在 180~350 ㎡之间，低层住宅为两联拼、三联拼和四联拼等组合，其中 180 型为 180 ㎡左右，200 型为 200 ㎡左右、240 型为 240 ㎡左右、280 型为 280 ㎡左右、350 型为 350 ㎡左右，其中以 180 型和 200 型为主，其他大户型很少，主要放在景观较好的位置，满足不同消费者的需要。

住宅层高考虑当地村民的生活习惯，层高为 3.0m，如首层为商铺，层高为 4.5m。单元平面设计按住宅规范要求，客厅面积≥ 12 ㎡，主卧室≥ 10 ㎡，为此设计较大的厅、主卧开间，保证厅开间≥ 4m，主卧室开间大多≥ 3.5m，使起居厅采光充足、通风良好、视野开阔。入户设玄关空间，形成户内外良好过渡，使居住私密性得到保证。厨、卫分区设计，以减少干扰，并按住宅规范要求，厨房面积≥6㎡，同时设一工作阳台，并设集中的排烟道。公共卫生间和主卧卫生间均可自然通风采光，面积够大，满足住宅规范主卧卫生间面积≥3.5㎡、公共卫生间≥2.5㎡的普遍要求。设置专门的隔板放置空调机，并用铝合金百叶遮挡，不影响建筑外观。

### （二）外观设计

以现代风格为主，适当结合古典要素以及当地建筑材料，体现特有的高贵典雅的比例尺度，增加立面的尊贵感和凝重感。体现立面的独特个性，具有标志性视觉特征，强调立面细部的设计，如阳台栏杆、上下楼层立面衔接处的处理等。同时避免立面风格追求过于简洁，适当增加修饰元素和线条的变化。住宅拼接单元数多数不超过两个单元，立面色彩应明快，以浅色调为主，强调对比性。太阳能热水器、空调室外机等生活配套设施，在设计中已预先设计，预留位置，采取遮蔽措施，不影响山地景观。

结合本工程建设的工期和造价的要求，建筑整体造型富有古典韵味，色彩柔和明快，屋面采用瓦屋面、阳台、装饰线和外墙饰面砖的颜色变化，采用退台、门廊以及格栅架子等打破现代建筑“方盒子”的呆板形象。建筑色彩与当地的民居色彩基本保持一致，采用白色的外墙面和青灰色的瓦屋面。建筑材料的使用做到便于就地取材，使用当地红砂岩作为柱廊，当地青砖作为墙裙，当地的鹅卵石作为铺地。

# 第六章　山地公共建筑设计研究

## 第一节　山地公共建筑及其生态设计原则

### 一、公共建筑的概念及分类

#### （一）公共建筑的含义

公共建筑（public building）是人们进行集体社会活动的物质载体，它是一种兼具艺术性、技术性、政策性的建筑，在整个建筑类型大家庭中占据十分重要的地位。

《民用建筑设计通则》对公共建筑的释义是这样解释的：公共建筑即供人们进行各种公共活动的建筑。作为建筑的一种类型，公共建筑是人们进行社会活动时不可缺少的环境和场所。在城市建设中，公共建筑居于比较重要的地位。《中国土木建筑百科词典·建筑》中指出：公共建筑除解决好面向广大群众的活动和特殊要求的问题外，其建筑风格、规模、形体和美观必须符合城市总体规划，要起到丰富城市面貌、改善区域环境的作用。

#### （二）公共建筑的分类

公共建筑和居住建筑是民用建筑的两大功能分支。其中，宿舍建筑和住宅建筑共同组成居住建筑；而公共建筑的类型则更加丰富多样，包含了商业建筑、医疗建筑、教育建筑、办公建筑、文化建筑、科研建筑、交通建筑、体育建筑、司法建筑、园林建筑、纪念建筑、综合建筑。所有的民用建筑和工业建筑组成“建筑”这个大的集合。由于商住楼兼有公共建筑和居住建筑的特点，所以到目前为止它还尚未确定属于公共建筑还是居住建筑。图 6-1 所示为公共建筑与居住、民用、工业建筑的关系。

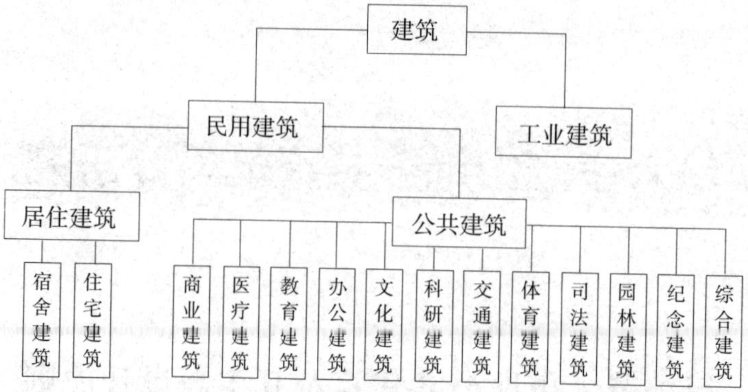


**图 6-1　公共建筑、居住建筑、民用建筑、工业建筑的关系**

1. 教育建筑

教育建筑包括托儿所、幼儿园、小学、中学、高等院校、职业学校、特殊教育学校等。

2. 办公建筑

办公建筑包括各级立法、司法、党委、政府办公楼；商务、企业、事业单位、社会团体、社区办公楼等科研建筑；实验楼、科研楼、设计楼等。

3. 文化建筑

文化建筑包括剧院、电影院、图书馆、博物馆、档案馆、文化馆、展览馆、音乐厅、礼堂等。

4. 商业建筑

商业建筑包括百货公司、超级市场、菜市场、旅馆、餐饮店、银行、邮局等。

5. 体育建筑

体育建筑包括体育场、体育馆、游泳馆、健身房等。

6. 医疗建筑

医疗建筑包括综合医院、专科医院、康复中心、急救中心、疗养院等。

7. 交通建筑

交通建筑包括汽车客运站、港口客运站、铁路客运站、空港航站楼、地铁站等。

8. 司法建筑

司法建筑包括法院、看守所、监狱等。

9. 纪念建筑

纪念建筑包括纪念碑、纪念馆、纪念塔、名人故居等。

10. 园林建筑

园林建筑包括动物园、植物园、游乐场、旅游景点建筑、城市建筑小品等。

11. 综合建筑

综合建筑包括多功能综合大楼、商住楼、商务中心等。

12. 科研建筑

科研建筑包括科学实验楼、检验楼、科研综合办公楼等。

## 二、山地公共建筑设计的生态原则

### （一）坚持建筑环境观的原则

建筑依附于环境又能创造环境，从生态学角度而言，建筑设计应该是一个主动适应环境，改造环境乃至塑造环境的有机过程，这里的“环境”不仅仅指地理上的环境，还应该包括气候、日照、水文、地域文化以及周围既有建筑等，因此，因地制宜利用环境，创造出地域性生态建筑是建筑环境观的首要任务①。

公共建筑作为一个开放的系统与其所在环境构成一个有机的整体，设计要追求最佳的环境效益。建筑在建造之初就是处在一定的自然环境、社会环境、经济环境之中，建成后即与相邻建筑、周围环境成为一个整体。因此，我们在进行公共建筑设计时不能将其与环境分离开来进行设计，而应当在满足功能要求、使用目的、使用性能的前提下，将其与所在区域、所处环境整体考虑，通过权衡比较，使设计效果达到最优。这种方法体现了建立人性化居住环境、尊重传统文化和地域文化的人文关怀，技术运用适当，充分利用各种资源，实现建筑与自然环境共生、建筑与社会环境共存的要求。

### （二）坚持地貌适应性和空间生态性的原则

相对于平原环境，山地建筑环境在地质、地貌、植被、水文以及微气候等多方面有着差异性，山地环境的生态敏感度更高，其环境一旦被破坏，恢复的代价将会是不可估量的，原生态植被体系更是无法完全恢复。那种盲目的建设只会增加造价，使山地自然属性丧失，所以前期必须对环境做好调研，在协调山地地形的前提下做好建筑布局②。

---

① 陈瑞芳，陈刚，谭志云，张笑．基于 GIS 的江苏省公共文化服务供给新模式研究 [J]. 现代城市研究，2016（6）:106-113.

② 张金海，王湘安，王亨，单玉坤，魏强，刘燕茹，孟范辉．河北联合大学图书馆主楼结构设计 [J]. 建筑结构，2016，46（3）:70-75.

由于山地地形的特殊性，山地建筑对于现代化技术的依赖性更甚于平地建筑，比如山地建筑交通组织上往往采用特殊的空间组织方式，如架空连廊和隧道等，其既是建筑内部的有机体，也是山地建筑及其群体之间的有机组成，形成了山地建筑特有的空间联系方式。另一方面，为了更好地保护地貌，可以把地貌设计成建筑的第五立面和有机部分，对于立面造型和空间形态有着不可替代的作用①。

### （三）坚持可持续发展的原则

可持续发展是指可持续的长久性发展。可持续性的要求是有利于保持基本的生态过程和生态系统平衡，能保证人类对自然资源的有效利用，是人与自然的协同发展。建筑行业的发展也要体现以人为本的理念，创造出与自然和谐共生、舒适健康、安全高效的建筑，并且要注意 4R 特性的实现（即 Reduce，减少各种建筑材料、资源和能源的使用；Renewable，推广可再生能源和材料的利用；Recycle，可回收材料和回收系统的使用、设置；Reuse，提高旧材料的重新使用率），合理配置资源，降低环境污染，实现建筑的健康化、可持续化。在公共建筑设计时，我们应充分结合风能、太阳能等可再生能源的利用，减少不可再生能源的消耗，以实现生态的可持续发展。不仅如此，我们还应该充分结合建筑的周边环境要素，如当地特色、自然环境资源、周围环境等，实现经济发展、社会发展以及生态环境的平衡。

### （四）坚持灵活多适的原则

为避免公共建筑过早废弃，使其能够得到再次利用，提高公共建筑利用效率，节省建造新建筑所需的重复建设费用及资源的消耗，在设计中要灵活采用适应性设计策略包括适应性改变、长寿多适概念、灵活性设计概念和合理废弃概念。以自然环境为依托，将社会与环境的协调发展作为基点，采用适应多变的设计策略，提高公共建筑设计的可实现性。

### （五）高效绿色的原则

此原则可从两个方面进行理解。第一方面是减少对物质资源的消耗，通过对新材料、新结构的应用以及建筑体系的选择，降低建筑对资源、能量的消耗，提高资源利用效率，进行合理设计，提倡能源的重复循环使用，提高资源和能源的使用效率；第二方面是无污染，避免选用含有危害人类身体健康的建筑材料，实现建筑材料的无害化，提高材料的重复使用、循环使用率，减少浪

① 周恺，吕俊杰．“以学生为本”的新型图书馆——天津大学新校区图书馆 [J]. 建筑学报，2016（10）:44-45.

费，提高材料的利用效率。具体做法为实现建筑材料无害化、加强建筑材料重复循环使用、并对建筑实施及运营过程中排出的废物垃圾进行回收利用的无害化处理，体现了降低能源消耗与开发利用新的可再生能源的绿色化要求，从而实现舒适健康的室内外环境。

# 第二节　山地公共建筑通用的设计理论

## 一、山地公共建筑设计的基本需求

### （一）山地公共建筑的空间需求

建筑设计的核心内容是功能，由于公共建筑的公共性特质，其与其他类型的建筑在使用者的活动形式、人流的集散方式、空间容量等方面有着很大的差别，而这样的差别就反映在对公共建筑的功能要求上面。所以，在公共建筑的空间组织方式设计上，需要根据这些差别进行深入的分析与个性化处理。并且，由于公共建筑的类型多样，不同的公共建筑对功能的要求也不尽相同。

1. 建筑平面布局形式及设计风格

公共建筑的平面布局方式众多，总体布局的方式自由度很大，根据地形的结合方式，大致可以分为平行于等高线型、与等高线斜交型、垂直于等高线型以及混合布置型。在具体的工程施工过程中，建筑的布局在适应地形、功能分区合理的基础上，根据地形的变化对建筑基础及周围的道路进行灵活设置，将不同标高的平台通过踏步、坡道等组织起伏变化的空间。针对山地类别的建筑布局，要注意建筑天际线与山体高低错落的呼应，同时要配合山间林冠线进行疏密有致的处理，从而更加突出体现建筑个性。

2. 建筑外部空间划分与功能界定

虽然公共空间的种类多种多样，但是都是由主要空间、次要空间（辅助空间）、通行空间三部分组成的。小到单体建筑，大到组团建筑都不例外，所以在方案设计时要充分了解这三部分的性质与关系，在复杂多变的组合形式当中找寻规律。有些公共建筑的空间划分是十分清晰的，尤其是在空间组织中有着较多重复单元并联的小型建筑，比如宾馆、学校。在学校建筑中，各类教室、实验室、办公室、会议室很明显是主要空间，储藏室、卫生间是次要空间，门厅、走道、楼梯等是通行空间。而在相当一部分的公共建筑中，空间的界限就没那么清晰，多存在于空间组织为串联方式或串联、并联、集中等多种组织方式综合运用的建筑。比如，餐饮建筑中为顾客服务的用餐区域为主要空间，厨房等备餐区域为次要空间，但是在主要空间与次要空间之间，或者主要空间内部、次要空间内部，往往穿插着走道、前厅等通行空间，或者某一空间的性质特征不明显，无法单纯地将其定义为主要空间、次要空间还是通行空间。所以在进行案例分析或者方案设计时，要灵活运用这个理论，着眼于大局，抓住三大空间的联系与组织，才能有条不紊地将设计思路推进下去，利用各方面条件积极主动解决设计中的矛盾。

3. 建筑室内空间组合及序列节奏

一个功能齐备的公共建筑必然有很多个大大小小的空间组成，而这些空间相互之间势必都会产生组织联系。各个房间或区域以怎样的形式穿插组合起来，这就是空间的组织方式。这种组合方式在具体实践当中的变化是十分复杂多变的，很难将他们进行简单分类。但是无论怎样变化都是围绕功能联系的特点，所以能够对它们大致进行概括。

（1）水平方向的空间组合方式。无论是单层、多层还是高层的公共建筑，水平方向的空间组织都是最基础的形式。相较于居住建筑而言，公共建筑在水平方向上的空间组合形式更加多样，组合方式更为复杂。但是基本方式有以下几种。

第一，并联型组合方式。并联型组合方式各空间之间没有直接的联系，而是利用通行空间（走廊）将它们组合起来，分为内廊型和外廊型。

内廊型布局的走廊在中间连接两侧的空间。这种形式布局经济，体形系数最小，平面使用率高。但是有一半的房间受太阳直射的情况比较严重，而另一方向朝向不好，所以往往把次要空间或楼梯间放置在这一侧。而且内廊型的布局形式开间距离有限，通风空间小，走廊较暗，需要补光措施，走廊内噪声干扰大。

外廊型布局的走廊位于单侧联系房间。这种形式中所有的使用房间几乎都能有良好的朝向，采光和自然通风好，适合南方炎热地区。但是存在布局不经济，通行空间面积偏大的问题。其中外廊式布局还包括开敞式外廊和封闭式外廊。封闭式外廊走廊被封闭，避免阳光直射墙体，但是需要较大面积开窗满足走廊采光，这样的话房间内会受到走廊噪声的影响。开敞式外廊房间受走廊噪声影响较小，但体形系数相较封闭式会更大，且光辐射直接照射教室墙体。选用不同类型的并联式布局，空间内的能耗也会有区别。

采用并联型组合方式的学校建筑、行政办公建筑、医疗建筑、宾馆建筑等房间面积不太大，是使用性质相同的，房间数量较多的公共建筑。

第二，穿套型组合方式。穿套型组合方式各空间内部存在着联系紧密的功能要求，是将它们直接衔接在一起的组合方式，分为串联型、灵活分隔型和柱网分隔型。

串联型各空间相互通串、首尾相接。此种方式简单明确、方向单一。各空间联系紧密、空间布局比较经济、交通联系方便。但存在人流动线不灵活，不利于通风和疏散的缺点。经常出现在博物馆、美术馆等需要展览陈列功能的建筑。

灵活分隔型将一个完整的大空间，以灵活自由的方式分隔开来，各空间没有明确界限，相互贯穿，失去独立性。这种形式适合对空间独立性要求不强的建筑或过渡空间。

柱网分隔型则是利用建筑本身的柱网分隔空间，由于建筑柱网排列整齐规律，所以利于动线组织。在大型购物建筑、生产性建筑、开敞式办公空间等区域，我们经常能看到这样的空间分隔形式。

穿套型的组合方式有其自身特点，它的空间布局往往是线型串联的，各个相连的空间可以是相同类型的，也可以是不同类型的，对于功能、大小、性质没有要求，布局自由灵活。而且穿套型空间的其中某一点为一个中心区域，其他各空间都围绕这一区域来布置。如果合理布置此种类型的空间，还可以形成闭环为一个单独的室外庭院。

陕西省博物馆采用的就是穿套型组合方式中串联的形式。按照功能要求将博物馆分为前后两个部分，前部分为向观众开放的区域，后部分为工作人员工作和收藏文物的区域。“前区”包含基本陈列、专题陈列和临时陈列，为了使人流动线活而不乱，将所有公共开放设施围绕中庭布置，以空廊相连接。进入陈列区的三个入口分设在庭院北面，从南大门入馆后可以通过庭院或者走廊进入三个入口的其中一个，灵活性比较大。序厅和两侧的休息厅作为小型的交通枢纽，也给观众提供了选择路线的空间。东南角楼和西南角楼分别为观众提供影音服务和购物、餐饮服务。所有设施围绕庭院进行布置，空间按照串联式的方式连接起来。观众进入后不走回头路，整个建筑虽然体量庞大、内容丰富，但是流动性强、井然有序，这就是串联型组合方式最大的优点。现在所有的美术馆、陈列馆不论体量大小，在整体或展区局部基本都采用这样的方式。

第三，放射型（集中型）组合方式。放射型的和集中型的空间组合方式以大厅等大型空间为中心，呈辐射状与其他空间联系。这种方式主从关系明确，向心性突出，各部分使用空间独立性强且与主体空间联系紧密，主体空间动线简短利于疏散，但是各使用空间内部动线相互交叉不明确，容易造成干扰。所以它较适合机场、火车站、汽车站、图书馆、体育馆等人流较大，对疏散要求高的建筑。

北京人艺的剧场采用的就是放射型的空间组织方式。剧场占地至少 6000 ㎡，面宽 116m，进深 42m，内含演出、排练、办公的场所。整个建筑呈中轴对称的布局，中心处空间最大，为剧院大厅和演出舞台，将附属的交通空间、办公空间、演员休息处等区域放置在建筑两侧。二楼设置了看台，一、二层看台都能得到良好的观看视野，三层则为音乐厅及后台连接处。采用集中型的组合方式，主从关系突出，将主舞台、大厅与其他排练、办公等附属建筑区分开来，并且流线明确、动线短，能够满足较大的人流快速疏散的要求。进入此建筑的观众仅从空间布局就能够快速找到中心舞台，向心性极强。

基本上来说，这种组合方式有三种形式，如表 6-1 所列举。

表 6-1　放射型（集中型）布局的三种形式

| 类型名称 | 类型内容 | 类型图示 |
|---|---|---|
| 线式臂相同 | 线式臂的使用方式、尺寸保持较大的雷同性，整体空间给人规整、稳定的感受。由于各分属空间的相同，此种形式的向心性在放射型（集中型）布局中是最强的 | 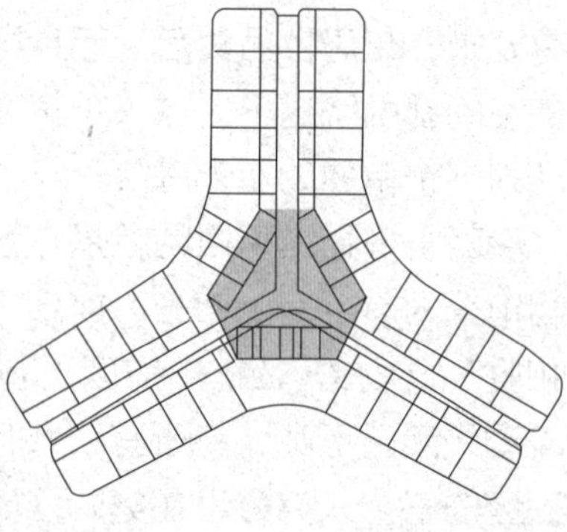 |
| 线式臂相互垂直 | 线式臂的使用方式、尺寸均有较大差别，并且以垂直的方式相互存在、连接。建筑整体平面给人扩张、延伸的运动感 | 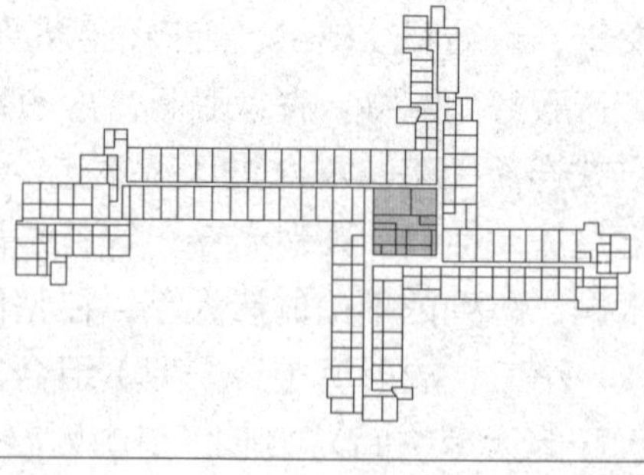 |

续　表

| 类型名称 | 类型内容 | 类型图示 |
| --- | --- | --- |
| 线式臂互异 | 线式臂的使用方式、尺寸均有较大差别，并且各个分属空间的组合方式没有特殊的规律，可以依照基地情况或其他因素进行调节，灵活性比较大 | 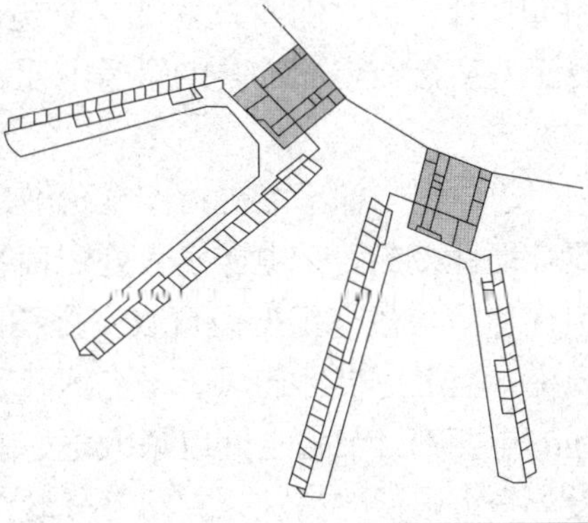 |

第四，单元型组合方式。单元型是多个类似或相同的房间共同组成的建筑集合。与走廊型的不同点在于，走廊型一般指单体建筑而单元型指建筑群落，走廊型各个类似空间为某一空间区域、关系紧密，而单元型多指单独的建筑，关系松散。这种形式多出现于建筑容积率较低的度假村、疗养院，各单体建筑内部类似，彼此之间有松散的联系。

印度新德里国立免疫学研究所专家住宅被安放在坡地上。第一组是高级科学家和教授住宅，由四角进入庭院，是三组建筑的公共空间和社交中心；第二组是高级职员住宅；第三组是研究职员住宅。三个组团呈相对独立的状态，但在视觉和交通上相联系。采用单元式的布局使三个建筑之间既有联系，又保持相对的独立性，互相之间的干扰较小。

（2）垂直方向的空间组合方式。与单层水平方向的空间布置相比，多层垂直方向的空间布置更为复杂，各层之间的独立性更强。尤其建筑密度与城市用地之间的矛盾日益尖锐，高层建筑逐渐成为当今建筑的主流。与低层公共建筑相比，高层公共建筑在垂直方向上有了更大的延伸，垂直方向的空间组织似乎成为整个建筑空间布局的关键。

垂直方向上的空间布置要依赖于楼梯、坡道、电梯等设施来实现。楼梯是最常见、最基本的形式，并且承担着垂直方向安全疏散的重要责任，是任何多层以上建筑都需要的重要部分。由于经济的原因（坡道的面积通常为楼梯的四倍），坡道不经常使用，它往往出现在一些特殊情况，比如对安全疏散要求高的地方，或者无障碍设施当中。还有一些精神层次突出的建筑也常设置坡道，比如博物馆、美术馆，坡道的设置能够产生特殊的美学现象。一般来说坡度为

8%~15%，人员较集中的地方为10%~12%，在使用时要考虑防滑设计。当公共建筑层数较多时，电梯的设置就必不可少了。电梯的形式主要有厢式电梯和自动扶梯，当然随着技术的进步也出现了一些不需要机房、井道的新型电梯，甚至有直接在墙面安装的轨道电梯。但是无论何种类型的电梯都要满足以下基本要求：

①由于电梯不能进行安全疏散，所以在设置时要严格按照防火防灾要求配置辅助性楼梯。②电梯出入处要预留一定面积的通行空间，以免造成拥堵。③电梯尽量与楼梯相近设置或安排在同一井筒内，以便相互协调。④一般来说，电梯不需考虑自然通风、采光的问题，可以将其布置在朝向不佳的位置，给其他的重要部分节省空间以争取更好的朝向。⑤对于面积较大的公共建筑，需要设置多组电梯的情况，宜将其分散布置来缩短人流动线的长度，便于使用。

总的来说，垂直方向上的分层布局应该将与外界联系紧密的、性质开放的空间布置在下，将独立性强、对噪声要求高的空间放置在上。实现在垂直方向上由闹到静、由开放到独立的渐变。并且，相同功能的空间或功能联系较大的多个空间要尽量布置在相邻的层面上。垂直方向的空间组织要与水平方向的组织协同设计，以达到取长补短的最优化处理。

（3）通行空间的合理布置。通常我们把建筑的出入口、门厅、过厅、走廊、楼电梯等以通行为主要功能的空间称为“通行空间”。空间的组织是否合理很大程度上决定了一个建筑是否能够满足功能要求，而无论是在水平方向还是垂直方向，通行空间都是公共建筑空间组织的核心问题。

从方向的角度看，可以把通行空间分为水平通行空间（走廊、过厅等）和垂直通行空间（楼、电梯等）；从功能的角度则可以将它分为三类。

①只有通行功能的空间，比如宽度较窄的过道、走廊、电梯，尤其是公共空间中的安全通道不允许拜访其他设施，完全是为了疏散而存在的。

②除了通行与联系其他空间的功能，还具有其他功能的过道、走廊。比如幼儿园等教育建筑的过厅，不仅能满足通行功能还能当作临时活动场地使用，这类通行空间需要具备一定的面积。

③具有多种综合功能的通行空间。比如建筑的门厅，既可以把它看作是通行空间，又可以把它看作一个单独的使用空间，能够同时满足通行、等候、集散、分流等多种功能。再比如展厅空间，既有展览功能，又有通行功能，所以在研究空间组织布局时要灵活分析。

在通行空间的设置上需要注意一些问题。比如建筑入口室内外交接门厅处，要预留足够的空间，否则就会给人高差过渡局促的感受，容易造成人流堆积的情况，影响步行的安全。再如隔层空间衔接不流畅，部分流线过长或过于曲折，这种情况造成的后果最严重地体现在商业空间当中。

比如重庆较为著名的煌华新纪元购物广场，建造在山地上，连接地面的有一层与负一层。一层位于建筑东向、负一层位于南向，南向外界为本区域最繁华的三峡广场中心区，所以长久以来绝大多数客流都从此入口出入，但是在设计之初将东向入口作为主入口，所以扶梯紧邻一层东向入口。顾客不得不穿过整个建筑到达自动扶梯，虽然直梯能够分担一些客流，但运量远远不够，导致整个建筑的动线不合理，严重影响二层及以上建筑的可达性。主入口选取不当是整个建筑方案设计中非常严重的问题。对于大多数建筑，主入口往往都设置在一层，但是由于山地建筑的特殊性，建筑可能存在多个接地面，所以对于主入口的设置有更多选择。决定主入口的因素有很多，对外交通主干道是决定性因素，除此之外还有高差与接地方式因素、前导空间因素等，应该综合这些因素进行考虑。

公共建筑当中的通行空间，应该布置合理、清晰直接，不宜曲折多变。通行空间是调试、联系各使用空间的“润滑剂”，应该把它作为公共建筑空间组织布局的重点来看待。

### （二）山地公共建筑的美学需求

20 世纪 40~50 年代是建筑界的分水岭，在此之前，传统的建筑形式占据建筑设计的主流，从那以后现代风格的建筑逐渐成为主导。与此同时，建筑师、设计师乃至普通大众都为这种巨大的转折而欢呼雀跃，因为人们终于可以随心所欲地将建筑的功能、结构、构件暴露在外面而不做任何装饰了。我们以满足使用功能的、外观极度简洁的建筑来庆祝建筑史上这一里程碑式的进展。然而，当功能主义的建筑即将称霸建筑界时，人们渐渐发现在很多方面它们并不适用，甚至引起了恐慌。

1951 年在圣·路易斯城建成的普鲁特 – 伊戈街区仅在使用了 20 年后便不得不被炸毁。标准化、简洁化、不考虑人性、不做任何装饰的建筑使生活在其中的人们发生了心理上的变化，犯罪率滋生使街区居住环境日益恶化。经过了数十年的探索后，我们逐渐意识到建筑除了需要满足功能要求外，还需要满足人精神上美学要求。所有的建筑与其他艺术形式一样都具有形式美的规律，形式美是普遍性、永恒性、必然性的，并且表现在不同类型的建筑上却有不同的表现形式。

1. 适应性比例与亲人尺度

（1）适应性比例。建筑的“比例”与“尺度”是两个同源但略有不同的概念。比例是指空间各要素之间存在的数学关系，具有绝对性。根据研究发现，早在古埃及时期就有了比例理论的萌芽，古希腊数学家毕达哥拉斯（Pythagoras）总结了黄金分割理论，对当今建筑界还有深远影响。包括著名的建筑师勒·柯布西耶在他的作品《走向新建筑》中也表现出他对建筑比例的执念，他的比例观是基于数学计算得出的，他认为只要做到数学层面上的黄金比例就可以达到完美比例。他认为建筑艺术的本质应该是几何关系和正确的比例系统，这一点正是继承了古典建筑的精髓。基于这种思想他发展了文艺复兴时期的规线理论，并创造了自己的模矩理论[①]。

随着时代的发展，比例理论不拘泥于标准的数学公式了。从单一形状来说，其比例无所谓美丑，并非只有“黄金比”才是美，1:1 的方形、1:n 的长方形均可以形成美好的形式。对于建筑形式，互相之间的对比产生的比例恰恰是形成美丑的重要原因。因此，推敲相互间组合形成的关系应该更为重要。单一比例并不是形成美丑的原因，组合产生的对比才是形成美丑的重要原因。诚然，与夸张的、丰富的、哗众取宠的形式相比，隐忍的、更多依赖于比例控制的简洁形式面对社会公众时更容易被忽视。

然而，经历一段时间的喧嚣之后，那些哗众取宠的形式将逐渐显露原形，而那些内力深厚的、看似“无物”的形式却能让人逐渐感悟到其中之美，历久弥新。比例控制只是建筑设计“十八般武艺”的其中一种，但或许也是相对来说最难于把握的一种。当然，也有一些设计师避开“比例”，或干脆将“比例”消解，通过其他的手法来达到建筑形式的丰富性。即便如此，我们仍然认为控制“比例”的功力是作品能否成为经典的重要因素之一。

弗兰克·盖里（Frank Owen Gehry）的建筑一直是复杂得让人摸不着头脑，除了少量规则墙面上的窗洞外，大部分时候比例都是处于被忽视的状态。而对于形式简洁的建筑，“比例”甚至成为唯一的表现元素，这时候“比例”就成为至关重要的内容。所以，只有对这个因素具有绝对把控力的建筑师才敢于将诸多的表现元素统统抛弃，而将建筑设计得无比简洁，仅以“比例”形成建筑最为重要的表达媒介。

（2）宜人尺度。尺度分为功能尺度和心理尺度。功能尺度更多地倾向于建筑的使用功能，即当前建筑尺度能否满足使用功能，它的参照物为周围的环境，比如地形地貌、植物动物、其他建筑或设施。在实际设计中，我们除了研究空间本身的环境外，还需融合人的主观感受，具有主观性与客观性。比例毫

① 李俊霞．建筑的比例和尺度[D]．南京：东南大学，2004.

无疑问是建筑很重要的一部分，但是设计师在设计时不能够为了比例而比例，而应该更多将人作为主体，进行尺度的反复探究。究其根本，真正对设计具有价值的比例研究不是绝对值而是相对值。

建筑物的尺度可以分为自然的尺度、亲切的尺度、超人的尺度①。自然的尺度常被用作居住建筑中，在公共建筑当中可以用来表现常规的场所，比如办公空间、科研建筑、宾馆、医院等这些与人的生活和工作息息相关的场所。由于它与人密切相关的特点，需要以人为尺度，利用人机工程学使人感到舒适和安全。亲切的尺度在公共建筑中出现的频率相当高，常常出现在园林建筑、文化建筑等需要宜人、亲切的场所当中。这类建筑拥有一定程度的尺度感，但是又不突兀，在设计时高度与密度不宜过大。超人的尺度则常常被用来表现宏大、壮观的场景，比如纪念性场所或宗教类场所，这类空间只有通过超人尺度才能达到崇高、肃穆等效果。并且这种建筑除了建筑本体的尺度大，建筑周围还需要预留较大的空间，周围建筑的尺度宜小不宜大，建筑与建筑之间的关系不能过于密集，通过周围低密度的建筑和大空间的场所烘托才能起到足够的艺术效果。

2. 和谐性统一与多维对比

一个建筑作品如果缺乏统一就会杂乱无章，如果缺乏对比就会索然无趣。统一和对比看似是相斥的，但是如果将两者合理应用到建筑设计当中，就能够出现有机统一的效果。在统一中求变化，在变化中求统一，既相互区别，又存在内部联系。公共建筑由于空间繁杂、体量较大，在处理整体与局部的关系的问题上显得更加复杂。

（1）和谐性统一。总的来说统一就是在不同部位，通过不同形式的呼应、重复来达到和谐的作用。公共建筑统一设计元素的方法有很多，比如常用的“加法统一法”和“减法统一法”。加法指的是以离心的方式在逻辑上从内向外组织空间，减法则是以向心的方式从外向内组织空间。比如阿尔托的作品珊纳特赛罗市政中心（Saynatsalo Town Hall）就采用了加法的空间统一方式，他以方形为建筑母题，围绕内院进行空间组织，方形的总平面内套着方形的内院，东边又含着方形的会议室，整个布局犹如扩建出来的古建筑群体，相当和谐。而在马赛公寓（Marseilles Unite Habitation）的设计中，柯布西耶则采用了减法的统一方式，他将着眼点放在建筑物与外部环境平衡的角度，只是将简单的重复单元放置于大环境中，自外向内进行布局。加法是从局部开始进行外部空间秩序的设计，减法则是从建筑整体入手细分局部秩序的过程。

---

① 哈姆林．建筑形式美的原则[M]．邹德侬，译．北京：中国建筑工业出版社，1982：86．

常用的还有模数统一法，丹下健三在对尼泊尔蓝毗尼园（Lumbini）进行规划时就采用了这样手法。在公共建筑设计时，在满足现有施工模数要求的前提下，宜根据实际情况进行模数的统一性设计。

（2）多维对比。对比就是在均质环境中引入异质的因素来激活环境，来打破均质环境给人带来的沉闷与稳定感。法国新古典主义建筑倡导者勒杜（Claude-Nicolas Ledoux）认为建筑中的对比是最重要的美学原则，他说因为对比能带来真正美的感受，其重要性甚至要胜过构图原理[①]。在建筑外观的处理上，他强调水平与垂直，用装饰丰富的柱廊、圆柱体、正方体、圆形、三角形与平整的墙面进行对比，使作品风格显得独树一帜。

公共建筑设计中的对比常常采用三种形式，即微差、变异和夸张，对比程度依次加强。微差是通过细微的变化，比如材料的转换、空间的细微差别来丰富建筑的对比手法，是常用的对比手法中最温和的。由于这种方式的变化性较小、适用性强使得它的应用范围特别广泛，既可以用在秩序性强的公共建筑物中，也可用在活泼、外放的公共建筑中。变异处于微差和夸张之间，比夸张的方式含蓄，又比微差效果更加显著。夸张则是以现有条件为基础，抓住某些特点进行夸大和强调，从而既新鲜奇特又不脱离实际。这种夸张的手法常常被用在街区标志建筑物上、单个建筑物的重要部分（门口、结构连接处），尤其在现代大体量高层标志建筑物中常常出现。比如连接伦敦皇家芭蕾舞学院与皇家歌剧院的步行桥被誉为“渴望之桥”，威尔金森建筑事务所（Wilkinson Eyre Architects）利用 23 个轻量的铝合金方框作为骨架，骨架与骨架之间存在 4° 的角度差异，桥梁两端前后差了 90° 。桥身非常轻盈、巧妙且预算低。建筑师将其处理得极为夸张，超越了常规天桥的概念，铝合金骨架之间的玻璃与 LED 等使得它无论在白天还是晚上都显得流光溢彩，成为当地非常具有标志性的建筑物。

位于意大利北部科莫市的法西斯宫（Casa del Fascio）是意大利理性主义建筑师朱塞佩·特拉尼（Giuseppe Terragni）最著名的代表作。在建筑的立面设计上，他将对比与统一贯彻得淋漓尽致。他将建筑的四个立面，即西南、东南、西北、东北四个立面处理成为“虚”与“实”的对比。我们选取其中的西北立面为例进行分析。通过建筑实体与走廊外框架将西北立面在横向上分为三段：实（实体）、虚（框架）、实（实体）。中间部分三个开间，一至三层的窗，下 1/4 设计成玻璃砖，与上 3/4 一齐，整个开间和层高给人以

① 陈镌，莫天伟．建筑细部设计[M]．上海：同济大学出版社，2008：153.

虚空的感受。连同中间部分于四层的挖空，整个中间部分被定义为三段之一的“虚”。左部分两个开间，每层窗的下边缘，与下一层窗的上边缘之间，保留了一段实体，区别于中间部分只保留了一根楼板线的宽度，形成了“实”。同理，左部分两个开间，最上窗的上边缘，低于中间部分最上弦的下边缘，形成左“实”中的“虚”。左部分左开间的四个高瘦矩形窗的左边缘，与最外边缘之间，保留了实体。左开间的四个扁长矩形窗的下边缘，与下一个窗的上边缘之间，保留了实体；右部分右开间的四个高瘦矩形窗的左边缘，与右部分左开间扁长矩形窗的右边缘之间，保留了实体。通过窗边缘之间保留实体，形成了实一虚一实“三段式”的对比关系。

即使科莫法西斯宫的立面有相当多的对比关系，但整体来说是统一在一个大框架中的。这个大框架是指立面暗含了贯穿左、中、右的网格，每个窗的各个边缘，只要与网格线重合，即是参与大框架的营造。

3. 连续性节奏与动态韵律

节奏与韵律本是音乐词汇，而在建筑设计中则特指同一视觉要素连续重复而产生的运动感，是连续重复的形象组成有起有落的效果。节奏与韵律在建筑设计中时常出现，建筑中一排排大大小小的窗户，一列列的柱子是节奏与韵律，空间组织的开阔与紧缩也是节奏与韵律。公共建筑与其他建筑相比，更加需要控制好节奏与韵律。建筑师进行建筑设计犹如音乐家创作音乐，如何利用建筑元素谱写出优美的乐章是一个融合了技术性与艺术性的综合问题。

（1）造型的节奏与韵律。造型的节奏与韵律是通过点、线、面的组合与排布实现的。比如直线给人刚劲、强调的感受，曲线给人柔美、自由的感受，折线则是尖锐、生硬的，而类似线条的不同表现也会给人不同的感受，波浪线与螺旋线都是曲线，但一个是温柔的，一个却是激进的。封闭线条形成块面形状，不同的封闭面也有不同的性格，矩形低调而稳定均衡，正方形围合规整，菱形轻巧多变给人摩登的感觉，三角形坚定稳重且富有变化，圆形规范而完满，具有周而复始的意味，椭圆形完满之中又显舒展，卵形舒展之中又显灵巧①。当然造型的节奏与韵律不仅仅通过形状来表现，还可以通过色彩、明暗，甚至材质来表现。不同的造型元素处于不同位置，形成规律的对比效果时，节奏与韵律就出来了。

（2）空间序列的节奏与韵律。空间序列的组合就像音乐谱曲，或舒缓轻柔，或高亢激扬，但是必然有一个绝对的高潮点，没有这个点就会显得索然无

① 于培杰．造型艺术节奏论略 [J]. 昌潍师专学报，2001（1）：107-115.

味，没有生气。所以，就需要空间组织具有节奏与韵律，有起有伏、有升有落。较小较低的次要空间有收缩、低沉感，较开阔的主要空间则有开放、扩张感，在空间组织要有收有放。只收不放会使人感到压抑、沉闷，只放不收可能使人感到松散或空旷。收和放是相辅相成的，没有极度的收束，哪怕主体空间再大，也不足以形成高潮[①]。公共建筑空间的节奏与韵律可以是多种形式的，以下列举了表 6-2 中的几个常用的方式：

表 6-2　调整公共空间节奏与韵律的常用方式

| 常用方式 | 图示 |
| --- | --- |
| 通过对次要空间的收缩、压低来衬托主要空间，使之成为高潮 | 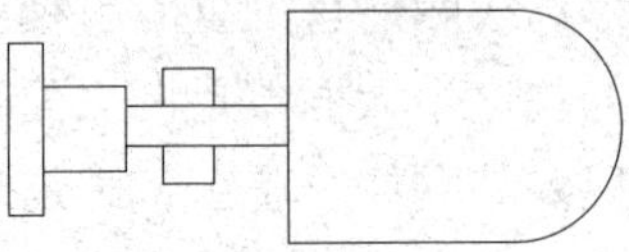 |
| 类似元素的重复再现，形成从小到大或从大到小的递进节奏与韵律 | 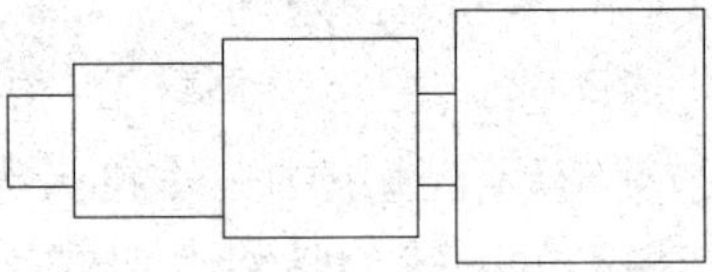 |
| 采用一系列强有力的元素，形成平缓蜿蜒的效果，强弱对比不甚明显。 | 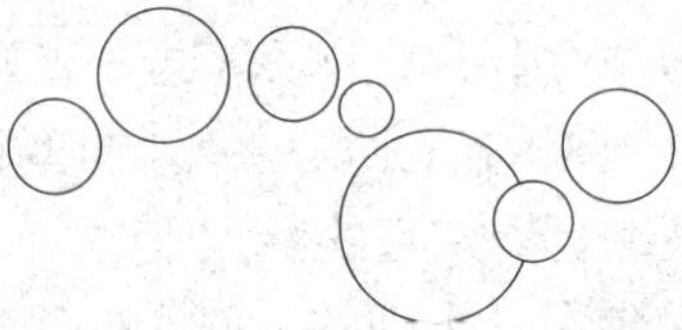 |

高潮后的过渡空间是整个空间序列终结的标志，要对高潮进行深化和巩固，引发精神与情绪升华。终结阶段做好情感上良好的回顾，有利于高潮的追思和联想，使人对整个序列回味无穷。

4. 层级性色彩与过渡材质

建筑色彩无疑是在建筑造型要素中最敏感且表现力丰富的要素，色彩在给人心理刺激的同时还具有激发人联想的功能。色彩能够给人冷暖感、远近感、软硬感、轻重感、涨缩感。这种多感官的特质，让色彩的运用在建筑外观营造中显得尤为重要。建筑可以通过色彩的变化，来感知形状、体积、温度、距离

① 刘辉．建筑外部空间的序列与节奏 [J]. 天津城市建设学院学报，1997（3）：69-73.

上的感觉变化。同时，色彩在建筑内部也能通过对空间感知影响的“心理效应”来控制节奏。设计师可以通过色彩的调和和对比来进行空间主次的分隔、动静的分隔，带给人视觉和心理秩序的美感。

建筑的空间色彩与建筑所采用的材质密不可分，色彩通过材质得以实现，同时材质的质地粗细、坚硬程度、光泽与透明度、冷暖感与弹性肌理，都能影响空间感受。空间的质地能够传递除了视觉感受以外的触觉信息，让人有多一个维度去认识空间。

### （三）山地公共建筑的文化需求

建筑是一个时代的纪念碑，是一个时代文化、艺术、政治、经济的缩影，建筑是有着精神与文化特征的场所。人类以对自然的不同认识，在不同的文化背景下，按着物质和精神的不同需求，创造了不同的建筑，因而建筑就被赋予了相应的文化特征。由于公共建筑的公共性与开放性，对文化的接收与传承度更高，在进行设计时需要充分进行考虑到这个因素。

1. 公众参与性

公共建筑是公众行使使用权利的场所，它区别于其他建筑的特点就是开放性与公众性。所以，公共建筑需要最大限度上满足使用者的使用自由，并且满足各个阶层使用者的需求。古代有很多现在建筑的雏形，但是他们不能够被称为公共建筑，因为不具备公众性。比如古希腊时期的展览馆只对君主、贵族开放，普通大众是无法进入其中参观的，所以即使这样的建筑与当代艺术馆在功能上相差无几，但在本质上与公共建筑无关，艺术馆成为真正意义上的公共建筑是二十世纪以后的事情。

公共建筑要满足公众性要求，首先需要在场地规划上给予使用者足够的空间。以通透、开阔的空间感受来让使用者能够自由地徜徉其中。其次，公共建筑还要注重公平性，提供给所有阶级的社会成员公平、完整的使用权利，当然这需要政府部门宏观调配来实现。每一个社会成员都享有自由使用公共建筑的权利，享有被建筑师和设计师尊重的权利。公共建筑不是少数上层人群的活动场所，而是普通大众进行公众活动的场所。所以在进行公众建筑方案设计的时候，最重要的是要树立“服务公众”这一理念。面向大众对其进行深入研究，尊重各个阶级的社会成员，将使用者的使用权利放在首要条件，优先考虑公众的利益。

当代日本艺术家草间弥生在对昆士兰现代美术馆进行设计时，希望将其做成一个所有公众都能亲密接触的场所。其中，有一个名为“消逝屋”（The Obliteration Room）的装置，整个房间内全部呈白色，白色的地板、白色的墙面、白色的桌子、白色的钢琴，犹如一个等待着使用者去涂鸦书写的巨大画布。每个进入这个装置的使用者都被发放了各种颜色的圆形贴纸，他们可以随心所欲地在里面进行创作，为这个白色画布赋予颜色。经过一段时间的使用后，这个装置被改造为一个极具活力和视觉冲击力的五彩斑斓空间，这是每一位使用者共同参与的结果。

2. 地域特色性

建筑总是需要一定地域场所来承托，地域气候与地方文化的结合被称为建筑的地域性。世界上是没有抽象的建筑的，只有具体的、地区的建筑①。其实，建筑应该是一个地方风土民情的集中反映，它应该像“乡音”一般，具有浓厚且深远的影响，它深深根植于当地的土壤，就如从土里生长出来一般。从广义上来说，建筑的地域性指气候、地理条件、历史文化、空间肌理等诸多具有当地特点的因素对建筑的影响。比如，我国幅员辽阔，北方寒冷地区的建筑与南方炎热地区的建筑千差万别，甚至同属一个地区，山区与平原的建筑、内陆与沿海的建筑也是不相同的。如果从狭义上来讲，地域性则主要指建筑所在场地的地理条件对建筑的影响。但是无论是广义还是狭义，建筑都要本着顺应当前情况的原则，需要与周围环境相融，尊重历史、尊重文化。从建筑布局、建筑尺度、建筑风格文化、建筑材料选择等多角度上贴合地域性。由于地域性的表现在公共建筑上会被放大与发酵，所以这一点在近些年的公共建筑方案设计中被逐步重视。

位于日本姬路市的姬路文学馆对地域性有着贴切的表达。姬路市位于兵库县西南部的播磨平原的中央，这里曾是旧播磨国的政治中心，在历史文化和地形上都独具特色。所以姬路文学馆是安藤忠雄作品中较为独特的一个，在设计中强调场所性、地域性、历史性，是一座以新旧对话为主轴的建筑物。设计的出发点是保持新老建筑之间的对话，保持男山与姬山的原有地形特征，保护当地现有的木构建筑。从建筑的外观上就放低建筑姿态，使建筑融于自然景致中。建筑室外布置了水池和坡道，方形空间的转换交叠，使参观者在建筑物内外能够感受到所产生的一系列动态空间，感受到“文学的价值和文学家的精神世界”②。无论从空间组织、体量确定上还是材料与形式的选择上，此建筑都与当地文化与自然密切相结合。

① 梁思成．凝动的音乐[M]. 天津：百花文艺出版社，2006：59.

② 张建涛，刘文佳．现代建筑的地域性表达——日本关西地区安藤忠雄建筑作品解读[M]. 北京：中国水利水电出版社，2010：29.

3. 风格融合性

文化是多维的，与政治、宗教、民俗文脉等有着密切的联系，建筑文化是风格的继承和发展，而公共建筑集中体现了一定历史时期社会主流文化即群休文化的特征。我们在这里从单向角度出发进行考虑，无论任何地方的建筑风格都能够分为三类：东方式、西方式、现代式。当然同一个建筑可以拥有多种建筑风格。

建筑风格丰富多样、层出不穷，虽然它对加强建筑个性，表现建筑文化有至关重要的作用，但是在建筑设计时切忌为了风格而风格的设计。密斯·凡德罗（Mies Van der Rohe）在为伊利诺伊理工大学设计建筑楼时，采取了一种现代式的纯粹与纯净的手法，犹如像是对大机器时代的致敬。但是，该建筑却没有得到使用者的肯定，常年在里面上课的学生认为这巨大的毫无遮挡的“方盒子”并不那么好用。除了对建筑风格的执念，还有固执地将不搭边的建筑风格杂糅在一起的建筑。美国新奥尔良市的意大利广场是后现代主义的力作，采用了“拼贴”的手法把经过变形的罗马古典柱式与闪闪发光的不锈钢材质、艳丽多彩的油漆结合在一起，整个平面组成了意大利的地图。建筑师想通过现代的手法与材质来追忆意大利的传统历史，引发人们的乡愁与共鸣。然而，更多的人却将这建筑看成是不伦不类的异类，远远看去杂乱无章、俗不可耐，甚至还有人认为是对传统文化的亵渎。我们不对具有各种美学上争议的建筑做任何断定，但是可以肯定的是，建筑的美学风格有更优的组合方式。同样是将传统风格与当代风格结合在一起，上海新天地的设计探索似乎更加合理。它的改造以保护传统建筑为出发点，从城市发展和历史保护的双重方向上进行考虑。不惜代价将传统建筑最大化保留且进行保养与维护，整旧如旧地还原老建筑的神韵。建筑师又将当代建筑形式的新鲜血液注入这片土壤，使用当代先进的水、电、暖、通信、消防等设施使它满足当代使用功能需求，重新焕发活力。

公共建筑的设计本身有特殊的教育与传播功能，当代设计者应该着眼于建筑的文化底蕴，不能对本土建筑底蕴不自信，盲目崇拜某种建筑风格。针对当前我国公共建筑风格乱象的情况，建筑师和设计师在保持先进理念的同时，更应该有相当的文化自信，从各个角度上保持我国优秀传统文化，在文化交融的过程中保留真我，扬长避短。

## 二、山地公共建筑通用设计原则

### （一）山地公共建筑的空间处理

1. 边界模糊与隐化阻隔

山地建筑与平地建筑最大的区别就在于受到的水平要素限制程度的不同所产生的阻隔。由于公共空间的特性，我们在山地公共建筑选址的时候总是尽可能选择坡度较小的，空间灵活性大的基地。空间的阻隔就意味着要素之间融合与转换的效率降低，所以山地公共空间在空间处理的首要任务就是弱化山地对于建筑的限制与阻隔。

要弱化阻隔就要弱化山地对建筑的影响，处理的方式就是减少建筑与山地的接触面积。减少建筑的接地面积不仅能够弱化山地对建筑的阻隔，尽可能自由灵活地布局，还能保留山地自然表面原有植被的优点，减少建筑对生态系统的破坏。

2. 共享空间与强化联系

我们已经认识到山地地形对建筑底面的巨大影响，那么除了减少接地面积，还需要对平整的平面进行多功能利用。虽然地势限制了山地建筑在水平方向上的延伸，但是留给我们在垂直方向上的空间。比如在很多山地当中，下层建筑的顶面，可以做上层建筑的户外平台、出入口，甚至是屋顶花园。共用空间的概念不仅本着充分利用平整底面的原则，还对动线的分流也有益处。比如香港东区医院，利用地形的起伏将道路系统设置在两层上面，下一层主要设置对外的服务性窗口，二层才是主要门厅与人流主要入口。

3. 错落取景与减轻压迫

空间错落手法的运用，与跌落式的依附型接地方式类似，通常应用于单坡地形上，其主要特点就是建筑沿着山坡重叠建造，各个错叠的空间因为互相的重叠而增加空间的利用率。与跌落式不相同的是，跌落式依靠水平的空间连接方式实现统一，错叠式空间则更突出垂直空间的联系，要求的地形高差变化较大。因此，在日照和朝向允许的情况下，可以适应地形的坡度，与等高线斜交布置。空间错叠常常用于灵活处理山地建筑营造。需要测量建筑体量，同时山地又存在高差较大的情况。设计中可以通过调节建筑进深和挑台前端的厚度处理来避免上下层间的干扰。同时，空间错叠对建筑功能的要求较低，可以在具有居住性质的山地公寓、别墅等中应用。

### （二）山地公共空间的接地形态解析

简单来说公共建筑的接地形式是指公共建筑与基地的连接方式。对于普通的平地建筑物来说讨论建筑的基地方式意义不大，而对于山地来说复杂的地形对公共建筑是巨大的挑战。我们研究公共建筑的接地方式就是想通过经济合理的方式来创造公共建筑内部空间水平的基面。但是为了满足通风采光的要求，我们会在场地允许的范围内将建筑与场地的竖向接触面分离。

1. 公共建筑接地方式的要素

要讨论公共建筑的接地方式，主要涉及四个要素，如图 6-2 所示：基地、基面、建筑底面、连接介质[①]。基地就是建筑物所在的山地场地，基面是指建筑物出入口的平面，也就是建筑首层所在的平面，这两个概念与平地建筑无异。对于平地建筑来说，基面与建筑底面大多是一个平面（有地下层的平地建筑除外），而山地建筑很多情况下不在一个水平面上，因此建筑底面有时高于基面，有时低于基面。连接介质就是指用来连接建筑与基地的结构。

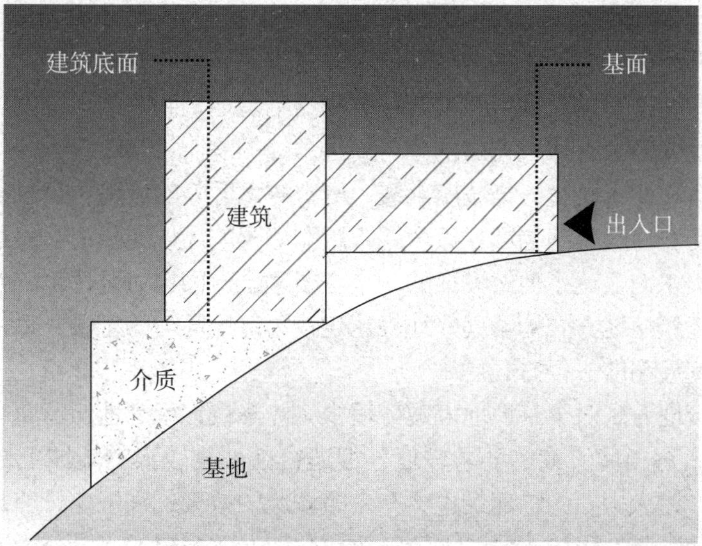


图 6-2　建筑的接地方式的基本要素

2. 公共建筑接地形态的分类

（1）相融式。相融式的接地方式在我国历史上早有利用，是建筑与山体结合度最高的一种方式，对于基地的地表破坏很少，能够较大程度上保留原有山体的轮廓及植被，对山体坡度的要求较低，很适合在坡度较大的陡坡上选用这种形式。并且，进入岩石内的建筑也会有冬暖夏凉的效果，利于建筑节能，建筑融入基地会使它带有当前山体的独特气质。在建筑设计的过程中要多加考

① 王昱，闫宾．山地建筑接地类型的分类研究 [J]. 山西建筑，2017，43（1）:9-10.

虑通风和采光问题，如果开土方量大不够经济，还要认真处理建筑与山岩相结合的防水问题，避免渗入建筑室内。

从建造方式来说，它可以分为钻岩式和覆土式两种。相融式的接地方式是指建筑与基地融合为一体，从外部来看建筑的外露部分非常少，好似建筑钻入山体内部，这种形式在我国历史上早有利用，比如西北地区的窑洞，并且在现代的公共建筑中也时常被利用。比如由贝聿铭先生和 kibowkan 公司于 1996 年 8 月在日本滋贺县自然风景区附近建造的美秀美术馆就采用了相融式的接地方式。该项目实用面积 9241 $m^2$，位于森林法保安林区域、防沙法指定区域、自然公园法县立公园第 3 种特别地域（保护区）。按照日本的《自然公园保护法》规定，在自然保护区内建筑的高程不得高于 13 m，可见屋顶面积不得超过 200$m^2$。所以，贝聿铭采取了保护自然环境且能与周围景色融为一体的建造方式。与周围融为一体最好的方式是将建筑完全藏于地下，但是土方开挖对地质破坏严重且施工缓慢不经济，所以建筑的 80% 被埋在地下，地下两层，地上一层。地下开挖完成后，重新种植与原始基地相同的苗木，恢复原有地表形态。从远处望去，建筑外露部分与周围山峰的韵律相互呼应，保持了高度的和谐。只有在游人爬过一个坡度平缓、两旁树木葱茏的坡路，穿过隧道，穿越桥之后才能发现美秀博物馆。贝聿铭引用陶渊明的《桃花源记》表达设计的立意。美秀美术馆表达了他做设计的一个主要理念，即自然与建筑的融合。所以相融式的建筑接地方式能够很好地表达建筑与基地环境的相融关系，是建筑与山体结合度最高的一种方式。

这种接地方式对于基地地表破坏很少，能够较大程度地保留原有山体的轮廓及植被，对山体坡度的要求较低，很适合在坡度较大的陡坡上选用这种形式。并且，进入岩石内的建筑也会有冬暖夏凉的效果，利于建筑节能，建筑融入基地会使它带有当前山体的独特气质。从建造方式来说可以分为钻岩式和覆土式两种，钻岩式是将山体岩石向内凿人，建筑利用这块空间进行建造。覆土式是先将基地进行开挖，待建筑建好后再把原土壤回填到建筑顶面并恢复植被。相融式的山地建筑能尽可能保留室外公共区域，有较大的外部活动场地，非常适合公共建筑的使用特性。但是它不像平地地下建筑那样封闭，由于外露部分较少，在建筑设计的过程中，建筑师要多加考虑通风和采光问题。并且开土方量大不够经济，室内挡墙施工价格高，建筑师还要认真处理建筑与山岩相结合的防水问题，避免渗入建筑室内。

（2）依附式。依附式的接地方式适合在坡度中等的坡地上建造，既能够充分利用地形，又能得到相对平整的平面空间，是实际建筑工程中最常采用的山地建筑接地方式，可以将它分为：弯折、掉层、错层、跌落、错叠。

建筑根据山体结构依势建造是最常用的山地建筑接地方式。这种方式通过对起伏地势的平整处理，使建筑得以与山体发生直接接触。根据与山体接触方式的不同，有弯折的方式、掉层的方式、错层的方式、跌落的方式、错叠的方式等。依附式建筑适合在坡度中等的坡地上建造，既能够充分利用地形，又能得到相对平整的平面空间。

弯折是指建筑根据基地走向灵活处理外部形态，基地升则建筑升，基地降则建筑降，基地与建筑的关系主要表现在水平面上。掉层是指建筑地面两部分平面的相差高度等于层高或层高的倍数，掉层的空间顶部高度一致，地面高度不一致，可以总结为“天平地不平”①。错层是指两层之间的地面高差不足层高（比如层高的 1/2，）的一种形式。跌落是指建筑的不同部分在不同的标高上，但是不同部分相对独立，不影响平面的空间布局，特点就是“天地都不平”。错叠式是指下一层建筑的顶面作为上一层建筑的地面（一般为室外平台），并且有从不同标高进入建筑的多个出入口。

根据人流动线的方向，依附式接地形式也能分为上爬式和下爬式，当入口位于低处，人流动线向上走时为上爬式，反之为下爬式，当然也有入口处于中间位置的分流式。比如这个坐落于北欧小镇的“Z”形建筑，就采用了依附式的建筑接地形式。建筑跟随基地情况进行转折弯曲，顺坡地蜿蜒而下。包括道路规划在内，无论在外形还是功能上都能满足人们的使用需求，且给人崎岖蜿蜒的体验，犹如它的基地形态那样。建筑内部获得相对平整且开阔的空间，视线极佳。

（3）分离式。分离式的接地方式是在山地坡度较小、基地表面状况较好时最经济的接地方式，这种形式能够保证建筑内部平面布局灵活，受山地起伏地势的限制较小，而且通风采光条件都很好，是比较理想的一种山地建筑接地方式。分离式常用的形式有填筑、悬挑、架跨、架空、吊脚等，如图 6-3 所示。

① 戴志中．现代山地建筑接地诠释 [J]. 城市建筑，2006（8）：20-24.

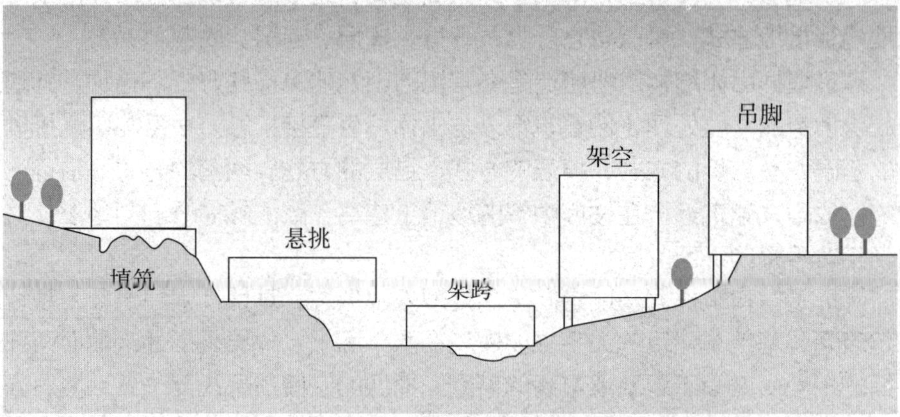


**图 6-3　填筑、悬挑、架跨、架空、吊脚的接地形式**

填筑式是指通过平整基地表面的方式以获得一个能满足建筑平面要求的基面，通过处理基面与建筑地面可以完全重合。采用这种方式的建筑内部与平地建筑完全一样，不受地势的干扰，布局十分灵活。通常我们可以采用砌筑勒脚和砌筑平台的方式来实现。两者的不同在于，前者适用于坡度较小且坡度平缓的山地，这种方式对天然地表破坏小，简单经济；后者适用于地质条件不好的平缓坡度，砌筑平台对地基有加固的作用，也有增加建筑高度防水防潮的作用，但是仅适合占地面积不大的小型建筑。

悬挑式本来是指从主体挑出梁或板形成悬臂的一种结构形式，在普通的平地建筑主体或建筑的某一局部经常使用，比如出入口的雨棚、外部阳台等都是悬臂结构。悬挑式的接地方式“占天不占地”，有充满张力的视觉感受，并且随着当前建筑技术的飞速发展，逐步实现了从挑出辅助部分到挑出主要部分的巨大进步，对基地的要求越来越低，成为以后山地建筑的一大发展方向。

架跨式是指建筑底面通过支点架空，与基面分离的接地方式。根据基地的原始条件和对建筑的要求，我们可以选用不同的手段，当基地有局部凹陷但周围稳固时，我们可以采用跨越的方式；当基面条件不好或者我们想最大化保留原有基面时，可以采用架空或者吊脚的方式。二者的不同在于前者是通过支柱把建筑完全架空，基面与建筑底面不发生接触；后者虽通过支柱架起，但是仍有部分与基地接触。架跨式建筑不仅对于建筑防潮有很好的优势，而且也能较好保留自然地表的原始情况。

墨尔本海岸边的“分角建筑”采用的就是分离式接地方式。通过架跨式的方式将建筑分为两个部分，中间用楼梯来连接。两个相对独立的空间都有较为平整的台面可以自由排布，楼梯在室内直接被用作交流的公共空间，十分巧妙。

3. 公共建筑接地形态的性格

不同的接地形态对应着不同的建筑功能与建筑性格。相融式适合更加亲近自然的建筑形式，带给人与自然融合交接，隐于环境中的氛围感受，因此适用于诸如住宅类，度假酒店类等，对格调与环境渲染要求较高的建筑类型中。对于依附型而言，其形态与造型特征与山体的结合紧密，跟随山势而建，因此在公共建筑中特别适用，尤其是体量较大的单体建筑的建造，可以通过水平空间的连接手法，获得最大面积的平面供人流需要，依附式常用于有文化特征的公共建筑中。分离式的山地建筑性格体现在它拥有最优质的视野，同时从工程上而言，分离式能够有效阻隔来自地表潮湿的侵袭，且能够带给建筑轻盈活泼的个性，由于挖方量较小，是适用于多种建筑类型性格的综合应用率最高的接地形式。

### （三）山地公共建筑外形处理手法

1. 直观具象型

具象型的处理手法多用于对功能要求极为苛刻的空间，建筑本体具有稳定的可程式化性，可改变性小（如教学楼、单身公寓等），因此形式多为单一的具象类型。由于山地公共建筑因其对美学的要求较高，故采用具象型的较少。常用的具象型处理手法有雕塑造型法、活跃单元法、附加饰物等。

2. 概念意象型

意象型的处理手法对工程的要求很高，需要在满足特殊建筑造型的同时满足结构的合理性。山体公共建筑多依山傍水，故采用意象型的营造手法较为常见。意象型多借助周围的自然环境中的元素进行提炼，保留自然意象中的象征性特质，经过设计思想的加入，升华成新的造型运用到建筑形态中。这类建筑形象多以直线与自由曲线的搭配方式相结合，相融于基地环境中，带给人表现力。意象型处理手法为结构造型法，运用结构的节奏与韵律的把控，完成建筑意象的传达。

3. 引申抽象型

抽象型建筑处理手法需要建筑师对当地文化或隐喻表达的文化具有充分的了解，需要针对当地文化或表达意象进行针对性设计。抽象型的建筑外形往往带给人更多的遐想空间，给拜访者带来充分的想象余地，对意境的营造水平颇高。抽象型建筑形态处理手法主要有文脉造型法与隐喻造型法。

# 第三节　山地公共建筑选址的影响因素

## 一、山地公共建筑设计的场地考量因素

### （一）地质条件

1. 地质因素

山地公共建筑的形态决定于场地的地质环境。基地的地质条件，决定着山地建筑的基础、建筑基础的承载力以及稳定性，建筑的安全依赖于地质条件的详细判定。为了保证建筑的安全性，在选址期间就要对基地的地质条件做全面评估，谨慎选择建造位置，在设计和施工中做必要的加固。地质条件需要分别从岩土类与水文类两大方面进行判定。

首先，地质构造是地质学工作者研究的基础对象，包括地壳的运动结构、板块的褶皱、断层、地貌特征、岩层的纹理构造和分布等特质。地质构造的精确判断能够对建筑物的安全稳定，变形与沉降的预防与规避起到重要作用。其次，除了地质构造以外，水文地质条件也是不可或缺的环节。地下水的勘测，能够判断该地区的岩土结构被侵蚀的程度，是否影响建筑物安全。水文地质条件包括地下水类型（如潜水、承压水、或上层滞水）的判断、分布、水质以及动态。

在建筑设计和施工中，也要选择合适本基地的建筑结构形式且做必要的加固。在此过程中，需要地质学、建筑结构学专业的设计人员协助，建筑设计者则可以在条件允许的范围内，做出适当处理。

2. 地质问题

工程地质问题是在地质条件判定后，需要重要考察的内容。由于山地的地质环境相对复杂，需要考虑当地的地貌特征与地质问题。常见的地质问题有风化、岩层的破碎、断层、滑坡、地下水发育地层、地下洞室围岩稳定性问题、岩溶与土洞等。其中，岩溶是指水长时间地对可溶性岩石（碳酸盐岩类、石膏、岩盐等）进行化学溶蚀作用，或因为地表水的冲刷导致的岩石机械崩塌，冲蚀的地质作用。下文中选取的典型研究对象潍坊市仰天山景区会议服务中心即是处于喀斯特地貌区域，需要考虑岩溶问题。

### （二）地理条件

1. 地形地势

（1）坡度。由于建造难度、安全性及山坡保有率的原因，基地的坡度也

对建筑方案设计有较大影响。对于山地公共建筑选址来说，有一个至关重要的因素——坡度。坡度用来表达某处相对水平面的倾斜度。山地建筑建造的难易程度不同，通过坡度的大小可以判断不同地段的可利用性，在一定程度上来说坡度越大，对于公共建筑的建造成本越高。如图，点 A、B 之间地段坡度的表示方法主要有三种：高长比（$S=H/L$）、倾斜角（$\alpha$ 的角度）、百分比（$S=H/L\times100\%$），如图 6-4 所示。

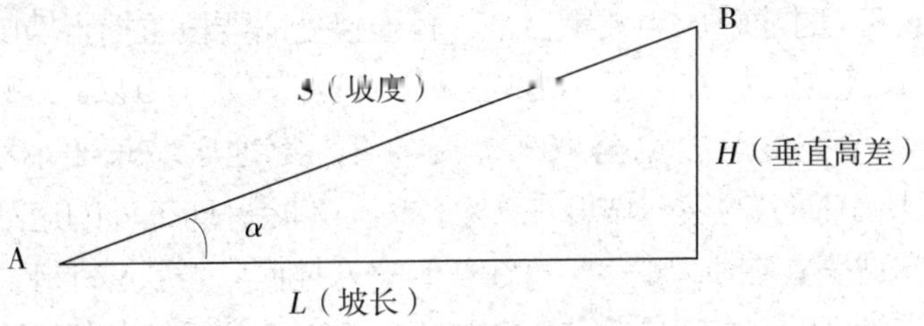


**图 6-4　坡度的计算方式**

除了某一点的坡度，对于建筑设计来说整个场地的平均坡度也是十分重要的一个参考值。计算基地的平均坡度首先要根据需要等距划分方格，然后计算每个方格内的平均坡度 $S_n$=[（方格内等高线长度 × 等高线高差间距）+ 单个方格面积 ] ×100%，所有方格内坡度的平均值$S=\dfrac{S_1+S_2+\cdots\cdots S_n}{n}$就是整体基地的平均坡度，如图 6-5 所示。

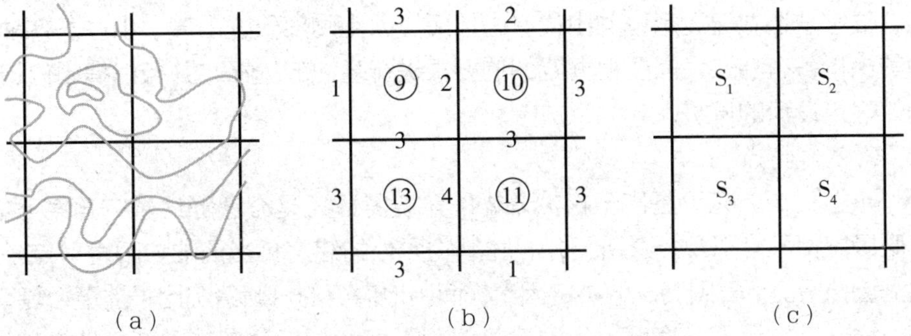


（a）在一定区域内等距划分方格（b）计算等高线与方格交叉点（c）计算每个方格内平均坡度

**图 6-5　平均坡度的计算方式**

基地的平均坡度和某点的坡度对我们都有参考价值，平均坡度在建筑选址和整体建筑结构选型的过程中很重要，而某点的平均坡度对于单体建筑方案设计则有相当重要的意义。在《城乡建设用地竖向规划规范（CJJ 83—2016）》

的 4.0.4 条中对于城市主要建设用地适宜规划坡度做出了范围限定，其中公共设施用地的坡度范围为 0.2%~20%。在 5.0.2 条中规定公共设施用地分台布置时，台地间高差宜于建筑层高成倍数关系，虽然本文研究的不仅仅为城市区域，但仍对我们有借鉴作用。

GB50352-2019《民用建筑设计统一标准》中 5.3.1 条对建筑基地地面和道路坡度也有明确规定：①为保证排水，基地地面的坡度不应小于 0.2%；但是当坡度大于 8% 时建筑应当设置台地，且连接处需要设置挡土墙或护坡。②基地所有机动车道的坡长宜小于 200m，纵向坡度宜处于 0.2%~8%，当坡长小于 80m 时，纵向坡度可放宽至 10%。在多雪严寒地区坡长要小于 600m，坡度小于 5%。所有情况的横向坡度在 1%~2%。③除机动车外的道路，坡长宜小于 50m，纵向坡度宜在 0.2%~3%；在多雪严寒地区，坡长应小于 100m，且纵向坡度小于 2%。所有情况的横向坡度在 1%~2%。④所有步行道路的纵向坡度应在 0.2%~8%，多雪严寒地区的纵向坡度要小于 4%。所有情况的横向坡度在 1%~2%。⑤基地内所有人流活动的主要地段，需要设置无障碍人行道。

并且，坡度大小对于土质稳定有决定性的作用，陡峭山坡极易发生水土流失、山体滑坡等自然灾害，在建筑开发建造的过程中应当依据山体坡度对山坡保有率做进一步限制。

（2）山位。不同山位用作建筑基地的意义是不同的，不同山位的空间特性和利用价值也不相同。比如，山崖地势险峻，几乎无法在建设过程中被利用到，最常被选做建设用地的山位有山地缓坡，山脚部位的山麓、山谷。各种类型的山位各有特点，需要根据我们的要求进行基地的选择，并且根据山位的不同做建筑设计的调整。

2. 气候特点

（1）日照。无论是出于自然采光的角度考虑还是心理舒适感的角度考虑，日照因素都不容忽视。众所周知，建筑物所处的纬度和当前的太阳直射点是平地无遮挡情况下日照情况的决定因素。而山地情况的日照情况比平地更为复杂。

第一，建筑阴影宽度。山地建筑的阴影宽度与平地有差别，且坡度越大，差别就越大。我国位于北半球，所以我们只讨论北半球的情况。对于北回归线以北（纬度大于 23°26′N）的建筑而言，同一建筑建在南坡的建筑阴影宽度要小于平地建筑阴影，平地建筑阴影小于北坡建筑阴影（如表 6-3 所示）。所以在实际建筑设计的过程中，如果基地位于山地南坡，可以适当增加建筑密度或提高建筑高度以节约用地，而在北坡则相反。纬度越高，北坡、南坡、平地之间的建筑阴影宽度差别就越大；纬度越低，差别则越小。当然对于我国的山地建筑来说，位于赤道与北回归线之间的建筑（0° ~ 23°26′N）还有一种特殊情况：随着夏季的到来，太阳直射点向北移动，当太阳直射点越过建筑到达建筑以北时，建筑北坡的阴影宽度则会大于平地阴影，更大于南坡的阴影。但是这种情况发生在我国低纬度地区，由于太阳直射角很大，所以北坡、南坡、平地间的建筑阴影宽度差别很小，而且发生这种情况的时间较短，当直射点向南回归到达建筑以南时，则与北回归线以北的建筑情况一样了。所以在建筑设计时可根据需要酌情做些许调整。

表 6-3　不同纬度下山地南坡、北坡平地的建筑阴影差别

| 位置 | 图示 |
| --- | --- |
| 当太阳直射点位于建筑以北时，0° ~ 23°26′N 地区南坡、北坡、平地建筑阴影的差别 | 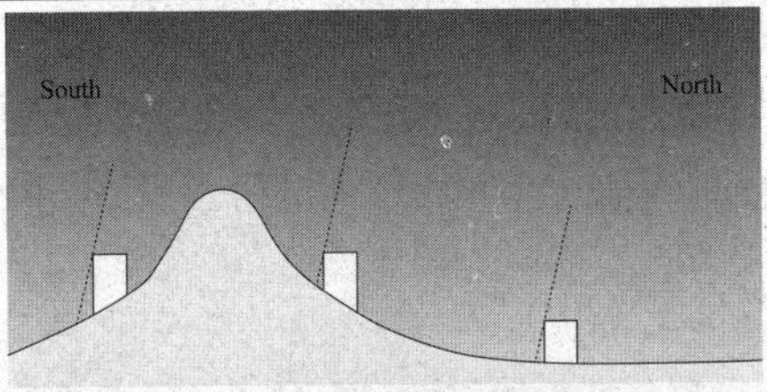 |
| 60°N ~ 90°N 地区南坡、北坡、平地建筑阴影的差别 | 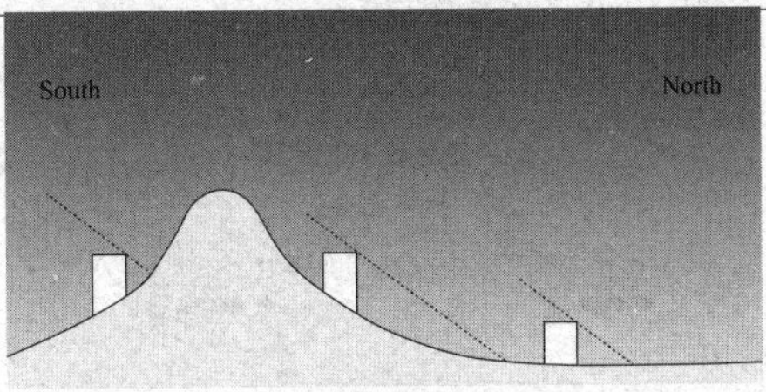 |
| 23°26′N ~ 60°N 地区南坡、北坡、平地建筑阴影的差别 | 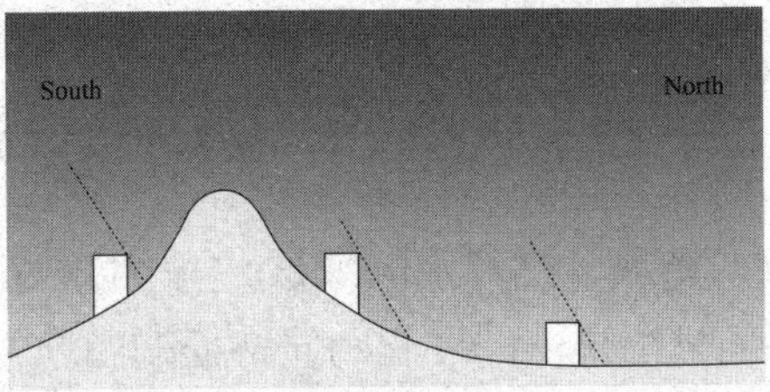 |

第二，日照时长。日照时间除了受纬度条件的影响，也要受到地形的影响。当太阳直射点到达 0° ～ 23°26′N 山地以北时，由于太阳位置的变化，情况则相反。

（2）风力。风力对建筑的影响是显著的，由于山体的存在，风在到达山地时会发生方向的变化。从建筑环境的角度看，风力会影响建筑的通风、散热；从建筑结构的角度看，建筑会受到风荷载的影响；从建筑节能的角度看，

自然形成具有良好通风的建筑环境更加符合当前低碳绿色的要求①。山地风环境由于受到地形的影响比平地更加复杂，在建筑设计的过程中要考虑这个因素。

山顶：山顶附近风环境比较恶劣，是平均风速增大最多的位置，所以山地公共建筑物的选址不宜靠近山顶。

迎风面：迎风面的通风较好，迎风面山脚处平均风速与平地类似，风速随高度的提升而逐渐增大，故建议将建筑物置于迎风面半坡高度以下位置，并且为了提高通风质量最好采取前矮后高的形式。

背风面：背风面风速不大，通风条件不好，风速变化相对复杂，会出现倒卷涡流，要根据实际情况加强其抗风措施。

顺风面：受山地的影响，风要么从山顶越过去，要么从两侧绕过，这个两侧的地方就是顺风面，在这个区域内通风较好。根据地形的不同，可以分为兜山风和绕山风（如图 6-6 所示），可使建筑单体与山体等高线垂直或斜交来迎合风向。

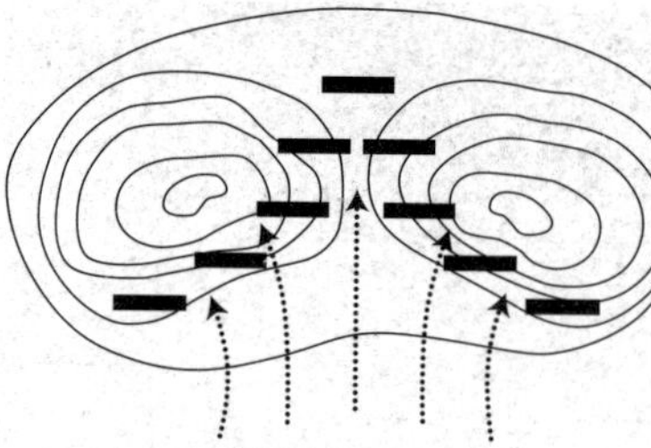

（a）山地兜山风

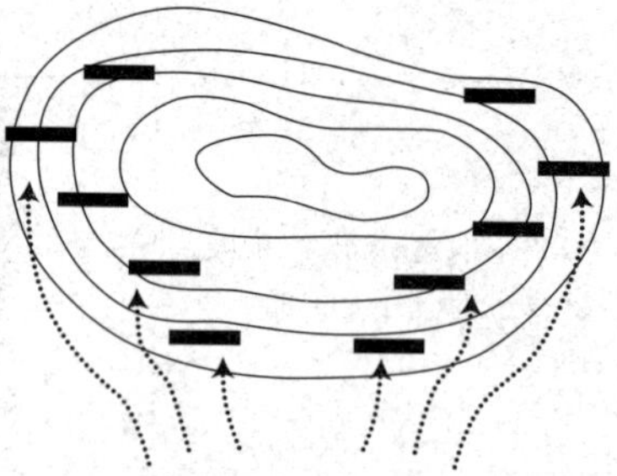

（b）山地绕山风

**图 6-6　顺风面分类**

（3）降水。在雨水的形成过程中，有一个与地势直接相关的类型就是地形雨。地形雨是一种具有明显特征的山地气候现象，是暖湿气流遇到山脉等高地阻挡时被迫抬升而气温降低形成的降水，对改变局部小气候有重要影响作用。一般说来，山区的降水量往往多于邻近的平原地区，迎风坡的降水量多于背风坡，但是雨势一般不会很强。在迎风坡，高度对于雨水有很大的影响，呈现较强的相关关系，高度越高雨量越大，呈正相关的关系。但是到达最高点

① Steiner M.The location strategic of mountain villa[J].Environment and Design，2001（12）：115-132.

后，两者就呈负相关，高度越高雨量越小。降水对建筑的影响表现在多方面：比如，在建筑设计时，要考虑屋顶的选型、防潮的处理；在建筑基础的建造时，也要考虑积水与沉降的问题。

### （三）场地设计原则

1. 耦合性原则

山地类型的公共建筑与场地的关系具有耦合性。耦合性的概念最初源自软件系统中各个模块间的相互联系紧密程度的度量，也称为耦合度，后取其引申义延伸到自然科学研究的各个领域，用于描述两种事物之间的相关性。在山地建筑的营造中，尤其是公共建筑需要的服务人流量大，更需要注意建筑与环境的耦合与相融，才能达到安全自然的目的。这种针对建筑场地的耦合性体现在建筑的景观意识，能够做到依山就势显山露水，尽量减少挖方填方量，因地制宜。

2. 地域性原则

公共建筑是能够体现地域性特色的载体与媒介。但是公共建筑不是凌驾于环境之上，而是融于环境之中的。环境不仅包含地理因素、生态因素，还包含文化及社会因素。由于山地条件的优势，山地公共建筑本身有好的生态环境，故建筑在场地设计初期应仔细考虑景观与建筑的意识统一，利用好自然条件的地域优势营造与原生地相适应的设计方案。同时，地域场所性也要体现在场地设计的各个方面，结合当地的文化特点与风土人情，营造出民众参与度高的个性设计。

## 二、山地公共建筑设计的限制因素

### （一）自然条件的复杂性

山地按照成因可以分为褶皱山、断块山、褶皱—断块山、火山、侵蚀山等，但是无论是哪种类型的山地都是地壳板块“造山运动”的产物。相较平原地区，地质运动活跃，会受到内力和外力作用。内力作用会引发火山、地震等大规模地形起伏变化，外力作用则指的是风力、水力、温湿度等原因造成的潜移默化的影响。山地表层的岩层、土壤、风化层看似是一种相对平衡的状态，实际上极易受到外力影响而发生变化。比如坡度大的陡峭山地极易受到风力和流水的侵蚀，谷地则阴暗潮湿、易形成洪灾。复杂的地形条件带来了复杂的气候变化，与同纬度的其他地形相比，山地也有其特有的小气候特征。由于地形的不同，造成光照、通风、湿温度的不同。比如高大的山地会阻挡气流的交换，使得同一山体的向阳面、背阴面出现截然不同的气候，且随海拔高度的变化，在垂直方向上也有十分明显的气候条件和植被景观的变化。所以在进行基地选址和后期的建筑设计时，要充分了解基地状况且对后期的使用做全面预判。

### （二）设计的不可复制性

当山地建筑的基地位于不同部位时，就有不同的地质条件，与之相关的地形、地貌、气候、水文、生态条件也就千差万别①，没有完全相同的两个山地建筑基地，也就没有相同的山地建筑。除了自然环境方面的因素，山地山区也有自成一派的历史和文化特性。山地建筑的设计具有不可复制的特性，也正是因为这样的特性，建筑师利用它特殊的场所性、文化性才能够设计出具有独特艺术感染力的建筑。

### （三）通达程度的困难性

山地建筑基地沟壑纵横的地表形态会影响建筑功能的使用，通达的困难度明显提升，所以才有古文“蜀道之难，难于上青天”的记载。山地建筑的交通布置需要使建筑的各个部分、建筑与对外道路联系方便紧密，所以在建筑设计时，出入口尽量需要围绕对外主干道进行布置，建筑内部布局也要考虑地形地势，在满足通行方便的前提下创造出饶有趣味的建筑和景观特色。对于公共建筑来说在选址和设计当中，需要更加重视交通疏散的问题，满足现有建筑标准的要求。

### （四）生态系统的脆弱性

山地环境生态系统是由生物因子和非生物因子组成。前者包括动物、植物、真菌等；非生物因子包括地质、地形、气候、水文等。其各个组成因子是环环相扣、相互制约的。由于山地地质的不稳定性、水文的流动性、气候的复杂性，山地生态系统较之平原地区更加脆弱与敏感。其中任何一个因素的变化均能对其他因素产生影响，并进而改变整个区域的生态环境，而当某个因素的变动情况超出了生态系统的自身修复能力以后，生态环境的恶化就不可避免了，并且这种恶化是不可逆转的。所以我们在对山地环境生态系统进行人为改造时，要本着保持原有生态风貌，保护原有生态系统的原则。

① 宗轩．图说山地建筑设计[M].上海：同济大学出版社，2013: 2.

# 第四节　山地公共建筑设计的典型案例

——潍坊市仰天山景区会议服务中心方案设计

## 一、项目背景

仰天山会议服务中心项目位于潍坊市的仰天山景区。项目背景条件：①潍坊市政府无偿为市公安局在山脚下提供面积为 1000 ㎡的建设用地；②潍坊市公安局需要自行在山的南坡、东南坡、西南坡、东坡选择购买 1000 ㎡的坡地作为另一半的建设用地，具体位置由市公安局自由选择；③建筑用地的南侧紧邻潍坊市最大的水库，自然环境优美；④本区域为岩溶性地质，附近有著名的地下大峡谷，景观条件优质，地质条件复杂；⑤本地域离市区较远，山区气候特点显著，因地形影响，风向复杂，对建筑的规划设计提出了特殊要求。

## 二、基地选址

仰天山为山东省十佳森林公园，位于山东潍坊青州市西南 46 km 处，主峰海拔 834 m。植物种类繁多，自然环境优美，生态资源丰富，具有非常优越的生态环境。山上主要景点有：摩云崮、佛光崖、望月亭、文昌阁和幽邃的洞窟多处。因此，在方案设计之初的选址阶段，设计师将建筑与周围环境相互融合的可持续性放在最重要的位置上进行考虑，配合其他原则进行设计。

### （一）地质条件

经过对相关文献资料的查阅，设计师得知基地岩层结构负荷为喀斯特地貌，有江北地区发育最好的垂直溶洞群和众多的天然洞穴。全长 1500 多米的地下大峡谷高峻奇险，瑰丽奇特，石笋、石柱、石幔、石帘、石旗等各类岩溶景观参差错落、千姿百态。观赏价值极高，开发建成仰天山国家森林公园，景区被评定为 4A 级景区。

仰天山地区的地表水与地下水对基地进行积年累月的冲刷，会产生化学变质与物理塑形，从而产生了当地的岩溶地质。由于地质和气候的原因，一般来说这样的地质条件在我国西南地区较为多见，其分布在我国能够达到 30% 的比重。这样的物理冲刷与化学反应作用在可溶面上会形成千奇百态的形状，由于地下水交替强度的不同，能够形成非常独特的景观效果。但是，由于岩溶性质的岩层会随着时间的变化受到侵蚀诱发地质问题，对于建筑施工非常不利。

原因主要是物理冲刷和化学变质，地质条件会非常脆弱且多变，若在其上方进行施工和建造很有可能会对其稳定性造成破坏。在建筑方案设计前，就要对当地地质条件进行测定，由于保护地质和安全的因素，若不具备建筑建造条件，则不允许在此地施工作业。若符合施工要求，也要充分考虑基地开挖对地质造成的影响，避免大型工程事故的发生，防患于未然。尤其要注意山地边坡的局部失稳、落石、坍塌等情况。岩溶边坡的失稳方式包括两种，即连续滑面型失稳和无连续滑面型失稳。连续滑面型失稳根据失稳特点分为滑动、滑移、垂滑、曲滑、阶梯移动；无连续滑面型失稳可分为滑塌、崩塌、块裂倾倒、块体滚动、塌落五种类型。

所以在岩溶地区进行建筑物建造时，需要做好两个方面的工作，一是前期的预估及勘测工作；二是在施工过程中采用合理的施工技术。由于本文着重点在建筑的方案设计，所以我们从前期预估及勘测工作展开研究。

前期勘测工作可以用相应的超前地质预报设备仪器对周边岩石进行探测，最常见的仪器有地震波勘探 TSP203 仪或地质雷达，可采用物探、钻探、岩土测试、抽水实验等综合方法。根据前期勘测可知，场地地层上部为泥质砂岩和碳质页岩，已全部风化为残积土层，下部为硅质灰岩。并且在场地内未发现土洞和地面坍塌，主要发现的不良岩溶地质为灰岩表面溶沟、溶槽、溶斗、浅层溶洞和溶隙。

当然，如果想要对岩溶地质边坡破坏的过程进行全面掌握，还应对它进行模拟分析，比如 PLAXIS 数值模拟软件就可以达到这样的目的。PLAXIS 软件可分析平面应变问题和轴对称问题，可对常规岩土工程问题（变形、强度）如地基、基础、开挖、支护、加载等进行塑性分析，可对涉及超孔压增长与消散的问题进行固结分析，可对涉及水位变化的问题进行渗流（稳态、瞬态）计算以及完全流固耦合分析，现在已广泛应用于各种复杂岩土工程项目的有限元分析中。

本场地对工程不利的埋藏物主要为岩溶，平面及垂向分布皆不均匀，其主要发育形式为溶洞、溶沟（槽）。为消除地下溶洞对上部结构的不利影响，一般采用打设钻孔灌注桩的方法进行处理，为研究钻孔灌注桩方案对处理该场区溶洞地质的可行性，采用 PLAXIS 有限元软件建立溶洞环境下钻孔灌注桩受力模型。

1. 有限元模型建立

选择地下溶洞最多的钻孔处（ZK136）建立单桩受力模型。模型中土体采用摩尔－库仑（Mohr-Coulomb）模型，桩体采用弹性模型，桩身顶部作用均布荷载，底部设置竖向约束，两侧设置水平约束，建立有限元模型。

有限元计算中桩径为 1.1m，桩长按同时满足以下原则确定：第一，不小于 6 m，桩端全截面进入第④层微风化灰岩层深度不小于 1 m 且不小于 1 倍桩径。第二，桩底下 3 倍桩径且不小于 5 m 深度范围内，无溶洞或软弱夹层的存在。根据以上原则，模型中桩长取为 25 m。

2. 计算结果分析

桩顶施加不同的竖向荷载 P（P=500 kPa、1000 kPa、1500 kPa、2000 kPa），计算得到不同荷载作用下桩身沉降及塑性点分。

（1）桩身沉降。经灌注桩处理后，在上部荷载作用下，桩顶沉降较小。当桩顶荷载由 500 kPa 加载至 1500 kPa 时，桩身最大沉降增加约 4.9 mm，桩顶荷载加载至 2000 kPa 时，桩身最大沉降约为 10 mm，满足设计要求，说明对于该场地，桩径 1.1m、桩长 25 m 的灌注桩方案能基本消除地下溶洞的不利影响。

（2）桩周塑性点分布。当桩顶荷载加载至 2000 kPa 时，桩身最大沉降虽较小（约 10 mm），但桩周、桩端土层已出现大量摩尔－库伦塑性屈服点，在溶洞的边缘处开始出现少量的拉伸破坏点，如继续加载，将出现拉伸破坏点形成贯通的区域，形成连续破坏面，桩体承载能力将大大降低，以致发生破坏。

因此经模拟的结果可知，在该场地的溶洞环境下，桩径 1.1 m、桩长 25 m 的灌注桩所能承受的极限荷载约为 2000 kPa，对于桩顶荷载大于 2000 kPa 的区域，可采取增加桩长的方法提高桩体极限承载力。

**（二）地理条件**

1. 坡度

东部、南部山麓部分基地坡度比较平缓，经过计算后得知平均坡度在 3%~10% 之间，属于缓坡地带，建筑布局不需做特殊处理，交通组织可随地形走向随意布置，步行道不需阶梯；西北坡地有一定坡度，经过计算得知平均坡度在 10%~25% 之间，属于中缓坡地带，建筑设计受到地势因素的限制，步行道需要台阶，车行道方向不宜与等高线垂直布置。由于基地整体坡度大于 8%，根据规范要求整个基地内的高差适宜通过台地的方式进行消化，并且在台地连接处设置挡土墙。一般来说，机动车道坡长要小于 200m，纵向坡度在 0.2%~8% 之间。所以根据基地当前的情况，在方案设计中我们将主干道坡度设置在 5%~7% 之间，主干道宽≥ 3.5m。

2. 山位

根据我国《民用建筑设计统一标准》中的要求，建筑应集中设置在坡地的山麓及缓坡地带，此种山位位于山地与平原交接地带，坡度平缓，空间开阔，交通便利。我们将基地的位置选择在仰天山南坡平缓的山麓地带，临近道路可达性强，具有较强的空间亲和力。坡向较长，视觉景观具有单向性层次感。空间水平方向上的运动大于垂直方向上的运动，所以在设计方案中同一标高的水平联系较多，将建筑的不同使用功能放置于不同标高处，建筑主轴垂直于等高线，副轴平行于等高线。会议主体建筑位于低矮东南坡地，附属的单体别墅位于西北处的高地，两个部分之间作平缓的竖向联系处理。

3. 日照

本设计选择了山体的南、东南两个方向的全日向阳坡为山上建筑用地，与山脚下紧密联系的南向地块为建筑群的公共区域地块。山嘴的南坡、东南坡、西南坡为全日向阳坡；东坡为半日向阳坡。全日向阳坡对建筑使用最为有利，东向半日向阳坡较差。

4. 风力

（1）风向与建筑的关系。①拟建山坡大部处于迎风坡和高压风坡，不宜建高楼，最适应建点式低矮住宿，以免产生过大涡流。②迎风坡风向与等高线垂直或接近垂直。房屋与等高线呈南偏东或西 5°~15°，以利后侧建筑通风。③在东南或东坡风向与等高线斜交，主导风向与房屋侧轴夹角大于 60° 以利组织穿堂风。④在风向与等高线平行时，房屋垂直于等高线，并结合采用锯齿形平面，争取穿堂风。

（2）当地局部季风的情况。①冬季北风，夏季南风的主导季风方向。图 6-7 为基地的风向玫瑰图。②山阴风，自山阴面低温气流向山阳面俯冲式下降所形成。③顺坡风，高度的不同导致气温差异而形成下沉式气流。④山谷风，白天自山谷吹向平地及周边区域；夜晚则形成进谷风。⑤越山风，部分风受山体影响向两侧流动，还有一部分风向山顶流动。

污染区集中在用地的东北角，与季风方向相符，不会对度假区形成环境污染。同时单设物流出入口，避免了交叉干扰。

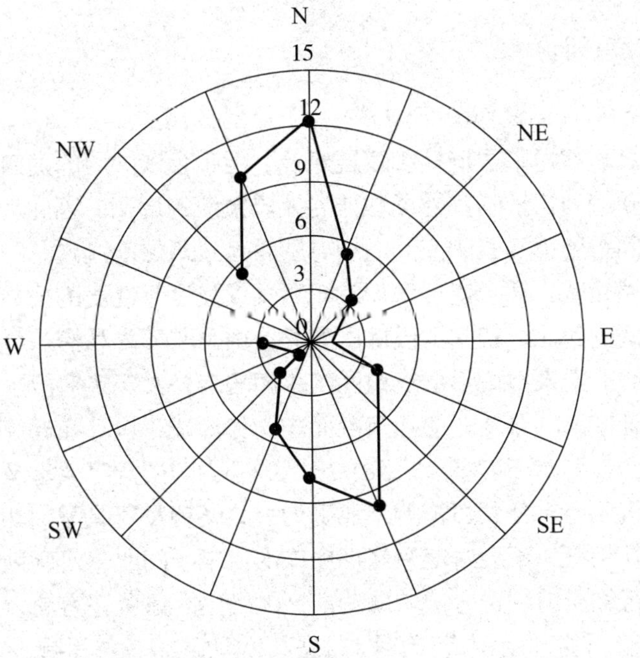


图 6–7　基地风玫瑰图

5. 降水

潍坊市处于北温带季风区域，冬冷夏热，四季分明；春季风多雨少；夏季炎热多雨，温高湿大；秋季天高气爽，晚秋多干旱；冬季干冷，寒风频吹。年平均气温 12.3℃，年平均降水量在大约 650 mm。仰天山的降水与潍坊市雨量站测定的结果一致，因此地形雨的形成也随着季节变化而分明，受到上文提到的地形雨影响，在夏季迎风坡的南面方向应着重注意考虑屋顶的选型，防潮的处理，在建筑基础的建造时要考虑积水与沉降的问题。

### （三）项目场地设计原则

根据场地设计需要满足耦合性原则与地域性原则，潍坊市仰天山会议服务中心在空间布局上应满足与山体走势的呼应，同时综合考虑仰天山的景区元素，作出场地上的特色性设计。另外，考虑潍坊市的文脉特点，应体现出具有潍坊当地地域性的设计意象，并在场地规划的基础上进行相同风格的建筑设计，做到建筑与景观的良好互动。为了突出服务中心与山体环境的依存关系，本设计采用了地理优势与人文景观相互结合的设计思路，最后确定方案模型。

## 三、方案设计

### （一）会议中心空间组织方式

整体建筑群落为单层建筑和双层建筑，由于会议中心的建筑容积率低，人流量大，需要较为松散的室外场地作为人流集散的调和。因此，本次设计的建筑与建筑之间采用单元式的空间组织方式，各建筑之间通过车行道与人行道相联系但是布局松散，适合容积率低的兼具会议及度假性质的公共空间。从整体来看，自东南到西北，空间性质由闹到静、由公共转为私密。

会议中心的主入口设于建筑组团的东南角。公共建筑对应主入口，以从东南向西北逐渐增高的方式，使建筑剖面与山势形成呼应。在建筑物顶部增加大量的观景露台，突出环境特点。公共建筑中部为一层建筑大堂及二层公共会议区，成为建筑中心。公共建筑的东北侧为公共就餐及建筑配套功能区，考虑与当地季风方向相符，不会对度假区形成二次污染。同时，可利用建筑物东侧外围通道，进行物流组织，方便辅助功能区的货运，避免了客流、货流的交叉干扰。公共建筑西侧采用锯齿形，设立公共休息区，一方面减少内部的彼此干扰，同时减少因太阳西晒给建筑物带来的物理环境的影响。

山坡上为建筑组团的单体建筑团块，主要功能是作为别墅区。由于其对私密性的要求较高，且需要配套较大规模的室外景观，故采用点式平面布局为主，在工程上采用半填半挖方法，配合条带式建筑组合方式。建筑平面与等高线平行或成 30° 以内倾斜布局；山脚下较为平坦的地块，考虑作为公共会议中心建筑的构筑区域，采用传统条形围合院落式布局进行空间设计，并配合较大区域的人工水体，与南侧的水库形成呼应，将建筑与景观环境紧密融合。

### （二）会议中心详细接地方案

在东南部分的山麓平坦地带坡度很小，场地开阔平坦，地形对于建筑的限制较小。所以这部分建筑采用了依附式的接地方式，建筑跟随地形的起伏而变化，建筑内部可根据实际需要进行自由布置。在后期深化方案中，坡度在 5% 以下的采用弯折的接地方式，基地升则建筑升，基地降则建筑降；坡度大于 5% 的地方采用掉层和跌落的接地方式，尽可能在建筑内部创造平整的平面，为室内布局争取更自由的空间。

西北部分的别墅区基地建在中缓坡地带，需要建筑根据地形调整接地形式，本设计采用分离式接地形式，配合填筑的方式，既可以巧妙利用山势创造丰富的景观环境，又能减少土石方开挖的工作量。但是同时要注意地质灾害的影响，做好地质勘察，防止出现滑坡、冲沟、断层、崩塌现象，注意岩溶地质对本地区的影响。

### （三）会议中心建造形式与风格

首先，由于山区的地貌与建筑会议、休闲的功能性质，建筑体量不宜过大，所以在建筑体量方面采用了较为亲切的尺度。高度对空间尺度感的影响最大，为了使建筑能够与山地更好地融为一体，我们尽量压低建筑高度，东南缓坡会议中心建筑体量较大，局部高度为 8m，最高处不超过 20m；西北坡地小体量别墅高度则仅有 6m。

在建筑造型的选择方面，我们在本方案的造型上采用了上一章节中，意象型的外观处理手法，将起伏的山峦和基地的岩石等元素进行提炼、加工、变形为现在的造型形式。保留部分可辨识的象征特色，从具象中升华为新的造型。采用直线与自由曲线的搭配方式使建筑看起来灵动轻巧。直线有垂直于地面的也有斜交于地面的，利落又不显单调；自由曲线本身给人强烈的运动感和表现力，加之它的曲率与周围山体的曲率相符，线条优美流畅且与周围环境高度协调。通过幕墙的分隔与屋顶木质造型的分隔能够加强建筑造型的节奏感与韵律感，使建筑造型更加具有张力。

针对建筑色彩与材质，本方案中主要采用了三种基调色彩，原木色、深灰色与玻璃的淡蓝色。原木色、深灰色给人温暖、沉重、柔软、亲近的感受，玻璃的颜色则给人冷峻、轻巧、坚硬、疏离的感受。根据东南缓坡会议中心和西北坡地别墅区的性质不同，在色彩比例的选取上，设计师也做了些许调整。会议中心以淡蓝色为主，原木色、深灰色为辅，别墅区则以原木色、深灰色为主、淡蓝色为辅。在明暗的处理上，模仿周围山体的对比强度，采用中对比度的形式，使建筑能够较好地与环境相融。

会议服务中心整体建筑风格为现代与自然风格的结合。通过采用现代式的材料，运用玻璃、铝板等在建筑外部塑造简约的几何造型、横竖向的条窗等元素来体现建筑性格上的简单与伶俐。遵循经济性原则就地取材，通过当地的木材营造屋顶挑檐，在居住组图的景观空间，设置民居式的院落布局来体现青州民居特色。既符合现代审美与功能要求，又具有地域性特点。

本项目在设计时遵循实践了理论部分归纳总结的适用于山地公共建筑的一系列设计要点与设计策略，从而将理论与实践有机结合起来得出具有可行性的结论。首先，介绍了仰天山景区的项目背景及前提条件。其次，场地的选址与规划依托自然与人文因素的考量，从潍坊市仰天山的喀斯特地貌的岩溶地质现象、景观环境特点、基地的坡度、日照、风向等方面详细介绍了会议服务中心的基本条件。最后，设计过程依照山地建筑对空间及美学的处理手法，对会议中心的空间分隔与组织、不同地形情况下的接地方式的选取以及建造外观风格进行逐步递进的确定。通过对会议服务中心设计方案的推敲与建模的扩充，通过透视细节展示出设计成果，将上文提出的理论加以证实和检验。

# 第七章　山地旅游度假别墅建筑设计研究

## 第一节　我国山地旅游度假别墅建筑设计的现状

### 一、旅游度假别墅的概念

在我国古代，别墅被称为“别业”，是指本宅门外供游玩休养的园林房屋。从《辞源》中也可找到别墅的含义：本宅外另建的园林游息处所，也称别业，别馆。再看《简明不列颠百科全书》中的别墅（villa）词条，包括住宅、园林和附属建筑的乡间庄园。所以，纵观传统的别墅，其定义应为在城市住宅之外，建在郊区或风景区供私人休闲或度假的园林式第二居所。它不仅应有尽有较高的建筑质量，同时应具有良好的环境素质。

作为休闲、度假之处，这种真正传统意义上的别墅一般具有如下特征：①要远离繁华、喧闹的城镇；②要有较大规模的私家花园；③要有更高的私密性要求；④要建在风景名胜地或大型游乐设施如高尔夫球场、赛马场、滑雪场、海滨、游泳场、游艇俱乐部等附近或有山有水的地方；⑤不必建那些为居民提供日常生活方便的公共配套设施，如学校、托儿所、商业服务设施等。

然而，和任何建筑形式、建筑概念一样，别墅并不总是符合某种特定的含义，在历史发展过程中呈现出纷繁复杂的特性。在现代生活中，别墅的含义有了很大改变，已有别于传统意义上对别墅的定义。它不一定完全处在郊区或者风景区，也可能处于城市之中不一定是供私人休闲或度假的园林式第二居所（villa），也可能是具有居住性质的第一居所住宅（house），甚至可能是提供住宿的别墅形态的宾馆客房组团。

不难看出，现今人们对于别墅的理解及定义不尽相同，为了更加准确地对本课题所要研究的主要对象——旅游度假别墅进行定义，将其与其他别墅类型区分开来，便于研究的深入和展开，现将与别墅相关的各种建筑类型进行大致分类及归纳，并对它们分别进行定义。

1. 旅游度假别墅

建于郊区或者风景区，由旅游度假区进行统一管理，供私人或旅游度假者居用，满足其旅游休闲度假需要的园林式小型建筑。

由于旅游度假别墅按其功能结构可分为家庭式度假别墅、私人会所式度假别墅、客房式度假别墅以及商住式度假别墅四种类型，种类较多，所以其建筑面积指标的变化幅度很大。最小的如只有一个标准间的客房式度假别墅面积只有约 30 $m^2$，而可接待十多人的最大的私人会所式度假别墅面积可达约 1000 $m^2$。

2. 私人度假别墅

建于郊区或者风景区，由私人自己居用和管理，满足其休闲度假需要的园林式小型建筑。

3. 私人别墅

供私人实现较为理想化的家庭生活的第二居住处所。

4. 私人别墅式住宅

供私人日常居家生活及工作的别墅形态的第一居住处所。

5. 商住别墅

由一些公司、企业购买或租赁，兼顾商务活动和生活居住的别墅形态的小型商业建筑。

## 二、山地旅游度假别墅设计面临的问题

### （一）我国旅游度假别墅建设及设计上面临的问题

以别墅为主要住宿休憩形式的旅游度假区的别墅群项目虽不断增多，但许多别墅在其建设及设计上却出现了诸多问题：

①选址不当。②与所处自然及人文环境不融合。③在总体环境的规划设计上，大多只注重平面的图案化，而不注重空间的组织。④由于片面追求利润，强调建筑面积，只顾增加栋数，提高容积率，致使别墅布置紧密，从根本上失去了旅游度假别墅的休闲度假意义。⑤造型呆板，选材不当，配套设施不全。⑥各个旅游度假别墅之间的互相借鉴使祖国大地从南到北呈现出“一脉相承”的设计手法，抹杀了地域性。⑦这些以为旅游度假者提供停留、休憩和住宿为目的的别墅，往往其功能设计及总体规划和普通私人别墅及住宅无太大区别，导致其功能布局和实际功能需要相不符。

旅游度假别墅是为游客提供临时性的住宿、饮食、娱乐服务的。因此，无论其功能设计还是配套设施建设都不能按一般的住宅别墅设计手法进行简单设计。

笔者调研发现，国内对于旅游度假别墅这种特殊别墅类型并没有概念上的明确界定，对其设计的研究和探讨更是几乎一片空白。由于缺乏理论上的指导，导致诸多旅游度假区的设计方案是由大片住宅单元构成的别墅区加一些俱乐部之类的娱乐功能结构，对娱乐运动设施考虑有限，室外活动场地可能还不比住宅区的比例更高。甚至有些“非旅游度假区”只是借旅游度假区之名，行房地产之实，与旅游度假别墅群的真正概念相去甚远，把我国旅游度假区的发展带入了误区。

#### （二）山地旅游度假别墅设计存在的问题

《宋书·谢灵运传》中有“修营别业，傍水依山，尽幽居之美”之句。一语道出了别墅选址的一般规则，那就是应依山傍水建造，不仅要享有优美的自然景观，而且还要有私家花园，使居住环境与自然融为一体。因此，风景优美，环境怡人的自然山地成为旅游度假别墅选址的首选。也使得建在风景绝佳的秀美山川之上，与山坡自然贴合，能居高临下，面对青山绿水，饱览青葱山林的山地旅游度假别墅成为数量最多的一种旅游度假别墅类型。

然而，现有的许多风景区山地环境中的旅游度假别墅群设计时突出的现象是随意地对原有山地环境进行破坏。有的旅游度假别墅，为了争取用地，不惜开山、填沟、改变水道，破坏了原有的生态系统。有的不重视别墅对地形的适应，而一味地筑台，单纯地使地形适应建筑，结果是平地上的别墅被搬到山坡台地上，形成刻板单调的山地行列式形态。这种简单化的处理，既不经济，又不利于山地生态环境的保持，更重要的是丧失了山地环境所提供的创造别墅空间和形态多样化的机会，丧失了山地旅游度假别墅的特殊韵味。造成这种结果的原因，主要在于设计者主观上对山地度假别墅设计重视不够，以及在遇到建筑结合地形问题时处理手法的贫乏。

## 第二节　基于自然人文融合的山地旅游度假别墅设计理论

### 一、山地旅游度假别墅的设计原则

#### （一）与自然相互融合

山地地形复杂多变，存在着大面积的陡坡和悬崖峭壁地带，城区地形破碎，建筑用地寸土寸金。为此，结合风景的旅游度假别墅的设计，首先需要澄清用地物质环境的空间结构与驾驭环境的空间联系。在把握建筑与基地的矛盾关系的基础上，汲取山地传统建筑依山附崖，占天不占地等手法。比如，在植被茂盛的山地区域，用柱架支撑建筑地面等方式来完成建筑与山地地段的结合；开挖部分山体并将之回填，外端砌挡土墙扶持进行筑台等。这不仅是减少基本工程量和基础费用的有效之举，而且对节约山地用地、保持地域生态环境和景象，体现可持续发展观念都具有积极的意义。

修建山地旅游度假别墅的目的本就是供人们在风景旅游区进行修养娱乐、休闲度假，满足人们亲近大自然、融于大自然的需要。所以山地度假别墅所处的环境往往具有丰富的空间形态和卓越的风景潜质。起伏多变的山地轮廓线，丰富的景观视点和景观元素构成了山地度假别墅环境的明显特征。因此，依附于山地环境特别是山地风景地带中的山地旅游度假别墅，不应仅仅消极地存在于山地景区中，而要积极地表现景观的意义，既要成为人们观赏山景的驻留点，也要成为点染山地环境的景观点。应该通过因山就势的布局，丰富视觉界面的构成，利用视点视角的多变等手法，从观景和景点两个方面体现积极地结合风景的意义。

另外，山体的体量特征是总体上尺度宏大，其间某些构成要素又具有近人的尺度。在山地旅游度假别墅的建筑体量框架初步确立后，要运用相对尺度对别墅体量做再处理，即体形、表皮划分和肌理组织。体形划分包括切、挖等减法构成以及通过联系体连接体块的加法构成。通过对别墅体形处理所造成的暗部、阴影以及体块间的互相穿插，便于别墅与地段的结合。在此基础上经过别墅表皮划分与肌理组织就可使别墅具有近人的尺度，别墅与山体的尺度关系也由此确立。比如西湖边度假村别墅通过坡屋顶、小体量灵活布置的规划设计手法，消减人工构筑物对自然景观的影响，并在别墅表皮采用仿木做法和划分来达到“天人合一”的设计理念，保持沿湖环境的完整，升华了自然景色。

### （二）自觉的生态补偿

山地的自然生态系统既丰富多样，又敏感脆弱，且不易复原。在山地旅游度假别墅的具体设计中，设计师必须对该地域造成的生态损失尽可能地予以补偿，通过正确选址、生态设计、被动节能、仿生建材等具体方法的运用体现可持续发展的生态思想。需避免山地旅游度假别墅与山地自然风景环境的冲突，使其以一种生于山地、融于山地的自然形态与山地之间建立起共生共荣的关系。比如，在屋面进行种植，还有通过底层架空增加绿化面积。垂直绿化的生态墙体、仿生技术的生态墙、覆土建筑等生态补偿的建筑技术和建材的运用，不仅还原了基地原有的绿化面积，丰富了建筑造型，而且具有改善室内物理环境的生态调节作用，应是未来山地旅游度假别墅发展的主流趋势[①]。唯有如此，山地旅游度假别墅才能具有生命力，濒危的山地自然风景环境才可能得以维护。

### （三）有效的功能设计

旅游度假别墅是旅游业发展的必然产物，是适宜人们旅游度假需要的旅游建筑。尽管它与普通住宅一样，都是供人居用的居住建筑，但由于其特殊的功能要求及使用需要，它与普通住宅从室内功能结构到户外环境设计等各个方面都存在着很大的差别。因此，对其的设计不能照搬普通住宅的设计方法和模式，而应该按照其本身的功能要求和使用需要进行设计。

### （四）本土的人文体现

山地旅游度假别墅区的规划设计内容不只是我们肉眼所看到的建筑的建设，还包含对当地人文精神的表达。俗话说："一方水土养一方人，一方水土塑一方宅"，每个地区的建筑都含有自己本土所独有的地域特点，所以我们在做山地旅游度假别墅区的规划设计时，要将当地的地方文脉展现出来，才使我们的建筑设计不只是造型得漂亮，更具有文化价值和内涵。印度尼西亚的巴厘岛旅游度假区在体现本土人文文化方面堪称典范。"旅游天堂"描述的即为巴厘岛。从巴厘岛回来的人都为那里的美景所吸引，那里有清新的自然空气、雪白的浪花、茂密的椰林和碧绿的梯田等。

近年来，我国在旅游度假区和别墅区方面的建设项目不断增多，但在设计思想方面却步人后尘。在建筑设计方面，开发商和设计师往往只注重要用昂贵的建筑材料进行豪华的室内装修，认为这就是吸引游客的最大因素；在景观环境设计上，只注重视觉上平面的图案化，却忽视了规划区内空间的组织。新建的度假区在设计时盲目地去借鉴当前著名的成功案例，却忽视了自己所独有的地域文化。而巴厘岛可以在世界建筑舞台上有一席之地正是由于其设计时展现的明显的地域特征和保留地方传统文化的观念及方法。在做山地旅游度假别墅区设计时，我们应该更新设计观念，充分尊重与保护并体现出当地的人文文化特色。

## 二、山地旅游度假别墅的设计方法

### （一）自然生态层面

影响旅游度假别墅区设计区域整体风貌的主要因素就是自然环境，而且一

① 郭红雨．山地建筑意义的探寻[J]．华中建筑，2000（3）：28-29.

个旅游度假区能够做到吸引游客的主要因素之一也是美好的自然环境。在我们进行山地旅游度假区设计之前，我们需要对其自然环境及风貌拥有足够的了解，比如当地的气候、植被环境、山地的地形地貌等。在充分了解的情况下，我们尊重自然环境，并做到合理地利用，并且在设计中对破坏的自然环境做到力所能及的补偿，这样才能更好地贯彻可持续发展理念。

1. 尊重——自然要素

（1）对地形地貌的尊重。我们一直在埋怨城市没有特色，没有文化，而我们只把这些特色赋予那些标志性的建筑物，却忽略了一个城市的地形地貌，即土地褶皱。地形地貌不仅仅象征我们生活地方的地理特征，更记录了我们的生活印迹和态度。在过去城市大发展的道路上，很多地方采用了“推土机”的方式，进行大量的大拆大建，这所有的一切不只是破坏了我们的土地，更是对历史记忆的抹杀。当我们把城市的发展寄托在高楼大厦、形态奇特的建筑时，我们忘了记原有土地褶皱的样子。所以，在做山地旅游度假别墅区的规划时，尤其在这样一个与众不同的土地地形上，我们更应该对场地的地形地貌做深入的研究和分析，研究出土地特性与当地的生态系统有着怎样的联系，使我们的设计可以顺应自然生态环境，继续保持生态系统的平衡。

（2）对气候的尊重。建筑师应对建筑所在地的气候条件做到充分的了解，比如在东北和江南做建筑设计的时候，建筑的朝向和位置都会有很大的不同。著名的印度建筑师柯里亚就很注重对建筑所在地气候的研究，他根据自己多年来的建筑设计经验，提出了“形式追随气候”的观点，这对之后的建筑师设计有着很大启发。因此在设计旅游度假别墅时，建筑师应对当地自然气候的充分了解，认识到气候给建筑带来的影响，学会去利用气候做到适宜的室内环境，建造出适合当地气候的旅游度假别墅。

（3）对乡土植物的尊重。植物在别墅区中是很重要的造景元素。在不同地域的自然环境条件下会有自己独特的植物品种，植物以其丰富的色彩和形态构成了当地特有的地域景观特色。作为建筑师应该对当地的本土植物做到深入了解，将本土植物带入建筑设计中来，将本地所独有的地域性景观呈现出来。

建筑师在设计旅游别墅景观时应尽可能地利用当地的乡土植物，因为乡土植物对本地的自然生态环境具有很好的适应性，可以展示地方资源和自然风貌。同时，种植乡土植物不致引入生物侵害，造成对当地生态系统的危害，而且能够在很短的时间内生成最大的生物量，供当地的鸟类、昆虫等食用，从而固定最多的二氧化碳，这与生态理念息息相关。

2. 利用——自然特色

利用自然特色主要是指建筑师对当地的自然应该有充分了解，在设计时将建筑适应自然，也使自然成为建筑中的一部分，为建筑增色。所以，应该强调土地利用规划遵从自然固有的价值，强调人与自然的共生与合作关系，力图减少人为因素对环境生态的影响。所以，在做旅游度假别墅区的规划设计时，应该注意运用当地的地域性自然景观特色，将生活与地方自然紧密地联系起来，重新唤起人们本能的对自然向往的情怀。

3. 补偿——自然生态

在做度假区设计时不仅要保护现在拥有的生态环境，而且要做到对先前人们已经破坏的生态环境进行修复，避免污染和破坏进一步扩大，使环境一步一步得到改善。

（二）人文历史层面

人文是国家、民族以及地域文化的独创，也是本土建筑区别于其他地域建筑的根本，它使人能够识别自己的建筑，产生归属感，增进民族感情。但现在这一切却正在渐渐地消失，所以在进行建筑创作时，设计师应该在建筑中体现我们的本土人文，并做到对人文文化的传播与传承。

1. 保留——地域传统文化

地域文化是一个地区特有的文化，它是在一个地区的历史发展中，经过岁月的沉淀，形成的当地独有的生活方式、思维方式、饮食习惯等以及富有浓厚的地域特色的艺术品。地域文化代表了一个地区的历史印迹和记忆，它使一个地域与其他地域区别开来，成为公众识别地域的重要特征[①]。因此，在做旅游度假别墅规划时，不仅要对传统人文文化继承，更要做到对人文文化充分了解，在了解的基础上根据时代的步伐对人文文化在建筑中的体现进行创新。

2. 抽取——地域符号和地标

在任何一个城市中，都有其独有的有代表性的地标，这样的地标都是具有视觉感官和社会人文展示双重功能的。如上海的石库门住宅和北京的四合院，均为一种地域性符号。不过，随着社会快速发展，传统地标已经开始渐渐衰落，要使它们不再被人们所疏离，那就需要对这些传统的地标做适度的改变。因此，在设计旅游度假别墅时，应当去努力抽取本地具有地标性的符号或者片段，然后用现在的设计手法对这些符号进行改变和利用，注入新的时代观念，使地域文化在旅游度假别墅设计中得以延续和发展。

---

① 林奇．城市意象 [M]. 方益萍，何晓军，译．北京：华夏出版社，2001：53.

3. 再现——地域场所精神

在城市中一些对历史事件和历史人物进行纪念和表达的场所，往往容易成为在城市呈现历史文化及记忆的地方。对于这些地方，可以采用恢复的方式，如对地形地貌和建筑格局等实现对历史的再现。场所意义可以反映城市人文的重要内容，但它是建立在物质空间基础上的。所以在做山地旅游度假别墅区的规划设计时，设计师不仅要在建筑创作中体现人文，还要设置一些文化场景和能够对人文进行传播的活动。

### （三）山地旅游度假别墅自然与人文融合设计方法

1. 从功能布局出发，在街巷的空间节奏和韵律中体现自然与人文融合

为了更好地对山地旅游度假别墅区进行规划设计，在度假区中展现出自然与人文的融合，我们需要对度假别墅区进行功能分区的规划，在规划中确定好哪些功能分区来进行展现自然，哪些功能分区来展现人文。通常自然和人文并不是单独展现出来的，这就需要我们对各个功能分区进行整合，明确景观的打造方向，使自然与人文景观在别墅区中实现连续的发展与变化。塑造一个自然与人文融合、生态平衡的山地旅游度假别墅区。

在做设计前，需要先了解度假区现状内的自然、人文、建筑等景观要素之间的联系，分析当地的历史和人文特点，在规划时，将度假区内的遗址、古迹和各类可以展现当地地域文化的标志物在空间上合理地组织起来，形成一个可以展现当地人文文化的网络体系，展现这样连续的且有机的人文空间展览路线，将自然与人文更好地展现在游客的眼前。

在度假别墅区的规划设计中，还要注重对别墅区内街巷空间界面的设计。如果有连续的建筑物，就应该延续当地原有的街坊空间结构，并且注意街道空间的开合设计，在视觉上形成很多景观节点，利用街巷和居民的关系以及景观节点的塑造来展示当地历史文化的记忆。并且根据所在山地的地形地貌特点，将自然景观与街道节点紧密结合，形成山地环境中独特的绿色邻里。并对山地的自然地形进行合理运用，利用街道形态塑造山地自然景观脉络，以此达到自然与人文的完美融合。

2. 通过公共节点的活动与艺术来达到自然与人文的融合

旅游度假区的古树、古井，均属于节点，在规划过程中需要保留下来，并结合步行系统将这些历史文化遗迹与景观空间节点等有机地联系起来，形成体系。在规划设计中，我们可以在景观节点和步行游览系统中设置具有地域文化特色的小品建筑，例如有地域特色的垃圾箱、带有地域符号的指示牌、路灯等公共空间艺术作品。通过它们，可以提高本土地域空间的识别度，形成具有深

刻记忆的场所标志。我们还可以在一些街道空间中设置可以举行人文、纪念性活动的广场等。注意这些节点景观需要结合现有山地地形做好处理，满足当地自然山地景观的展现，将地区特有的人文特色通过艺术化的自然景观处理，达到自然与人文的完美融合。

3. 通过景观意境创造来达到自然与人文的融合

这里主要是指对自然与人们景观的过渡空间的处理，要学会运用掩映、引导等景观艺术处理手法，使景观节点的意象层次提高。提高意象层次，使人们在对自然景观的欣赏中，可以穿透景观看到其对当地人文文化的展现。景观意境的主要设计内容就是达到天人合一的目的。设计中注意自然与人文的融合，通过对别墅区中的建筑在体量、色彩、风格上进行控制，并力求达到与自然环境的和谐统一，显山露水、皈依自然。对景观节点的塑造也要注意以自然景观和人文等要素来丰富空间层次，注意尊重并且展现出当地的自然人文特征，“虽由人作，宛若天开”，使人文景观与自然环境和谐相处①。

## 第三节　与自然融合的山地旅游度假别墅区规划设计方法

### 一、选址

对于山地旅游度假别墅区的选址，我们需要考虑很多方面的综合性因素。比如拟建区内需要有丰厚的旅游资源，优越的经济条件，便利的交通条件和源源不断的客流量等，以下从几个方面入手来考虑山地旅游度假别墅区的选址因素。

#### （一）资源条件的特征

从当地的资源条件来分析，山地旅游度假别墅区的选址要综合以下三个方面来考虑。

1. 适宜的温度气候

在我们进行山地旅游度假别墅区的选址时，我们需要对当地的气候条件进行充分的了解。其中包括我们需要研究适宜来此度假的季节以及时间的长短，

① Yahner T,Korostoff N,Johnson T, et al .Cultural landscapes and landscape ecology in contemporary greenway planning,design and management:a case study [J].Landscape and Urban Planning,1995,33（1）:295-316.

还需要了解当地会不会出现不适合旅游的恶劣气候。因为当地的气候条件会直接影响旅游度假区的客源情况，最终影响到旅游度假别墅区的经济效益。所以，气候成为旅游度假别墅区选址时的首要因素。

2. 优美的自然风光

度假别墅区不同于一般的供观光旅游游客住宿的客房。观光旅游一般都有预先安排好的游览路线，行程都比较紧张，这类游客对住宿设施及其周围的环境设施等要求则会相对较低。而度假旅游者，他们是固定一个地方度假，他们自然会对住宿设施及其周围的自然环境要求高很多。

旅游度假别墅区的所在地大多是风光秀丽的景区，并且空气清新、环境幽静。度假者在此可以放松全部身心，消遣融入这风光水色之中。除此之外，我们还要对度假区周围的生态环境进行评价，包括大气、水体等的洁净程度和绿地率等。

3. 文化旅游资源

独特的人文文化旅游资源也是吸引顾客的一大因素。因此，在做旅游度假别墅区规划时，我们应当依托当地独特的人文文化旅游资源建立有地域识别性的景点，既传承和传播了当地的人文文化，也使景区更具有地方文化特色和吸引力。

### （二）区位条件特征

区位理论主要是探讨在一定的地域内应该进行什么样的经济活动，以及应该存在什么样的经济设施。旅游业所涉及的领域特别广，而且综合性很强，所以影响旅游度假别墅区的区位因素就很复杂。

1. 经济水平

旅游度假别墅区拟建区所在区域的经济发展水平的高低对旅游度假别墅区的建设周期以及投资大小有着最直接的影响。因而，经济水平是决定旅游度假别墅区开发的最主要的区位因素。

2. 客源分布

客源是旅游度假别墅区能够得以生存和发展的最根本因素，客源的充裕程度直接影响了整个度假别墅区的经济收益。我们主要是从四个方面来对旅游度假别墅区的客源分布进行评价的，包括客源市场、客源数量、客源类型、客源消费水平等。

3. 交通状况

客源地与旅游度假别墅区之间的交通状况的好坏直接影响了游客前往度假区的主观能动性。我们通常采用以下指标来评价交通状况：区域内综合运输网密度、旅游度假别墅区的拟建地区与邻近旅游地区联通条件以及与国际、国内主要客源市场的通达性。

4. 基础设施

主要考虑拟建旅游度假别墅区内水、电、暖、气、道路、邮电等旅游基础现状及水平①。

## 二、布局形式

山地别墅区由于所在基地复杂的地形地貌使旅游度假别墅区的布局方式也具有多样性。独特的山地地形可以最大限度地去激发设计者的创造力。我们在做设计时要充分利用现有的地形地貌与自然环境，设计出适宜的布局模式。山地别墅区的建筑设计有一个最为显著的优势就是山地景观为别墅区的建设增色不少。在旅游度假别墅区的规划设计中，我们大多数情况都需要根据多变的山地地形采用不规则的布局方式，使山地建筑随山形地貌而形成弯曲或曲折的轴线，产生不规则的视觉平衡感，显得更为生动活泼。适应山地的不规则的布局方式使整个度假别墅区不会显得生硬，且会赋予别墅区自由生长的个性色彩，展现出山地建筑独特的天然之美。别墅区所在地段山地地形一般都比较复杂，在规划设计中，我们应该根据当地的地形特征来对度假区做出适宜的布局方式。一般情况下，在山地旅游度假别墅区中比较适宜采用沿等高线排布，低密度、小规模的布局方式。

## 三、功能结构

随着科学技术和社会经济的不断发展与进步，人们慢慢地从繁重紧张的劳动生活中解脱出来，发达国家现在已经全面进入休闲时代，发展中国家也紧随其后，休闲、娱乐和旅游业现在已经占据经济市场的主导地位。新技术的产生和当今的潮流趋势使休闲开始在人们的生活中扮演很重要的角色，旅游度假别墅区正是在这种背景下产生并迅速发展起来的。前来山地旅游度假区的人被称为“度假者”。“度假者”和“旅游者”虽然看似相同，但在性质上有很大的区别。“旅游者”只是满足单纯的好奇心和为了寻找地区差异性或者开阔视野而进行旅行，但“度假者”前来旅行是为了获得舒适放松的异地体验，而到度假区来是得到精神愉悦和身体健康放松的一种休闲方式。

从上述分析可知，山地旅游度假别墅区的内部功能不只是局限于居住这一

① 刘家明，季任钧．旅游度假区开发的选址研究[J]. 人文地理，2001（5）:49-52，71.

种功能，它需要满足度假者旅游、娱乐、度假、休闲、养生等功能。具体的功能需求需要根据所在的旅游度假区的特点和主要客源需求来决定。

## 四、建筑单体设计

### （一）根据山地的自然地形及气候特征，布局建筑单体

1. 依据山地复杂的地形，创造丰富的建筑形体

山地复杂的地形地貌使山地建筑的创作具有一定的难度，但从另一种角度来说，这种复杂的地形又给建筑师带来了很多建筑形体创造的灵感。设计师应该利用山地这一独特的地形优势，寻找建筑形体与山地自然环境之间的默契关系，抓住形体创作的关键。所以在设计时，既要注重保护山地的地形地貌和当地的自然环境，避免造成大的土方量，还要学会利用山地的奇特地形来设计创造独特的山地建筑形体。使山地别墅建筑物随着山地等高线的起伏与走向，形成生动的空间形式，与地形地貌浑然一体。

2. 依据当地的气候特征，对建筑单体进行设计

与此同时，还需要考虑山地当地的气候特点对单体建筑的影响。一个好的设计师，必须对项目所在地的气候特点有充分的了解，在山地旅游度假别墅区的规划设计中也不例外，设计师需要对当地的气候条件进行特别充分的了解。

（1）气候特征对建筑布局的影响。根据上述理论篇的内容分析可知，山地建筑一般会布置在顺应南坡的等高线上。位于东西向山坡的地方，我们可以将建筑垂直于等高线布置，以获得较好的气候条件。在山地的南坡，建筑通常沿山势呈阶梯状布置，建筑之间的日照间距也会比平地减少很多，北高南低，这样建筑可以获得更多的太阳能，冬暖夏凉，也可以节约更多的土地。在建筑的竖向设计上，我们应该充分尊重山地原有的地形地貌，并且结合山地的地形形成合适的、特殊的建筑外轮廓线，使建筑与山地的自然地形得到和谐的共生。

（2）气候特征对建筑形体的要求。在我国广袤的土地上，大部分还是夏热冬冷的地区，在进行建筑设计时，就需要去考虑建筑如何抵御冬季的寒风，又如何使建筑在夏季得到自然通风。为了抵御冬季的寒冷，需要去阻挡冬季的北风和做到最大程度吸收冬季的阳光，所以建筑一般在北面较少开窗而相对封闭。而南面尤其是对于山地度假别墅，我们一般采用大面积的落地窗，既能在冬季接受更多的日照，又能使建筑室内外空间通透，使室外的山地景观渗透入室内。而且，南向开窗还可以引导气流的进入，在夏季做到建筑室内的自然通风。

对于单体建筑来说，建筑的长边垂直于夏季的盛行风向最有利于建筑的室内自然通风；但是，对于群体建筑来说，如果依然长边与夏季盛行风向垂直的话则会影响到后排建筑的夏季通风。所以我们在设计时，南侧建筑不宜过长，要在建筑群体中形成穿堂风。所以我们一般会采取建筑的形体在南侧一般都是体量小的建筑，北侧布置体量大且最高最长的建筑，南侧布局松散，北侧布局紧密，想办法形成喇叭口的导风形式，以使建筑做到夏季自然通风，冬季抵御寒冷的北风。

（3）根据当地的气候特征，进行适宜的建筑外维护结构设计。这里所说的建筑外维护结构即指屋顶、外墙和门窗。在做山地旅游度假别墅区的建筑设计时，应该充分了解当地的气候条件，做出出色的建筑外维护结构设计，使建筑的室内环境更适宜，以满足游客的需求。

屋顶是建筑外维护结构中很重要的一部分。由于屋顶的面积大，在太阳辐射和空气温度的综合作用下，传入室内的热量是很大的。同样在冬季，屋顶也会带来大量的散热，影响室内的供暖环境。这就需要对屋顶进行合理的设计。现在最普遍的有两种方式来减少屋顶的传热给室内造成的影响。第一种是采用双层结构，设立屋顶生态绿化体系。第二种设计方法是利用植物的蒸腾作用和土壤的蓄热作用来减少屋顶的导热作用，这样不仅可以降低屋顶对室内温度的影响，而且可以利用屋顶绿化，增添建筑的美感，也能使建筑与自然做到更好地融合。

墙体同屋顶对室内温度影响的原理相似，同样需要考虑墙体的影响作用。在旅游别墅中，我们经常采用大的落地窗使室内外空间联系起来。这时需要采用两层或三层的玻璃作为别墅的外维护结构。在冬季的时候，中间的空气就会自然形成一个自然的阳光温室，可以减少室内热量的散发，比较有利于维持室内温度，并且节约能耗。在夏季的时候，我们会对玻璃中间的空气进行“通风换气”，这样就可以把中间的热气抽走，从而达到对室内降温的作用。

对于门窗的设计，主要考虑的因素是门窗的遮阳作用。遮阳板的种类很多，但在设计时，需要从当地的自然气候条件出发，结合建筑的造型和体量，精心设计出最适宜的遮阳板，使它能够在夏季的室内避开太阳的辐射，而到冬天又能把热量带进室内。

## （二）结合当地人文文化，对单体别墅进行设计及润色

一个地方的人文文化是由于人类活动所形成的环境要素，它可以反映一个地区的地域特色，同时有着独特的个性和生命力。从某种程度来说，人们前来

度假其实就是和度假区的整体环境进行交流，而人文正可以作为一种交流的工具使双方的交流更加顺畅与舒适。

1. 结合当地人文文化，设计人文体验休闲建筑场所

一个地方的人文有可见和不可见之分，它可以是一个地域的标志，也可以是一个地域的某种特殊的当地技艺，这些都可以称之为人文文化。对于山地旅游度假区中的人文文化体现，可以根据当地的人文文化，设计一些人文体验类的建筑，比如在莫干山裸心谷中设计的裸心小馆。

2. 在单体建筑设计中，要学会利用本土材料展现人文

在山地旅游度假别墅区的规划设计中，对于其中单体的建筑设计，不仅要追求与自然山体的完美融合，还要在建筑中展现出当地的人文文化，实现自然与人文在别墅区规划中的完美融合。

在对山地别墅形体进行设计时，应注意当地地方风格和历史文化的延续性。这就需要从地方民居中寻找造型的原始符号，然后把这些原始符号与现代审美观念和现代造型规律糅合在一起，从而提炼出新的，与地方文化相吻合的建筑造型。

在外立面上，可以考虑就地取材，用当地的外立面材料，当地的石材，也可以采用当地的建筑色彩进行装饰等。对于屋顶，可以设计成当地民居建筑的屋顶形式，也可以根据当地的材料特点来设计具有地方独有特色的屋顶。在室内装饰方面，也可以利用当地的一些材料作为室内的装饰或者家具，这样不仅可以使建筑充满当地的人文气息，而且可以为那些即将消失的生活印记赋予新的生命力。

3. 在建筑单体设计中，将历史人文元素注入建筑设计中

在进行山地旅游度假别墅区的规划设计时，要重视当地的建筑地域人文特色，对其进行深入的研究，将其运用在新的别墅度假区的建筑设计中。而且，在设计中还需了解当地独有的文化，比如产业文化、戏曲文化、剪纸文化等，我们也需要将这些精神方面的文化融入建筑设计中，展现在游客面前，既能吸引游客的到来又可以将本地独有的文化进行传播与传承。

### （三）在建筑单体设计中，要注重绿色技术的采用

当今，科学技术得到了飞速的发展，人类社会空前繁荣，人们改造自然的能力也随之增强，于是对大自然进行长期的掠夺，导致人类的生活和生态都遭到了严重的破坏。为了保护自然资源以及生态系统，在山地旅游度假别墅建筑设计中应该尽量采用一些绿色技术。

1. 采用现在科学技术和先进理念来进行建筑外维护结构的设计

对建筑外维护结构的设计主要考虑的是外维护结构的保温隔热性能。现在比较常用的、也比较节省费用的是在墙体间做防火纤维的夹层设计。但在山地度假区中还是提倡用本土的材料和比较适宜的技术结合，这样不仅可以使建筑与当地的人文相结合，而且可以展现出技术和生态的结合，也可以节省很大的材料运输费用，以达到人、自然、人文、技术的共生。

（1）利用当地的土壤资源。土壤一直是华北平原很多地区农村民居的建筑建造中的主要材料，直到现在泥土建筑还被广泛应用。现在用泥土作为建筑材料主要有两种形式：一是夯土墙，二是土坯墙。泥土墙还具有很好的生态作用，可以减少对水泥等建筑材料的使用，减少空气中二氧化碳的排放；而且泥土墙的蓄热性能很好，可以减少能源消耗；隔声性能也好。最重要的是做泥土墙便于取材，可以大大减少在山地中的交通运输费用，而且从以上分析可以看出，泥土墙对自然环境的影响很小，有利于别墅区的可持续发展。

（2）利用当地的农作物纤维作墙体。收割后的小麦秆回收再利用成为建筑材料的来源。其中草泥墙在我国的应用最广泛，还有两种方式是做成农作物纤维块和将稻草、麦秸秆等做成新型节能建筑板材。

2. 可循环水利用系统

山地别墅区内的水源也是一个问题。虽然有些地方长年有山泉水流经，而且水质很好，但是一定要持有可持续发展的理念，不能任意挥霍水资源。在山地别墅区中设置可循环水利用系统是很有必要的。

在别墅区内对水的回收再利用可以体现在以下三点：少用、回用和处理。可以对废水进行再循环利用，设置中水系统，用中水来做冲洗厕所、场地灌溉、消防用水等；在度假区中保留池塘和湿地，用过滤的中水作为水景景观。还可以设置雨水回用系统，用来收集屋面、路面等雨水。将这些雨水用于景区内植物景观的灌溉和平时的路面清洗。

3. 积极利用太阳能设备

现在有一种太阳能集热系统是通过在房屋地板下填埋冷热水管，通过阀门控制，能在冬天的时候，让屋顶上的太阳能加热的热水先流经房间，为室内增温；同样可以在夏天打开冷水阀门，让冷水快速流过房间为室内降温。此种装置不会消耗很多费用，而且充分利用太阳能，大量减少其他能耗。当前很多度假别墅都采用了太阳能热水系统，既可以减少能源消耗，又可以减少投资费用。

## 五、交通体系设计

在山地环境约束下规划的交通系统有两个要求：一是确保其各组成部分的紧密联系；二是利用不规则基地，建立路边设置的公共活动场地。

### （一）与山地别墅区空间功能布局相结合的道路系统

山地旅游度假别墅区中的道路系统是连接规划区中各个功能组织和空间布局的系统，因此道路系统是度假别墅区的骨架。在进行山地旅游度假别墅区的道路系统规划时，应该以别墅区的用地功能组织为前提；同样在进行合理的用地功能组织之前，应该充分考虑别墅区内的道路系统，在进行别墅区规划设计时，应该做到对此两者的紧密结合，才能得到比较合理、出色的方案。别墅区内的道路系统是否合理的判定标准之一就是从别墅区到配套设施的可达性和度假区内的物流分配是否合理，使各功能区域之间的可达性达到最好。

### （二）车行交通系统

山地别墅区内部的道路布线由于复杂山体的存在变得复杂，设计者由于无法自由设计道路，需要考虑因素过多，除了复杂山体的组合排布，还需满足山区道路关于汽车的转弯半径及坡度等需求。在通常情况下，为了更好地适应山地地形的变化，在进行道路布线时一定要与拟建区的地形相结合。

在设计时，应该根据山地的地势变化控制纵坡的坡度，道路的布线尽量顺应等高线，控制其与等高线的水平夹角，避免在设计中出现较大的坡度。尤其是在山地的地形高差变化较大的地段，应该在这些区域少量布置车行道路，适当增加步行交通，一方面可以降低道路系统带来的较大工程量和费用，另一方面也避免对山地地形的人为改造，保护山地的原有地形地貌，使别墅区空间更具人性化。

### （三）步行交通系统

对步行交通的设置，不只要考虑度假者平日在度假区内的休闲散步，还要考虑一些健身道路的设置。对于各个功能分区之间的步行道路设置的最基本原则为“最小原则”，是指游客们在度假区内从一个功能区到另外一个功能区的路径需要最短，成本需要最低。

在度假别墅区的步行系统中还需要考虑对于老人、小孩还有一些需要轮椅代步的残疾人的步行交通。我们应该在度假区中顺延道路布置一些休憩的节点，以免这些人员长期行走会产生的距离感，使整个规划区的设计更加充满人性化。

步行交通系统相比于车型交通系统类型更加多样化，还可以采用其他的一些形式，比如踏步和坡道等，根据复杂的山地地形设计，在不破坏原生态的情况下，增加不同形式的道路系统。

### （四）停车场设置

在山地旅游度假别墅区的规划设计中，停车场的设置是很必要的，因为很多来此度假的人都是自驾过来的。与平地居住区或者旅游区的停车场不同的是，在山地中的停车场设置上，我们需要把工程费用和工程量考虑其中。所以，一般不会设置大型的集中式停车场。因为在山地中，很难找到大面积的台地，而如果没有大面积的台地而硬要集中设置停车场，将会造成非常大的土方工程量，而且会大大增加施工费用，更严重的是那样会破坏山地原有的生态地形地貌。

在山地旅游度假别墅区中的停车场一般按照度假区的规模，分散来设置多个停车场，并且需要注意对停车场外围的绿化和景观设计。这样，一方面可以达到整个生态系统的和谐与平衡；另一方面，这些外围绿化可以使停车场具有私密性，不会很明显地暴露在山体中，破坏山体景观的连续性，影响整个山地的优美环境。

## 六、景观设计

### （一）景观小品设计

在旅游度假别墅区的规划设计中，景观小品的设计也是一个很重要的方面，因为对景观小品的设计能将当地的地域文化反映出来。一般可以采用以下方式来做景观小品设计：①利用最直接的造型形式来做景观小品设计，比如直接提取古典人物、当地动植物，出土文物、民俗器具、传统道具和传统建筑等的造型来做。②运用当地鲜明的色彩设计景观小品，比如使用当地的乡土材料、运用地方历史价值性的材料等。③提取地域中的各种元素符号设计景观小品。④将现代的设计思想、观念、材料和技术融于地域文化的景观小品的设计创作中，设计出现代与地域文化相融合的景观小品。

### （二）绿化景观设计

山地的自然景观环境本身就是一个巨大的景观，在山地旅游度假别墅区中，站在每一栋建筑内，看到的室外的山地郁郁葱葱的森林和鸟语花香，本身就是一个大自然给予的生动景观。此外，还要注意别墅区庭院与游览线路上的景观。别墅庭院内，设置一些地域性的景观，利用当地的一些有特点的生活物品布置于庭院内，使人们能感受当地人们的生活印记及生活方式。同时栽种一些乡土植物，不过庭院内景观我们同样需要景观序列的组织。在旅游度假别墅区中，人们休闲度假，经常沿步行系统散步、游览或者锻炼身体，所以最好沿步行系统设置绿化景点，尤其是一些人文景点。

## 第四节　与自然相融的山地旅游度假别墅设计案例

### 一、莫干山裸心谷度假别墅区规划设计

#### （一）项目概况

莫干山裸心谷高级度假区位于浙江莫干山脚下的一片广阔的山谷中，度假设施依山而建，是由南非人高天成（Grant Horsfield）创立的。他在上海长期居住，一直生活在高度的城市化中，非常想念自己的家乡。因此，他常常在上海周边寻找合适的场地，希望可以建造一个有家乡风貌特点的、与自然高度融合、远离城市的纷扰、可以静心休闲的高端度假区。

该场地位于的山谷属于莫干山自然保护区，空气清新，自然景色绝佳。人们不仅可以在度假休闲中享受高级的休闲度假设施、眺望远山，还可以与林间的小动物为伴。

场地距离上海 2 小时车程，总面积 24.3hm$^2$，建筑占其 5%，四周环绕当地特色的原生态小村庄、竹林、茶林、水库等，整个项目也营造了完善的服务设施，包括酒店、会所、水疗中心、骑马场等。

#### （二）项目规划设计要点

1. 场地选址

场地位于浙江省自然保护区莫干山，裸心谷是莫干山自然保护区的一个私人山谷。度假村的水疗度假屋选址在半山半谷的地方，位于群山环绕的山谷中，水疗泳池像是镶嵌在山林间的蓝宝石。夯土休闲小屋于竹海山谷中也与山体嵌合，既与周围环境呼应又有绝对的私密性。在山顶处还建有农家小屋，在树林掩映中仿佛漂浮在树林顶端，恍若树顶别墅。

2. 项目定位

该项目的主要目的是回归自然，定位为与自然高度融合的精品高级山地水疗旅游度假村。整个项目坚持可持续的原则，力求保持当地的优越环境。

3. 生态设计手法

（1）场地改造。场地最初始的状态是荒无人烟的，在改造场地之初则保

留了生长良好的原生树木和植被，并修复了有生态毁坏的地方，使场地保持了原生态的基底风貌，自然环境优越。

（2）建筑营造。为了实现可持续的生态设计手法，场地中都采用自然材料、低密度的营造方式。建筑的布置也顺山势而建，散布点落在山间，像是山林中嵌着的珠宝，完美地与山林融合起来。为了减少对环境的破坏，房屋也都是架在半空中建造的。

（3）节能措施。建筑大都是面朝南，获取更多光能，同时场地多采用太阳能获取能量，节省能源的利用以做到环保。

（4）景观营造。景观设计主要以场地的原生态的山水为主要元素，合理营造竹林、茶园等为整个乡间增加灵气；对于入口空间的营造也主要以软景为主，蜿蜒的石板路和大草坪让整个入口显得清新自然。通过景观水的营造，设计师保留和营造了当地的田地、水塘等，对当地的中水和废水进行处理和再循环，用于营造水景、农田灌溉、厕所冲洗。

（5）交通方式。场地内的交通主要采用高尔夫球场摆渡车或以步行为主，禁止私家车通行，对生态环境做到最小的噪声干扰和污染。

（6）材料应用。建筑的材料采用了世界先进的绿色材料，因此获得了绿色建筑铂金级认证 LEED（Leadership in Energy and Environmental Design），这在中国的度假村中也是首例。在使用高科技材料的同时，设计师也充分利用当地的乡土材料，包括拆建的旧材料和当地生长很快的毛竹。夯土墙就是采用当地的传统建筑材料制成。这些新旧材料的综合应用使场地与自然完美融合并且散发着浓郁的地域风貌。

### （三）旅游产品挖掘

度假房间分为夯土小屋、山地夯土小屋和树顶别墅。融合于山地自然的疗养度假酒店，建于山间和山顶，依山势而建，与自然环境高度融合，便于住户深入体验自然，享受天然氧吧和安心休闲放松。

挖掘当地的特色文化，用当地特色材料建成的夯土展示室，如裸心小馆等，就为游客提供了当地画展示，提供了毛竹加工工艺的展示。游客还可以自己参与体验制作当地的手工艺作品、陶艺、制作白茶、种植毛竹等传统的生活方式。

山地养生运动的挖掘，例如山地温泉、骑马、山地水疗、山地散步、观赏日出和落日、山地单车、儿童迷宫、农场体验、晨间瑜伽等。

健康食品发展，利用场地内的土地种植有机食物，可以提供给旅客最为健康和最美味的当地特色美食，度假区内还设置了米其林星级餐厅。

## 二、呀诺达热带雨林生态旅游度假区

### （一）项目背景

呀诺达热带雨林度假区是在邻近三亚的保亭黎族苗族自治县三道农场的一个以热带雨林体验为主的生态度假区。呀诺达热带雨林的雨林类型非常丰富，涵盖了几乎海南的全部热带雨林类型，可以说是钻石级的雨林景区博物馆，是我国乃至世界难得的一处圣地。

近年来海南省政府提出“大三亚”的规划设想，将三亚、保亭在内的四个市、县在各个方面协同发展、相互连通，发挥“大三亚”地区热带资源、滨海资源的特点，促进“大三亚”地区的经济、社会发展和生态环境的保护。

### （二）项目优势与劣势

1. 优势

（1）自然条件优越。场地具有典型的热带雨林环境的风貌，原生态的风貌环境以及覆盖率高的植被让热带雨林的氛围更加浓烈。场地地形丰富，具有典型的山地景观资源特点，静谧和新奇的体验并存；雨水资源充沛，水质质量较好。

（2）人文条件深厚。场地内原生态的生活环境保持较好，且该地区黎族、苗族文化特色鲜明、有丰富多彩的民俗活动。当地凭借得天独厚的土地和气候资源，有非常发达的绿色农业生产。

2. 劣势

（1）场地内有较多当地居民居住，而且因为环境较为闭塞，当地居民经济收入偏低，生活条件差。

（2）原居民受贫困所迫，对于场地的自然环境条件有一定的破坏，比如树木砍伐、化肥的使用等，都对当地的森林破坏、河流污染、人工林场逐渐替代热带雨林等生态环境破坏造成无可挽回的后果。

（3）近年来越来越多人选择外出打工导致了本地人员的流失，本地文化传承受到一定的冲击。

（4）当地的经济、文化水平都相对比较落后，旧的发展模式不能跟新的规划理念相互融合，产生了不少矛盾点。

### （三）规划设计要点

1. 项目前期分析

设计团队在进行规划设计之前对场地进行了充分的现场调研、分析和对自然环境、社会人文环境、政策环境各个方面进行了评估。

2. 规划设计总体思路

本次项目改变了传统的规划模式，提出了整体规划，让居民参与的创新思路。本项目设计团队根据场地特性提出了“大区小镇”的理念，也就是跳出单纯的设计区域范围，将设计区块和整个乡镇片区整体规划设计，并且需要居民的积极参与，让居民们成为度假区内的服务者。这样不仅给居民带来了经济收入，改变了他们的贫困状态，并且促进了当地特色人文风貌的复苏。

“大区小镇”的规划设计理念也提出了跟传统开发模式不同的新的规划设计理念。第一，建筑设计不再单纯追求宏大、气派，而是通过小体量、多栋的和当地风貌契合的建筑形式融合在当地的自然环境中。第二，在旅游的形式上，摒弃了传统的依靠汽车、破坏生态、阻断各个村落联系的旅游方式，而采用一种融合当地本土文化和风格的、和当地居民以及村落共生的、以人为基础的旅游形式。第三，在发展模式上也从没有旅游中心的发展模式、缺少生态保护措施和没有服务设施转变为以小镇为中心、专业化的服务设施以及不断加强的保护措施。第四，在开发密度上，也转变为紧凑型的开发形式，只有小部分集中的区域集中开发，最大化保护原生态的居住环境。第五，在旅游内容上，也从单一没有联系的旅游景点游览的形式转变为各个村落相互联系的、综合的、吸引广泛游客的旅游形式。第六，在水岸设计方面，也采用工艺更为生态且更容易维护的多功能驳岸形式。

3. 项目定位和分区规划

设计团队总结了当地的文化特色，并且项目结合场地的现状特点和资源分布状况，将场地定位为生态雨林文化度假区，打造一个在繁华世界中的热带雨林静地，全面展示我国热带雨林的类型以及当地传统的黎族、苗族文化特色，为游客提供热带雨林休闲度假体验。

场地的分区规划将场地分为四个区域，第一个是以保护为主的原始热带区，该区域开发程度低，主要为较为全面的保护；第二个区域是有少量山地活动设施的山地活动区，有部分的交通设施；第三个区域是旅游活动的主要进行区——旅游观光区，该区域内有酒店、农产品市场、会议中心和展销当地特色商品的商业街等；第四个区域是平原生态居住区，该区域动植物资源优越，是体验传统生活方式的居住区，该区域还重点发展当地特色南药植物和花卉。

4. 旅游产品挖掘

度假区中提供了登山和溯溪两种游览方式，可以选择乘坐缆车到达山顶然后体验山地观光方式体验热带山地独特风光或者可以选择溯溪从水路上体验热带雨林的神秘和刺激。在两条路径上都设置各有特色的众多小景点，主要可以分为深入体验雨林特色的“雨林谷”；以峡谷碑刻为主题“经石峡”；以石头、榕树和卡通生肖为主题的“梦幻谷”；展示当地原生态生活氛围的“黎锦苑”等九个主要的景区。

从以下三个方面挖掘了当地独有的特色旅游产品：①热带雨林深入穿越体验。②当地人文生活资源特色体验。③挖掘当地富于变化的山地森林地形地貌开展山地活动、以陡峭地形和天然倾泻的水流瀑布开展探险体验活动、山地低洼处的荷花池展示、湿地观赏、生态小岛等。

### （四）生态规划设计手法

1. 交通规划

场地中有一级干道与主要城市交通连接，场地内主要采用观光车的形式代替私家车，在一些重点保护的原始区域是不允许机动车进入的，在园区内通常都设置了摆渡车，可以提供给游人方便。

2. 基于 GIS（Geographic Information System）的生态规划方法

场地的地形为山地地区，自然环境较为复杂，设计团队判定只有当时的生态环境维持良好的发展，当地的旅游业才会发展起来。

因此，此次规划设计之前，设计团队研究其地形地貌、水文条件、资源分布情况及保护情况等，科学地对场地的现状环境进行评价，而且在所有的水体附近都划分了约为 10~25m 缓冲范围。

### （五）案例借鉴

1. 规划设计采用“大区小镇”——从场地到乡镇、再到城市区域的总体规划设计控制，通过度假区的建设带动周边的发展。

2. 充分挖掘当地的自然资源和人文资源，在开发的同时合理保护，并且有效利用 GIS 和景观生态学的生态规划辅助方法，使经济、生态、社会效益同时发展。

3. 充分发挥当地人民的积极性以建设度假区，留住原住人口的同时给他们带来可观的收入，保存更加浓郁的当地黎族、苗族文化特色。

# 第八章　山地大学校园建筑设计研究

## 第一节　山地大学校园的发展及区域分布

### 一、山地大学校园发展的历程

#### （一）西方山地大学校园发展历程

1. 西方古代发展概括

据考证，世界第一所大学诞生于埃勃拉古城（现叙利亚境内）。西方较正式的大学教育始于公元前 400 多年的古希腊，当时古希腊苏格拉底、柏拉图等学者把年轻人聚在一起，教他们人生的智慧，他们自称为“智慧之友”——也就是哲学家，这样大学的第一个系——哲学系就诞生了[①]。当时并没有特定意义上的教育建筑，大学的含义也仅仅是教学场所，强调建筑内部的功能意义，而并非生活与活动的载体。所以，当时的大学与城市处于一种疏离状态。西方真正形成规模且较为正规的高等学府，创办于公元 11 世纪初的欧洲，意大利的博洛尼亚大学被认为是欧洲中世纪最早成立的大学。创建于 1290 年的葡萄牙科英布拉大学是山地大学在这个时期的代表。山地大学虽然出现了，但是人们并没有开始对大学校园空间形态进行专门的研究。

1167 年建立的英国牛津大学，以及其后由牛津部分师生分化并建立的剑桥大学，均仿照巴黎大学的规划模式——修道院式，形成了封闭的方院，院内设教堂、讲堂及食堂，并有教师及学生宿舍，师生共同生活。这种封闭庭院模式多建在城市内，校园管理严格，气氛沉闷，空间单一。此时，对校园的布局结构和校园户外空间有了一定的认识，但是师生的生活方式较单一，导致校园功能结构单一，景观性差，是校园环境设计的雏形。

① 周逸湖，宋泽方．高等学校建筑规划与环境设计 [M]. 北京：中国建筑工业出版社，1994：36.

2. 西方近代发展概况

随着 17 世纪英国资产阶级革命和 18、19 世纪的英国工业革命所带来的社会生产力的巨大解放，西方人认为大学应该是研究中心，是知识创新的源泉，而非仅是积累和传播文化知识的机构。出于对高新技术的需求，高等教育在欧美各国迅速发展起来，山地高校也随之蓬勃兴起。但受文艺复兴思潮的影响，大学校园基本上仍然沿用古典模式，并且当时的山地校园没有完整的规划理论支撑，更多的是从古典美学中获得灵感，强调构图的完整与精确，而并非从功能结构、行为模式和生态学的角度出发，“设计结合自然”的观念尚未形成。美国在 17 世纪才有大学出现，总体特点是开放性，注重师生关系的亲和及学生的全面发展，重视校园建筑与大自然的融洽……其民主自由的精神也渗透到大学校园的规划与建设中。

19 世纪末，美国建筑师奥姆斯特德（Frederick Law Olmsted）主持了伯克利校园的规划，他主张学校应靠近城市，其环境应是自然的、公园式的。这种优美的环境能够陶冶和培养学生文明的习惯以及自尊和自重的思想。他还首次探究了校园的选址问题，勾勒出校园与城市的关系雏形，为以后更好地研究校园与城市关系以及校园空间环境的发展做好了铺垫。此外，他还认为不对称的校园布局更有利于与周围环境的协调，也有利于今后的发展和扩建，他的这一思想促成了后期美国校园自由式布局风格的形成，为山地大学的校园环境寻找了一类更为适合的布局方式，促进了山地大学校园的建设。

3. 西方现代发展概况

进入 20 世纪以后，生产的高速发展促进了社会的不断进步，知识的更新速度日益加快，对教育的认知观念不断更新，山地高校校园建设的聚合化趋势变得日益明显。1978 年，埃里克森（Arthur Erickson）在加拿大多伦多设计了西蒙菲莎大学，其采用高度集中、底层局部架空、立体交通体系的设计，使该校园规划深受好评。同时，西方社会对“人与自然”相对立的传统自然观的彻底否定，促使山地大学校园的建设摆脱了以往设计者单纯的主观意识，而与周围的自然及社会环境紧密结合起来。如日本东京都立大学在 1988 年从东京市区迁至郊区，校园背靠一座狭长的山丘，平面呈线性布置，依山就势，布局自然[①]。从山地高校的发展史来看，西方山地高校经历了一个从“集中—分散—聚合”的螺旋上升过程，但空间是朝着与山体、自然越来越融合的方向发展。

---

① 苏男初，任西岳. 评东京都立大学校园规划设计 [J]. 华中建筑，1997（3）：97-99.

### （二）我国山地大学校园发展历程

中国是四大文明古国之一，也是世界上创立学校最早的国家之一。研究我国山地大学应该从山地大学的历史沿革、区域分布、校园与城市关系等方面入手。

1. 古代发展状况

在中国，汉武帝于公元前 124 年建太学，成为较正式的大学，这在世界教育史上居于领先的地位。中国古代的学校有官学与私学两条发展路径，分别代表了两种不同的“入世”态度，并形成了各自特色。古代官学多选址在城市，崇尚儒家的积极入世，“学而优则仕”。古代私学相传由孔子首创，至春秋战国时期逐步由“学在官府”到“学在四夷”，形成了百家争鸣的繁荣局面。古代私学崇尚庄子“虚无遁世，返璞归真”，其选址多位于山林，是国内山地大学校园的雏形。

在我国将教育以成熟的建筑形式确定下来的，应首推书院。书院始建于五代而初盛于宋，历经元、明，延至清末。据不完全统计，我国历代创建的大小书院，有七千余所。古代书院选址大都遵循“依山林、择圣地”的思想，院以山名，山因院盛，崇尚在自然山水中修身养性、练达情操，且古代书院的建设已开始注重庭院环境的美化，营造适宜的氛围为师生创造灵感。如古代四大书院中的岳麓书院是我国古代山地大学的雏形，其位于长沙岳麓山下，清溪茂林之间隐存着一座雅致的千年庭院；白鹿洞书院位于江西庐山五老峰下，书院群山环抱，一溪蜿流门前而过，环境十分优美；嵩阳书院则选址于河南登封嵩山下，背山面河，因坐落于嵩山之阳而得名。作为我国山地校园的雏形，古代书院“依山林、择圣地”的思想对我国山地大学校园建设影响深远，也促成了我国校园山水文化的历史渊源。

2. 近代发展状况

1894 年甲午战争之后，在维新思想的推动下，我国开始兴办大学。1895 年，在天津设立“天津西学学堂”，后又改名“北洋大学堂”，乃是中国第一所近代大学。该时期的大学校园规模不大，校舍大都沿用旧有的书院、王府或官衙。

我国这一时期也出现了一批著名的山地大学。一部分是在原有古代山地书院或学堂的基础上发展而来，如 1903 年岳麓书院更名为湖南高等学堂，1926 年发展为湖南大学，其保留了原有岳麓书院的校址和布局结构，将山体、古建与现代建筑完美地协调到一起。而武汉大学则是在 1893 年创建的湖北自强学堂基础上发展而来，并由美国建筑师凯尔斯（F. H. Kales）于 20 世纪 20 年代在武昌东湖西南岸的珞珈山上规划了新武汉大学。其校内山形起伏有致，地面标高在 20.5~118m 之间，视野开阔，湖光山色相映生辉，景色优美。武大校园规划采取了中国传统的造园手法和建筑风格，规划布局自由灵活，因地制宜、依山就势，创造了中国近代具有山地地域特色的大学校园规划的典范。另一部分则是新建的山地校园，如环山面水的重庆大学、凭山临海的厦门大学等。

这一时期，我国山地大学校园建设主要借鉴了西方近代大学的学院派体系，空间形态大多采用有机布局的模式，建筑风格则是折中主义的中西兼容。以武汉大学为代表的山地大学设计则更加重视传统的自然式布局方式的应用，同时也引入了欧美大学校园规则式布局手法，注重校园开放性以及建筑与自然的融合，开创了我国山地大学校园形态的新局面。

3. 现代发展现状

新中国成立初期的十余年，高等教育的飞速发展加快了我国大学校园的建设步伐，但从规划到设计，主要还是学习苏联的建设经验，导致彼此间大同小异，缺乏个性。这一时期的山地大学校园建设也有了一定的发展，如位于国家级自然保护区缙云山山麓的西南大学、位于武汉南湖狮子山的华中农业大学、位于歌乐山的西南政法大学等。然而，这一时期的个别山地大学过于重视功能问题，而使校园空间形态缺乏有机性，山地特征不明显，道路系统拘谨且不流畅。

改革开放后，受国家高教体制改革、招生规模扩大以及国家经济、社会发展对人才需求加剧等因素影响，大学校园建设如火如荼，山地大学校园建设也呈现出空前繁荣的局面，建设了一批有影响力的现代山地大学校园，如建于滨海缓坡地的深圳大学、三面环山的汕头大学等。这一时期，由于全新校园规划理念的应用及校园规划制定中多学科的参与，使得山地校园空间形态呈现出多样化的局面。

20 世纪末，在城市建设用地日趋紧张、高校规模普遍扩大以及西部大开发山地城镇建设加速的背景下，我国山地大学校园建设越来越受到社会的关注。

4. 当代的研究现状

当今我国山地大学校园规划顺应信息时代的发展趋势，空间形态走向多元化，出现了“细胞并存”“有机生长”等全新的形式，山地大学校园规划也更注意应用环境心理学、山地生态学、山地景观学等相关理论，建设了一批具有山地景观特色的新型山地大学校园，成为国内山地大学校园建设的典范，如三面环山、一面临海的中山大学珠海校区，三面环山的北京师范大学珠海校区等。

## 二、我国山地大学校园区域分布特征

当前我国大部分城市包括山地城市都分布在地形阶梯的二、三阶。与此对应，我国山地大学也主要分布在地形阶梯的二、三阶，在西南、华中、东南、华南等地区比较集中，这与我国大的地形、地貌特征，山系分布及区域经济发展水平是相符的。

大学校园作为城市的一个重要组成部分，研究山地大学的区域分布特点应该从其所处城市入手。一般说来，位于山地或丘陵城市的大学校园往往也呈现出山地特征（如中国海洋大学、重庆大学等）；建在平原或浅丘城市的大学校园可能因为局部地形起伏而呈现山地特征（如武汉大学、华中农业大学等）。由此可见，我国山地大学校园分布受政治、经济、文化发展、传统选址思想等宏观因素，以及具体建设用地条件等微观因素影响，而呈现出一种较复杂的状态。结合当前我国山地大学校园区域分布现状，从城市的角度考虑，对山地大学区域分布特征概括如下。

### （一）密集分布于大型山地城市

大学校园建设常要占用大量的城市用地，而山地城市平坦用地则更为有限，因此位于山地城市的大学校园往往选址于山地或坡地，具有典型的山地特征。大型山地城市区域经济、文化的中心作用使得这类城市聚集着大量的高校，呈现出山地大学密集分布于大型山地城市的现状，如贵阳、重庆、西宁等。我国典型的大型山城重庆，其城区和远郊分布着各类高等院校几十所，大都建设在坡地、丘陵上，山地校园特征明显。

### （二）均质分布于中型山地城市

由于大学自身的发展特点以及新中国成立初期的计划体制使得我国高校集中分布于中型城市，这一布局特征在山地大学的分布中也有所体现。我国是一个多山的国家，山地城镇数量占全国城镇总数的一半以上①，其中中型山地城镇占一定的数量。位于中型山地城市的大学校园，其空间形态也大都具有山地特征，是我国山地大学的重要组成部分，如位于我国西南小山城攀枝花的攀枝花学院、位于长江沿岸的长江师范学院等。

① 中国科学院水利部成都山地灾害与环境研究所．山地学概论与中国山地研究[M].成都：四川科学技术出版社，2000：63.

### （三）零星分布于平原、丘陵城市

在有些平原或丘陵城市，整体地势较平坦，但大学校园建设用地位于起伏地带或有意识地依山而建。位于这类城市的大学校园也具有山地大学特色，属于山地大学范畴，如武汉大学、深圳大学等。

## 第二节　山地大学校园设计的构成与影响因素

### 一、山地大学校园设计的构成要素

大学校园规模庞大、内容繁多、功能复杂，往往相当于一座小城镇，所以在设计时可以适当借鉴参考城市设计的方法和理论。凯文·林奇在他的著作《城市意象》中提出，一个好的城市设计在于其环境意象的“可读性”，并将其归纳为五种元素——道路、边界、区域、节点和标志物。因此，根据凯文·林奇的“可读性”理论并结合山地大学校园的特点及功能，将其构成要素归纳为：组团、道路、轴线、开放空间和标志物。

#### （一）组团

组团由山地大学中承担各项功能的建筑或建筑群构成，是校园中人群聚集、活动频繁的区域，根据其功能的不同通常被分为教学区、运动区、生活区等不同的组团，承担了山地大学主要的教学、科研、生活、文体活动等功能，是校园形态的主体。组团的选址通常位于校园中最适合建设的用地，校园的建设也主要是围绕着组团来进行设计，其对于山地校园特色的营造具有决定性的作用，因此应最大限度地寻求与地形和自然环境的和谐统一。组团决定了山地大学校园的整体格局和形态风貌。

#### （二）道路

道路是山地大学校园中起到主导作用的构成要素，它可能是机动车道、步行道、廊道、桥梁等，是校园内的习惯性动线。山地大学的道路多随地形的起伏而呈现出曲折、盘旋、不规则等形态，是山地大学校园环境的重要标识，赋予了山地大学校园独特的形象。同时道路是山地校园的联系脉络，将校园各组团有机地连接在一起，校园景观也沿路展开并与之联系。因此在组织校园道路时不仅要体现山地特征，还应合理规划设置人行和车行线路，妥善解决组团之间的交通联系，提高道路的便捷性。

### （三）轴线

轴线是大学校园中最重要空间要素，轴线强调秩序，是统领校园设计最重要的空间导向。不同于平原大学通透、深远、贯穿的总体形态的空间轴线，山地大学校园由于地形的限制，在轴线的处理上，更多采用扭曲、位移、折叠、间断等处理手法，更多体现在对于局部空间的控制，并通过轴线的控制使得校园各组团之间保持一定的联系，从而获得整体的秩序。因此山地大学校园的轴线应顺应地形的变化，巧妙地运用轴线折叠或间断等处理手法，就会创造出富于变化的空间效果和富于个性的山地特色。

### （四）开放空间

校园规划无论选择哪种模式，无论位于哪个场地、位置和地区，它都是对建筑及其之间空间的某种组织……校园生活在很大程度上发生在既定活动和固有建筑之间[①]。山地大学校园的开放空间通常包括建筑前廊、前院、校园入口、广场、体育场和公共绿地等，开放空间通常是校园内的重要节点，具有连接和集中的特性，是校园内重要的空间标识，也是师生们最主要的课外活动和交往空间。开放空间的设计直接影响到校园环境的品质，同时由于地形的影响，山地大学校园的开放空间较平原大学在高程上呈现出更多的变化，空间效果更加丰富，极具特色。

### （五）标志物

标志物具有独特性和导向性，是山地大学校园内重要的参照物，是人们识别和认知校园最重要的元素。山地大学校园的标志物可以是一栋建筑、一个雕塑、一段山体……应与周围环境形成对比，使空间突出，是区域或校园内最具特色的元素，往往能成为区域或校园的中心。受山地地形的影响，山地大学校园的标志物通常位于地势最高处或显著位置，这样可以形成强烈的空间导向和空间的统领作用，集中体现了山地大学的校园特色。

## 二、山地大学校园设计的影响因素

大学校园规模庞大、内容繁多、功能复杂，在设计时会受到诸多因素的制约和影响，如社会因素、办学因素、人文因素等的影响，如图 8-1 所示。同时由于山地大学特殊的用地环境，其设计较平原大学受自然因素的影响更甚。

---

① 马库斯，弗朗西斯．人性场所——城市开放空间设计导则 [M]. 俞孔坚，王志芳，孙鹏，等译．北京：中国建筑工业出版社，2007：173。

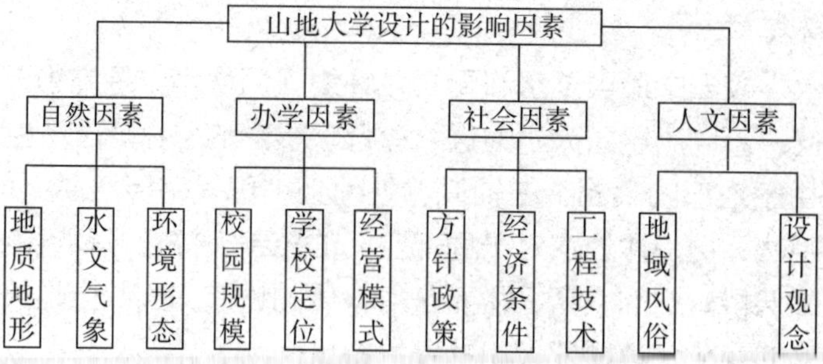


图 8-1　山地大学设计的影响因素

## （一）自然因素

自然因素是影响山地大学校园设计的决定性因素。山地校园环境依附于自然环境而存在，同时自然环境也会受到校园建设的影响，因此要妥善地处理好校园和自然环境的共生关系，维持生态平衡，才能创造出具有山地特色的校园风貌。

1. 地质地形

地质决定了基地的承载力和稳定性，它对于山地建筑的安全性至关重要。地质条件对于山地校园的基地选址和工程建设有很大的影响。因此在设计时，一方面要对基地的地质条件进行详细的勘察和了解；另一方面要谨慎地选择基地位置。同时精心地选择建筑结构和工程加固措施，以尽量减小地质条件对于校园环境和建设的不良影响。

地形是山地大学校园设计时最重要的影响因素，校园的建筑布局、景观特色、交通组织等都受其很大的影响。坡度和山位特征是地形最主要的构成要素，其中坡度的大小决定了校园的规划布置和建设的难易程度，在设计时要根据需要妥善选择建设的坡度范围。而不同的山位特征具有独特的空间、景观和使用特性，在设计时可以通过合理利用山位特征来提升校园的空间品质和景观特色。

2. 水文气象

山地环境中的水文可以分为降水、地表径流和水体三种情况。其中对山地校园影响最大的是降水引起的地表径流，不适当的地表径流会引起山洪、滑坡等灾害，会给校园环境和师生们带来极大的安全隐患。因此，在设计时，设计师应采取合理的工程技术手段引导和组织排水，并做好水土保持措施，以加强对水文的控制。同时合理地组织校园布局，利用山地冲沟和建筑布局相结合，最大限度地削减水文对于校园的影响。

山地气候除了体现当地气候特点以外，由于受到山地地理环境的影响还会呈现出独特的山地微气候特征，主要体现在日照、湿度、风向以及降水等方面。由于山地环境的独特性，使得不同的山地条件会呈现出截然不同的气候特征，因此在设计时需要针对各自所面临的不同情况区别对待。其主要是在选址和设计时应通过布局和技术手段尽量避免或减少气候所带来的不良影响，同时合理地利用气候的优势来满足绿色建筑的条件。

3.环境形态

环境形态主要包括山地中的岩石、土壤和植被等要素，它们是山地校园生态环境的直接反应，也是构成山地校园景观的主要内容，对于山地校园的建设具有隐形的影响作用。因此在山地大学校园的设计中要酌情保留那些具有景观价值的岩石、植被等，并把它们有机地组织到山地校园环境中。

### （二）办学因素

办学因素是影响山地大学校园设计的功能性因素。未来大学的发展将越来越面向多元化、综合化的趋势，使得大学校园规模可大至数百公顷，也可小至几公顷。同时多元化的功能定位需要针对不同的教学和使用要求对于校园布局进行针对性的设计，杜绝固定式、速成式的校园建设模式。另外，未来的大学将承担更多的城市功能，大学与城市的边界渐趋模糊，共享校园、智慧城市、信息化校园等新兴的技术和理念也都会对于山地大学校园的设计产生重要的影响。

### （三）社会因素

社会因素是影响山地大学校园设计的物质性因素。纵观山地大学的发展，对于山地大学影响较大的社会因素主要是政府的方针政策和社会的经济条件。伴随着社会、经济的发展以及城市用地的日益紧张，未来的大学建设将更多地向山地地区发展。另外，随着工程技术水平的进步和提高，已经可以克服很多山地建设的技术问题，这使得我们可以更加自如地设计校园环境。

### （四）人文因素

人文因素是影响山地大学校园设计风格的决定性因素。大学的建设依托于城市而存在，因此大学校园的设计一定要体现当地的地域风俗，同时地域化的校园设计有助于营造富有特色的校园环境，提升山地大学校园品质。另外随着社会对于山地大学校园认识的提高，山地校园设计理念也在更新递进，也对山地大学校园设计产生更加积极的影响。

## 第三节　生态视角下山地大学空间形态的设计方法

### 一、山地大学校园空间形态的设计原则

#### （一）生态化原则

在营造山地校园空间时，我们应树立强烈的生态观。它是山地校园可持续发展的重要内容，也是当今规划设计理念发展的必然趋势。从古人“天人合一”的自然观到现在生态平衡的生态观，山地建筑及环境的生态问题早已被人们提到一个很高的认知水平。同时山地环境的生态脆弱性与敏感性，滑坡、塌方、泥石流等多发性自然灾害将山地高校的生态性原则提到了校园安全的高度。从山地生态观出发，我们认为山地大学校园不仅是特定人群聚集的人工区域，同时也是人与自然合二为一、和谐共处的生态家园。它不仅时刻都在与周围的自然环境进行着物质与能量的交换，而且以其自身的存在影响并改造着自然。如果把山地校园作为一个生命的有机体，那么我们会发现它同样存在着自我更新、自我净化等生态特征，同时与自然生态系统发生着至关重要的必然联系。

山地校园的建设对所在山地自然环境的影响不可避免，但科学合理的规划可将这种不利影响降到较低。规划设计不仅要“以人为本”，还应注重对基地的地质、水文、气候和地形等自然环境的条件分析，引用“生态开支评估”体系来确定生态设计的可行性，减少对生态环境的破坏。

#### （二）因地制宜的原则

“因天时，就地利”自古就是我国城建思想的精髓，自然山水为人类提供了生存与发展的物质基础，为山水城市的产生和发展提供了条件。同样，自然山水为校园规划和建设也提供了天然的创作源泉，为创造具有地域特色的大学校园营造了条件。但同时，复杂的山地地形条件增大了山地校园建设的强度及难度，通过单纯保护地形或盲目抛弃地形限制、对地形大面积改造都是不科学的。在设计前期，我们应该充分了解基地的地形、地貌及地质条件，采用合理的建筑接地方式，因地制宜地进行山地校园空间规划设计，这同时也对建设节约型社会有着重要的现实意义。

由于山地地形复杂多变，很难提供校园建设所需的可建设用地，这时就需

要对部分地形加以改造与利用。在改造的过程中应当注意控制改造的程度和范围，尽量避免大挖大填，减少土方量，大面积的填挖方不仅严重地破坏了自然生态环境，还造成了人力、物力与财力巨大浪费。此外，山地环境中拥有很多珍贵的自然生态元素，比如水体、植被等，对它们应加以充分的利用，使它们成为校园的有机组成部分，共同参与校园环境的创造。

总之，在山地校园的建设过程中，对自然环境应遵循“大利用，小改造”的因地制宜原则，将校园融于山水之间、顺应山水格局，充分利用好本地独特的山水形态资源，与山地环境有机结合，进而达到“山校共生”的目的

（三）“分散—集中”原则

黄光宇教授提出了山地城市建设的“有机分散和紧凑集中的原则”①，这条原则对山地校园的建设也有着重要的借鉴价值。由于山地环境地形复杂，“分散—集中”原则将成为解决“人—地”矛盾的基本策略与思想之一。一般来说，在山地校园规划中，应尽量将建筑物集中布置在适宜建设区域内，比如平地与缓坡。在集中的组团之间，尽量保留原有山体的地形地貌，不去破坏原生的自然环境，这样可以使整个校园空间形成一种疏密有致的空间格局。各组团之间的分散布局是对地形和自然环境的尊重，实现“分散—集中”这样一种互相促进、相互依存的辩证关系。此外，山地建筑紧凑度的提高还适应了当代校园规划追求“效率与节约”的大趋势，是对当代教育理念的回应。

（四）地域性原则

形象问题对一所特色大学至关重要，这个形象既包含历史积淀下来的精神形象，又包含具体的物质形象，也就是建筑形象与环境形象。高校所在的不同地域造成了校园的自然环境、空间尺度、建筑形式与材料各不相同。体现良好地域性的大学校园能够反映所在城市的地域特性及空间肌理，其校园空间能够更为有机地融入城市空间当中去。

（五）美学原则

美的产生既离不开一定的客观存在，又依赖于客观存在对人们的情感触动及其本身所具有的文化意味。中国古典园林本着源于自然、高于自然，把人工美和自然美巧妙地结合，达到“虽由人作，宛自天开”的意境。山地大学校园拥有得天独厚的自然山水条件，在校园空间设计中应巧妙地将校园环境景观的创造同自然环境相结合，使校园文化同山水园林之美相生相长，通过对整体环境的创造来获得山地大学校园的意境之美。

---

① 黄光宇．山地城市空间结构的生态学思考[J]．城市规划,2005（1）:57-63.

古人云："借山水之形，构山水之意"。自古以来，人们对山水文化情有独钟，古时的文人雅士多喜择山水而居，古时的书院也多选址于山水之间。由此可见，山水文化与求学仕途有着深厚的渊源。同时，山水文化也是山地校园文脉的重要组成部分，山水意境对山地校园文化的形成与发展起着重要的决定作用。此外，"天人合一"的东方哲学是国人宝贵的精神财富，我们应把握住传统文化根基，充分理解和尊重自然，这也是山水美学意境的核心思想。这种思想表现在山地校园的空间营造上，就是建筑的选址、校园的空间形态都应充分顺应自然、利用环境，实现建筑与环境的协调一致。

## 二、山地大学校园的功能分区

功能分区是规划设计的一种有效、科学的工作方法，规划设计对象越复杂，布局范围越大，这一方法越奏效。山地大学校园由于规划建设用地条件复杂，考虑因素较多，功能分区作为一种宏观调控手段，具有一定现实意义。国内山地大学，特别是规模不大的山地大学，一般都具有较为明确的功能分区。根据我国山地大学的功能特点和要求，一般可分为教学科研区、学生生活区、教工生活区、体育运动区、风景绿化区，等等。其中又以教学科研区、学生生活区、教工生活区为主，它们建设量大，对用地条件要求较高，三者的相对空间位置关系往往影响整个校园的布局优劣。

山地大学的功能分区应遵循因地制宜的布局原则，尽量保护基地的自然地貌，减少土石方量。具体说来，校园的教学科研区由于建设量大应选用规划用地中较开敞、平缓的地段，并结合日照、朝向、发展用地等因素综合考虑。学生和教工生活区则更多地考虑结合地形，针对不同的山地环境可分台布置，并保证建筑物的间距与朝向。体育运动区占地较多，且要求场地平整，对山地大学的布局影响较大，特别是对于规模较小、用地紧张的山地大学，体育运动区常成为校园布局的切入点，其他分区随其展开。国内许多山地大学的运动场通常都布置在校园的低洼处，不仅能够争取到更大面积的平坦用地，减少填挖，还能够减少对教学区的干扰，满足山地大学视线通透的需求，是山地大学校园布局的一大特色。

## 三、山地大学校园的道路与交通组织

### （一）动态交通组织

道路交通的组织是营造山地大学校园空间的重要内容，良好的校园交通系统对联系校园各个分区，提高校园各类资源的使用效率，开展教学科研活动以及创造师生交往的环境与氛围具有重要作用，对空间环境品质具有重要影响。

层次分明、起伏跌落的地形使得山地大学交通空间的设计较平原大学更为困难，其设计应遵循因地制宜的原则，避免对地形妄加改造所带来的过大填挖方。以下是几种国内山地大学较为常见的地形类型及与其相适宜的道路形态。

1. 单坡地形

当山地台地分层的地形特征较为明显时，校园常采用不等标高的两条平行或接近平行的道路构成环路，作为校园道路的骨架，如重庆大学。当地形较平缓时，纵向道路与主路可以斜向交叉成较规则的路网，如青岛大学。当地形陡峭时，多采用盘旋道路以减少道路的坡度，纵向道路作人行梯道。这种类型的道路在平面形态上呈现出坡度较缓的斜交放射状、网络状特征坡度较陡的盘旋状特征，适合于分台布置的山地大学。

2. 指状地形

当山地校园建设用地指状地形特征明显时，即当地形由一主山伸出的数个指状支山构成时，为避免大的填挖以及道路纵断面上的连续起伏，道路平面往往依山就势做成若干连续复曲线，尽可能让道路在相近的标高层通过。这种类型的道路在平面形态上表现出盘旋式的环状特征，呈现出强烈的蜿蜒曲折的山地特征。

3. 团状地形

当山地校园建设用地团状地形特征明显时，校园主干道通常围绕山体布置或顺山势盘旋而上形成环状或立交型路网，这样既能克服地形高差，又能使依山就势布置的建筑物具有很好的观景条件。

4. 枝状地形

当山地校园建设用地被分割得很零碎时，通常采用尽端式的连接方式，道路布线长度要满足消防要求且在端部应有小型回车场。这种道路类型能串联起山地大学校园中众多零碎用地，形成树枝状分布的形态。

而在有条件的山地校园中应尽量采用“人车分离式”道路系统。“人车分离”是一种较好地处理了人行与车行关系，并同时满足车行便捷与人行安全要求的交通组织方式，它分为两种情况：一种是横向分离，它是山地校园中常见的平面分离方式，就是结合地形采用内、外环或多环的手法，其中将外环作为车行系统，内环作为步行系统，两者尽可能不交叉，外环以外设置各种辅助用房和对外设施，外环内通过设置教学主体建筑、绿化等来创造一个校园步行系统，例如燕山大学、深圳大学等；另一种是垂直分离，在山地大学校园交通系统规划中，结合地形特点适当采用人车垂直分离的方式能有效解决功能问题，丰富空间层次，例如重庆大学。

此外，作为一种人类的行为方式，步行实现了人在环境中的运动，并随之产生了人与人、人与环境中其他事物之间的交流。高低起伏山地校园环境往往不便于交通工具的使用，因此步行已成为山地大学出行的主要方式。山地大学校园中由于空间发展的三维性，不可避免地出现一些上下坡的步行梯道，它们对于联系校园的各个角落，方便校园中不同高程用地的穿行，创造各种宜人的户外交往环境，增加交往活动发生的概率起着重要的作用。因此，在步行系统的细部处理上，应注意保持山地特征，从人的心理感受出发，以视线联系的多样性、地貌地物的参与性来获得丰富的景观变化，激发师生对环境的兴趣，减弱因地形多变而带来的疲劳感。

### （二）静态交通组织

山地校园静态交通主要是指校园机动车停车场的设置以及交通节点的处理。山地大学缺乏平缓用地，不可能将太多的平缓用地用于停放机动车，因此停车问题应结合地形及建筑予以综合考虑。同时，停车场设置与周边环境的协调是山地大学停车面临的另一个重要问题，应尽量减少由人工硬地形成的大面积停车场，如香港科技大学停车场位于大学入口广场的东侧，随地形跌落设置多层停车库，结合倾斜的道路相应组织各层的车辆出入口，显得十分自然。

山地大学校园交通节点的设计应结合地形特点，因地制宜，如在几条坡度较大的车行道交汇处可以设置交通岛以限制车速，引导各路车辆行进，如重庆大学 A 区主入口。

## 四、山地大学校园特色空间创造

人在户外一般具有三种活动类型：必要性活动、自发性活动和社会性活动[①]。在校园户外空间中也不例外，这些活动促成了师生间的交往。有研究证明，交往空间的质量直接影响着交往的频率，质量越高，交往活动越频繁，反之亦然。所以，校园户外交往空间的营造就显得非常关键，既能影响校园文化的氛围，又能影响师生间的交往程度。

山地校园地理环境的特殊性造成它所营造出的户外交往空间也具有特殊性，本小节并不研究户外交往空间的一般问题，只涉及交往空间的山地特色营造。以下将对山地校园的几种典型户外空间进行论述。

① 盖尔．交往与空间[M]．何人可，译．北京：中国建筑工业出版社，2002：13.

### （一）山地校园广场

大学校园广场作为校园空间构成的核心，对于开展各种室外活动、满足师生多层次的交往需求具有重要的作用。山地大学校园广场除了平原广场所具有的公共性、休闲性与文化性等共性外，还因其山地自然条件而具有更为丰富的空间层次。在山地校园中，宽敞且平缓的用地十分有限，校园广场的设计应与原有山地地形有机结合，采取筑台、悬挑或吊脚等传统手法创造出所需的平整地面，营造一种独具山地特色的多维复合的空间形态。

首先，山地校园广场应结合地形，通过地形高差，广场可以做成下沉式或抬升式等多维复合型广场，这恰好也是山地校园的特色之一。

其次，山地环境中缺少建设平地校园那种集中式大尺度广场的用地，因此山地校园广场不能盲目集中地布置在校园中心，应根据地形坡度的状况设置相应尺度的校园广场。

最后，还应注意广场与建筑之间的联系：一方面，退台等设计手法使山地校园户外空间形成具有建筑性质的界面。这些台地可按一定的韵律出现，并与台阶步道相互联系，绿化加以点缀、隔断，形成丰富而有层次的山地空间。各层的广场台面还可以开辟出许多功能性空间，比如：商店、停车场、设备用房等。这样可以充分利用地形，挖掘空间潜力，做到山地校园建设的集约化。另一方面，建筑形体也会成为户外空间的元素。顺应地形走势的建筑有时也会出现建筑形体的退台处理，我们可以将屋顶与地形相结合形成新的户外空间。

### （二）院落

与校园广场相比，校园院落的围合度更高，开敞度更小，空间更具有内向性，人们在这里能感到强烈的领域感。同时，在整个校园空间中，院落空间是室外空间的调谐和补充，是室内空间的延伸和扩展。在山地大学校园中，建筑生长在自然环境中，自然空间与建筑空间相互交融，院落空间作为这种交融的中介与过渡得到了较为广泛的应用。在山地校园中，院落空间的处理更多地借鉴了中国传统的园林艺术，因山就势塑造其形态，就空间围合来说，密封的、通透的、松散的、楔入的结构形式具有不同的环境氛围。

山地大学的庭院空间往往既作为观赏用又成为人流集聚的场所。山地大学校园建筑常依地形采用架空等形式，这样围合成的庭院空间开敞、畅快、具有流动感，院内支柱、空廊、矮墙、山石等景观要素与延伸进来的自然景观要素相融合，使庭院内的人在视觉上有延伸和超越的可能，既能看到咫尺近景，又可借看远处景色。

### （三）山地校园空间的开放界面

山地校园的户外空间是由“界面”来进行界定的，没有界面就没有空间的存在。空间界面的开放与否直接关系到户外空间的交往力度，也直接关系到山地特色空间的创造。山地校园户外空间界面一般分为人工界面与自然界面两种，人工界面主要包括：墙、屋顶、平台、廊等；自然界面主要包括：山石、水体、植被等。要想创造山地校园户外空间的山地特色，就必须把握好二者之间的关系，根据使用性质与空间功能的不同，可以选择不同的空间界面，或采用完全的自然界面，或采用完全的人工界面，或者采用二者相结合的混合界面。

## 五、山地大学校园自然景观营造

在欧美大学针对使用者对校园空间的喜好调查中，研究者要求被访者在一张地图上标出最喜爱的空间，结果发现这些受人欢迎的空间往往是绿地或自然的环境。这些空间没有被当作任何特定建筑或院系的附属空间，人们在这里缓解学习、工作的压力。被访问者列出了一些选择的原因：自然、树木、安宁和平静、阴凉和阳光、可以观察别人、接近水面的小溪、草地和开放空间、感觉自由舒适[①]。由此可见，尽管大学校园空间层次丰富，人们最钟爱的还是自然空间。同样，山地校园或依山傍水或林木葱茏，具有优美独特的自然环境，例如国内相当的山地大学都位于风景区或者本身就是风景区的一部分。

山地校园景观具有原生性与人工性结合的特点，对原生性景观的利用使创造山地校园具有独特性，是校园特色的重要原则。在山地校园中，原生性的视觉客体主要包括山体、水体、植被等，在设计过程中对这些因素应该尽量加以保留和利用。

### （一）对山体的保护与利用

对山体的保护与利用，山体是山地校园自然环境中最具特色的部分，笔者认为对山体的保护应多于利用。起伏的地形既是山地景观区别于其他景观的最明显特征，又是构成山地校园视觉景观的主要内容。在山地校园中，对山地的利用包括以下几种形式：

1. 将山体作为标志物

对于山地校园内特色较为显著的山体，我们可将其作为校园标志物来加以

① 马库斯，弗朗西斯．人性场所——城市开放空间设计导则 [M]. 俞孔坚，王志芳，孙鹏，等译．北京：中国建筑工业出版社，2001：179.

利用，将山体与建筑物、构筑物或者只是山体本身设置在校园最显著的位置上，通过轴线关系加以强化，以奠定其标志物的地位。例如，结合山体建造的武汉大学图书馆已成为武大著名的标志物。

2. 山体与建筑的共生

山体有时可作为建筑形态的一部分，以加强建筑的个性表达。甚至有些建筑通过覆土成为新的人造山体。此外，山体与建筑的结合还有利于形成自然优美、富有韵律的校园天际线，这种天际线也是山地校园个性创造的重要手法，此项将在下一部分单独论述。

3. 完全保留山体，使其成为校园“绿肺”

当大片不适合修建建筑的山体集中存在时，可以将它们保留以形成校园的原生性“绿肺”，成为校园的生态景观区。这一区域的出现自然会成为山地校园特色的具体体现，同时也为校园创造了宜人的生态环境，为学生创造了幽静的学习环境。同时，在保留“绿肺”原有风貌和植被的基础上进行空间完善，修建亭、廊、景观小品等景观内容，注入人文气息。例如，山东建筑大学保留了山体并结合现有水资源，形成了校园核心生态区。

### （二）水体在山地景观中的特殊作用

正所谓“山水相连”，因而水体也是山地校园设计的永恒主题。在山地校园中，结合山水，共创校园山水意境是创造山地校园特色景观的重要内容。山水相融所带来的景观、文化氛围，所凝聚的人文气息共同反映着山地校园的文化内涵。对于山地校园的水体设计应顺应地形，避免大规模埋填改造，尽量避免纯几何形水面的出现。同时，水势应与山势互相依托，对溪流、瀑布等自然景观应加以特别利用，共同构成山地的美学特征。例如烟台大学的山水相映、深圳大学的文山湖、武汉大学的东湖、重庆大学的跌水景观等。

## 六、山地与大学校园建筑轮廓线的关系

山地校园当中的轮廓线对观者的视觉刺激最大，对于轮廓线的把握决定山地景观特色的成败。

### （一）山体与建筑的“图底关系”

校园建筑存在于山地环境当中，与山体相互结合，呈现一种图底关系。其中，山体常作为建筑物的背景存在，因此建筑物的轮廓应尽量与山体的轮廓相协调，呈现出相同走势，创造出某种韵律。倘若建筑轮廓突破山体轮廓时，两者的轮廓线的走势也应相互协调。

### （二）山地大学的校园天际线

起伏的轮廓线是山地大学最为独特的标志，往往是人们对山地校园的第一印象。远景的青山、掩藏在林木间错落有致的建筑群及各层次的视觉要素有机地结合在一起，共同构成了一幅美丽的画卷。山地校园天际线不仅反映了校园实体的质感、密度以及空间环境特征，同时也传达出山地大学的历史文化与地域文化底蕴。由此可见，山地校园丰富的天际线具有美感、历史感以及人文与自然交相辉映的标志性。同时，山地校园天际线也是其区别于平原大学的独特景观，它除了具有一般山地城市天际线所具有的基本特征，还具有校园天际线的特征。概括起来主要有以下几点。

1. 人文与自然的结合

在国内优秀山地大学校园内最美的天际线往往是自然生态环境最美的山脊线与最美的建筑轮廓线组成的一段，而这种自然与人工之美往往是重叠的。其实，这种重叠绝非偶然，在山地大学规划建设之初，人们就有意识地保留了山地校园或视线范围内良好的自然生态景观与校园中原有的优美山脊线，并在这一天然的美丽背景下塑造了与环境相协调的建筑群，这和中国古代“依山林、择圣地”的初衷是相符的。

2. 层次丰富

山地大学校园天际线与平原校园天际线相比具有独特的个性内涵和多层次的规律。独特的山地自然环境使山地校园建筑不但具有横向（$x$ 轴）和纵向（$y$ 轴）的定位方式，而且具有竖向（$z$ 轴）发展特点，这就使得山地校园的边缘是垂直和水平相混合的三维景观，以几道轮廓线叠加的方式展现在观者面前，具有多层次的特征。

3. 节奏感

优美的山地校园天际线疏密有序、起伏有致，这种像音阶高低般的起伏节奏给人留下了深刻的视觉印象。节奏与韵律本身既能靠建筑与山体的高低交替产生，又能靠建筑与山体不同质感的界面产生。

4.“第五立面”的作用

在山地校园天际线的组成中，建筑屋顶不容忽视。在平日的设计实践中，我们往往会忽视屋顶的设计，但在山地校园当中由于高度因素的存在，人的视野范围变大，屋顶也走进了人们的视线，所以想要形成优美的天际线就应高度重视屋顶的形态。首先，建筑设计中应注意屋顶形式与环境的协调；其次，应注意建筑群屋顶之间的协调，屋顶群体的组合也是视觉客体，它们之间的组合、节奏与肌理感同样对山地校园天际线起着重要的作用。

## 七、山地大学校园空间的拓展

山地大学校园规划是一个连续的动态过程，因此校园用地、布局及空间自身都应具有一定的自我调节能力，以满足校园的扩张与发展。如何在有限的用地内创造满足当前需要，又为将来发展留有余地的空间环境，是山地大学可持续发展的关键。由于山地大学建设用地紧张，随着校园发展，用地需求增大，向空间寻求发展具有积极意义，山地大学空间拓展方式可以归纳为以下三点。

### （一）上山——校园空间向山体拓展

山地与校园用地矛盾的激化迫使校园向山体寻求发展空间。在山地大学校园建设中合理地利用山体，适度开发建设对缓解校园用地紧张、营造山地大学特色空间具有积极意义。随着山地校园规模的不断扩大，将进一步加强对自然山体的利用与改造程度，此时若处理不好开发与保护之间的关系，将会对山体自然景观及山地生态系统造成负面影响。因此，我们应该将山地大学用地空间向山体的拓展速度控制在一定限度之内，以处理好拓展与保护的关系为前提，并注意保持校园视线景观的连续性。

### （二）下地——校园空间向地下拓展

除了通过“上山”的方式同山体寻求发展空间以外，我们如果能够充分分析、利用现有地形条件，将山地校园空间向地下延伸也将是解决山地大学用地紧张的一条途径。这一空间拓展模式在我国山地大学中往往与建筑设计相结合，已出现了一些成功的实例，如重庆大学 B 区建筑馆。

### （三）提高空间利用率

提高空间利用率是解决山地大学建设用地较少，缓解山地大学空间拓展矛盾的有效措施。提高空间利用率就是在山地校园原有的空间基础上，以校园规划为依据，对各种不同功能与性质的校园空间进行分类与整理，并在三维的山地校园空间中进行有机地组合，使山地大学校园空间走向复合型、集约化的发展道路，如意大利乌尔比诺大学。

# 第四节 可持续的山地大学教学楼设计路径

## 一、山地大学教学楼的空间组成

山地高校教学建筑一方面体现了各高校的办学宗旨与个性风骨，另一方面也蕴含山地建筑追求“山屋共融”“天人合一”的中国传统文化意境。

### （一）山地的场所感

山地高校的独特风貌在于建筑针对山地特殊地形的适应，在于人和建筑、山地环境三者的和谐共存。山峦起伏，山高谷深，地形地势复杂多变，为高校教学楼营造了得天独厚的场所感。教学建筑依山就势，高低错落，层次清晰，空间丰富，形体多变，与立体的道路、桥梁、植被、堡坎等组成了山地高校教学楼的特殊风貌。

纵观已建成的山地大学校园，设计者对于山地地形的利用手段各异。有的高校对山体局部甚至整体开发利用，创造出丰富的空间层次，如重庆工商大学；有的高校择址依山傍水，把山体作为校园景观的核心，如武汉大学。

### （二）教育建筑的特质

教学楼作为大学校园的主要建筑，是教师传道授业，学生参与科研以及学术与思想交流的主要场所。教学楼并非局限于某种形式，而是高度、色彩、肌理等诸多方面极微妙的关系组合。使得每个进入大学校园的人，都可以受到浓郁的学术氛围洗礼。

教学楼肩负的文化使命，要求其自身拥有更高层次的文化和教育内涵。其内在交往空间对学生成长具有潜移默化的作用。在人本主义教育理念下，通过对山地高校教学楼公共空间的合理安排与设计，使得学生更多参与到自主学习中，这是一种多元化、全方位的知识渗透。“知者乐水，仁者乐山”便包含着静心养性的空间设计谋略。

### （三）使用功能与时间

山地高校教学楼的使用功能与时间同使用者的行为与心理需求息息相关。除去一些特殊使用需求，教学建筑大多数功能单一重复，赋予建筑空间具有相同的尺度。因此可以使用预制构件，现场装配，以便减少工作量并方便日后回收再利用。

1. 主要功能用房

所有的教学用房、教学服务用房、辅助空间等成为高校教学楼功能的基本构成要素（表 8-1）[①]。教学服务用房与辅助空间是附属于教学用房的，与教学用房按照一定的关系进行组合。

表 8-1　教学楼功能构成及组合方式

| 功能构成 | | 包含要素 | 使用方式 | 组合方式 |
|---|---|---|---|---|
| 教学用房 | 公共教室 | 各类普通平地板教室及多媒体教室、阶梯教室、讲堂等 | 全校共享 | 与其他教学用房整合的教学楼群 |
| | | | | 公共教学楼群 |
| | 专业教室 | 制图教室、设计教室、语音教室等 | 专业内共享 | 与其他教学用房整合的教学楼群 |
| | | | | 学院楼 |
| 教学服务用房 | 办公用房 | 院系行政办公、教室办公及科研用房、其他管理用房等 | 全校共享或专业共享 | 与教学用房相结合 |
| | 管理用房 | | | |
| 辅助空间 | 交通空间 | 楼梯、走廊、入口门厅等 | 全校共享或专业共享 | 与教学用房相结合 |
| | 服务用房 | 书店、小卖部、打字复印室等 | | |
| | 交流空间 | 展厅、休息、讨论空间 | | |

虽然教育领域在近些年有了飞速的发展与质的突破，但在可预见的未来，教室依然将占据大学教学活动的核心位置。

（1）教室。其一般采用长方形平面，长宽比大约 3：2，教室高度不低于 2.7m。尽可能在白天利用自然光的漫反射保证日常教学活动，同时需阻止多余的反射光进入而干扰视线。当前为鼓励师生之间产生多向互动，营造平等、自由、融洽的学术交流氛围，一些院校将桌椅布置成圆形，也有布置成扇形桌椅平面的做法来替代原有长方形的知识“单向灌输”的桌椅布置形式。

（2）阶梯教室。有些公共课程容纳学生较多，传统的教室不足以应对这类使用需求，阶梯教室就可以发挥它的优势。一般来说，当教室座椅超过 40 个时，便会考虑采用阶梯教室。学生的座椅会被安排在一个斜面上，座椅中间的走道设计成斜坡或阶梯。这种阶梯状的方式在视觉和听觉上都有利于后排学生更好地接收信息，同时还能提升师生之间的互动性。阶梯教室内每一排桌椅间的落差需要经过严谨的设计。

① 王琰．普通高校整体化教学楼群优化设计策略研究[M]. 上海：同济大学出版社，2012：6.

当阶梯教室容纳学生数量过多时，通常将教室设计成会堂这类有着更高设计要求的形式。拥有两个甚至多个出入口的设置，既满足较高的疏散要求，也有利于正常教学活动而不被其他客观因素所干扰。同时，音响、投影与扩音多媒体设备的使用，保证了大空间内教师授课的质量。

2. 其他功能空间

（1）交通空间。大学教学楼由于使用人数众多，同时受制于教学时间的限制，人流集散具有“集中性”和“瞬时性”的特点，因此交通空间面积在建筑中所占比例较大。山地高校教学楼交通空间的设计原则应是便捷通畅、有机连续、舒适易达。较平原地区校园，师生更多采用步行这种低速出行方式，由此增加了交谈、停留、休闲等活动发生的概率。因此，山地高校教学楼的交通空间设计更需关注于师生的步行交往体验。交通空间不仅应具备足够宽度的可通过性，还应引入自然通风与采光，并与外部环境直接联系，营造出舒适自然的交往环境。

（2）公共交往空间。现代高等教育是开放式与体验型的教育模式，作为第二课堂的公共空间，理应成为建筑设计时需要重点考虑的方面。公共空间好比是山地背景下营建的舞台场景，大学师生作为表演者，在此空间上演着一幕幕动人的舞台剧。相较于流动性的交通空间，公共活动空间则更趋向于静止空间。一些情形下，需要有明确的空间界定为师生带来归属与安全感，但在其他情形下，模糊界面所带来的不确定性与冲突感也能为公共空间注入更多生机与活力。

3. 教学楼使用时间

教学楼的使用时间也是分段的。我国各大高校一般都设置了寒、暑假期。按月作为分析时间单位，师生对于教学楼的使用主要集中在每年 2 月中旬到 7 月上旬，9 月至第二年 1 月中上旬两个时间段，从而避开了一年中最冷和最热的月份，有利于建筑节能。按小时作为时间分析单位，教学楼的主要使用时间集中在 7 点至 12 点，14 点至 22 点（个别专业除外）。

师生在教学楼中具有时段性是最显著的特征。上下课期间活动规律性极强，瞬时人流集中，具有阵发性规律，从而形成上下课期间学生流的波峰值与其他时间段的波谷值，如图 8-2 所示。

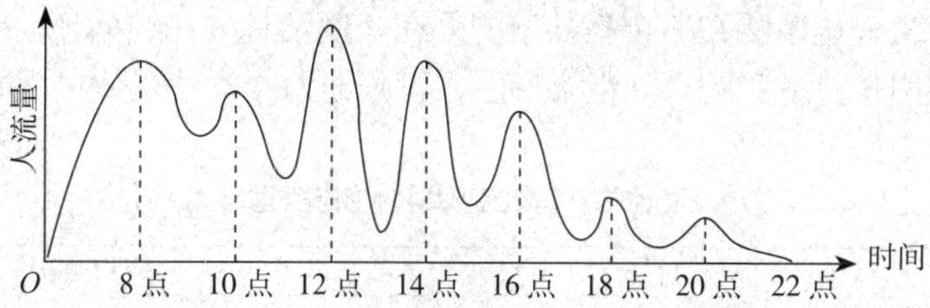


图 8-2　教学楼中人流的时段性变化示意图

### （四）教学楼空间组合

伴随大学发展的新趋势，大学教学功能用房也逐渐发生了变化。传统高校的教学楼往往功能单一，空间组织形式单调，注重经济性，强调空间满足教学的硬性需求而忽略师生交往、休闲等多重心理行为需求。

1. 普通教室的平面组合形式

普通教室的平面组合形式丰富多样，可根据场地现状与功能需求构成外走廊、内走廊、中庭式、单元式、开放式、断开外廊式等诸多类型，具体见表 8-2 所示。

表 8-2　普通教室平面组合形式优缺点

| 类型 | 优点 | 缺点 |
|---|---|---|
| 外走廊 | 采光通风好，教室之间声音干扰小，有利疏散 | 用地较多，单调 |
| 内走廊 | 教室布局紧凑经济 | 教室及走廊通风较差，两侧教室存在噪声干扰 |
| 中庭式 | 中庭形成交通及交往的公共空间 | 室内中庭易产生声音共鸣及上下层噪声干扰 |
| 单元式 | 教室通风采光好，有利疏散，适合大型教室 | 缺少交往、停留的活动空间 |
| 开放式 | 空间分隔灵活，有利于交往与信息交流 | 教室之间隔音差，存在干扰 |
| 断开外廊式 | 自然通风采光好，适宜大进深教室，有利疏散 | 交通空间过大，用地过多 |

2. 建筑空间组合形态

原本应用于生物学研究的术语——“形态”（morphology），建筑学中借用其引申含义表达事物在一定条件下的外在表现及其内在结构[①]。针对高校教学楼，呈现出丰富多彩的空间组合形态，可归纳为4类，具体见表8-3。

表8-3　建筑空间组合形态类型

| 布局形态 | 特征 | 应用范围 |
| --- | --- | --- |
| 庭院式 | 围合感强，方向感弱，没有明确的空间序列和轴线。内向型庭院、开敞式庭院 | 公共教学楼（群）/学科教学楼（群）/院系教学楼 |
| 鱼骨式 | 各分支建筑相互平行、间距相等、且与交通主线垂直。结构清晰、具有生长潜力 | 公共教学楼（群）、学科教学楼（群）/公共教学楼+学科教学楼（群） |
| 辐射式 | 各分支建筑相互平行、间距相等、且与交通主线倾斜成一定角度。呈辐射状布局，廊道将其连接成扇形总体。结构清晰，动态活泼，具有生长潜力 | 公共教学楼（群）/学科教学楼（群）/公共教学楼+学科教学楼（群） |
| 网格式 | 建筑布局网格为骨架，由标准化单元生长发展成整体。建筑在网格结构的控制下，生长重复 | 公共教学楼（群）/学科教学楼（群）/公共教学楼+学科教学楼（群） |

（1）庭院式。庭院式围合感强，方向感较弱，为适应山地不同的坡度与地貌，可以由多个形状不同、开口方向各异的庭院叠加复合，改善自然通风采光条件，消解复杂场地内的高差，呈现出极大的灵活性与适应性。这种空间形态还包括以室内中庭或室内街为交通组织核心的布局方式。

（2）鱼骨式。鱼骨式是以线性元素作为主要骨干或结构体连接各主要功能空间犹如“鱼脊”，主要功能空间与主线垂直并平行设置于两侧，形成许多横向分支，犹如“鱼骨”。主线一般以连廊的形式出现，功能空间依附主线布局，并可依次发展。

（3）辐射式。当建筑空间需要表达明确的中心感时，可采用主线为一条圆弧线的辐射式布局，此模式下，主要功能空间呈放射状排列。清晰的结构，可迅速分散人流，各功能空间享有一定的独立性与私密性是这种布局形式最大的优点。同时也需要尽量克服其辐射面太大，造成有限的山地资源浪费，这一先天的不足。

（4）网格式。为适应密集化、标准化建设而形成的网格型布局，可大幅提升用地效率。它是在建筑模数化的基础上，以统一的网格作为教学建筑的空间布局的骨架，由标准化单元生长发展而成整体。网格型布局体现了大工业的秩序与审美，使得设计、施工、维护都可以高效完成，同时具备极大的生长

① 宋泽方，周逸湖．大学校园规划与建筑设计[M]．北京：中国建筑工业出版社，2006：65.

潜力。在避免尺度过大、方向感不强、空间过于均质、重复、僵化等缺点的同时，可拥有学科交互、师生交流与院系间资源共享等多重优势。

### （五）室内物理环境

良好的室内物理环境是保证高等教育质量的客观条件。因此，当前人本主义理念下的高校教学楼，设计中针对其室内物理环境要求较为严苛。设计师需从建筑光环境、建筑声环境、建筑热工环境等方面综合设计。而针对阶梯教室、讲堂等大型教室，其物理环境控制则需要更为综合性的考量，包括视线及声学设计、地面起坡与室内高度、灯光设计、吊顶与屏幕等问题。如何以简单灵巧的设计，不需要相关领域专家的辅助而具有较好的操作性，最终满足建筑使用者不同层次的需求——这是当前建筑从业者所面临的最大难题。

教学楼内的自然采光通风是良好室内物理环境的重要组成。就建筑光环境来讲，教室内既要有足够的自然采光，又需要避免因阳光直射而产生的眩光，同时尽量使得室内照度均匀分布。视环境包括教室的照度、视距、视角及各种演示设备。一个经过精心设计的教室照明系统只在需要的地方照明，避免过多的眩光。高校教学建筑内部空间的自然采光除中庭、内街及顶层空间可利用顶光作为采光源外，其余主要依靠侧窗采光。多媒体教学方式的普及使得教室还需考虑遮光设计，保证室内良好的视觉观赏效果。

建筑遮阳是节能的重要措施，其主要作用是阻挡阳光从窗口进入，减少直接辐射，防止室内的热量过多导致温度升高，对于学生而言还有保护视力的作用。

建筑热工环境，教室内的热工环境对于教师讲课及学生听课的效果具有直接的影响，因此，保持室内新鲜的空气与适宜的温度、湿度显得尤为重要。教学建筑宜结合山地条件下的微气候，通过合理布局空间：炎热夏季，引入自然通风，加快室内散热；寒冷冬季，阻挡冷空气进入，减少室内失热，同时解决换气问题，进而提高室内人体舒适度。

教学楼室内声环境对于学生学习影响极大，而大多数情况下这方面因素都要到建筑落成后才被意识到，而此时很难或者需要花更大的代价才能纠正。设计中保证机械设备运行的噪声被隔离，减少教室内的背景噪声和回声以增加声音的清晰度。室内噪声主要来源是走廊及附近的教室，设计中避免走廊两侧的教室相对开设门窗，考虑防止噪声的水平向共鸣与传递，同时应防止垂直方向的楼板撞击声。

## 二、山地大学教学楼设计的核心内容

### （一）教学楼适应山地地形方法

有别于平地，山地自然环境正是山地大学教学建筑的独特形态特征与建筑风貌形成的源头所在。古时山地地区交通不便，经济发展落后，也没有计算机技术辅助，没有高性能、高强度的材料和结构支持。在这些不利的客观条件下，前人营建山地建筑可谓困难重重。但是，他们就地取材、因势利导，巧妙解决了建筑与地形走向、竖向关系、日照通风等矛盾；他们综合运用各种空间处理手法，或筑台、或错层、跌落，大量节约了土石方工程量，在有限的土地条件下，争取了可利用的建筑空间，建造了各类适应山地地形的建筑。人与建筑以及山地环境相互交融，形成了众多带有地域特征的山地建筑类型，充分体现了人类在生存生活中的智慧。

在理论篇中讲述的山地建筑接地的形式主要有三种，分别是地下式、地表式、架空式。不过，随着我国经济社会对高等教育的需求、招生规模的扩大，高校校园建设呈现大规模快速扩张趋势。建设大学校园使得山地城市对于土地需求不断增长，建筑规模和类型不断变化，理论中的一部分已经不适合当下大规模、高速度的山地高校建设活动。我们需要打破已形成的理论框架，脱离研究尺度和建筑类型的束缚，为更广泛的山地高校教学楼营建提供理论指引，才符合可持续发展的要义。

### （二）教育建筑特质体现

建筑自身的特质往往可以在无形中地影响到使用者参与其中的心理状态与行为模式。作为学术知识与人文精神的交流场所，其空间的表达手法应有别于其他类型的建筑空间，如商业、医院、办公、交通等。质朴、典雅的空间品质与宁静、包容的学术氛围，体现出一种实用的美学。高校教学楼是教育建筑中的一类，设计中既需考虑到其作为教育建筑的共性，又得结合当代高等教育多元化、开放化、复合化的特征。

20 世纪挪威建筑理论家舒尔茨提出了“场所精神”，这种抽象的概念依附于实体的建筑空间得以表达。高校教学楼的场所精神源于其所在的自然地理环境、人文历史背景及其特有的办学理念和教育模式中，因此处于不同地域环境中的教学建筑应该有不同的表达[①]。山地高校教学楼设计应力图寻找校园的

---

① 付志勇 . 山地大学教育建筑空间研究 [J]. 四川建筑，2005（4）：19-20.

精神本源，以物化的教学空间创造文化精神象征，增强师生的归属感和空间识别性，为师生间学术与精神交流提供更多空间可能性与选择性。

相较其他建筑，教学建筑更加注重形式与功能的高度统一。在以个体为原则，直面内在自我的新人文主义影响下，山地高校教学楼造型与材料处理除需体现基本的山地特色风貌外，还需考虑到各大学独一无二的办学宗旨和个性特质。山地大学校园空间的形成是社会人文历史不断沉淀积累的过程。高校教学建筑需要尊重当地文脉，用富有时代感的方式进行人文情感的表达。对内部空间环境的营造，应该以知识传播、学术交流为根本出发点，进而实现使用者最高层次的心理需求——实现自身价值。

（三）使用者行为心理需求

大学教学建筑是大学生学习生活的主要精神场所，大学师生则是大学教学楼的主要使用者。当代高等教育以人本思想为核心，强调师生之间的相互协作，旨在培养全面发展的高层次人才。因此对使用者行为心理需求的周全考虑成为山地高校教学楼设计中必须引起足够重视的方面。

教学楼是大学生校园生活最主要的发生场所之一。建筑室内桌椅设备的合理安排、对物理环境的巧妙控制，室外景观的优化美化，都会在一定程度上影响到学生的行为、价值观念、身心健康等诸多方面。尼尔（Neill）认为："学校应当适应学生，而非学生适应学校。"[①] 适合师生心理特点和行为的山地高校教学楼空间，可以诱导和影响师生产生积极互动与学术思想交流。

1. 使用者行为需求

生存、安全、社交、尊重和自我实现需要是人本主义心理学家马斯洛所提出的需求层次递进理论的分级内容，它们由低到高呈金字塔状分布。相应地，在山地高校教学楼中，大学师生的行为需求也可根据所处环境特点列出五个层次，见表 8-4。

表 8-4　行为需求层次与教学建筑中的行为需求

| 人的行为需求 | 教学建筑中的行为需求 |
| --- | --- |
| 生理需求 | 教学条件的满足 |
| 安全需求 | 教学活动的保障 |
| 社交需求 | 交流活动 |

① 宋泽方，周逸湖．大学校园规划与建筑设计［M］．北京：中国建筑工业出版社，2006：78.

续 表

| 人的行为需求 | 教学建筑中的行为需求 |
|---|---|
| 尊敬需求 | 自由选择、支配 |
| 自我成就的需求 | 培养综合素质人才 |

作为教学交往活动中所需的基本需要，安全需求是保证教学活动在建筑空间内得以正常开展的前提。社交需求满足了学生在常规教学活动之余的交往需要。社交是人这一社会性生物得以立足并发展自我的基本属性，学生通过交往，参与内容形式丰富的社团活动，增进彼此了解，产生更多信息交集。与此同时，通过对内部空间的精心塑造，引入休闲的活动，丰富大学生的课余生活，劳逸结合的工作学习模式能激发大学生更充沛的学习动力。自我成就需求是高等学校从各个方面造就人才的最高体现。其目的和宗旨在于培养全面发展的综合型人才，以应对当前日趋激烈的社会竞争。

2. 使用者行为模式

人的社会属性使得相互之间的交往活动成为彼此最大的精神需求。大学生除了接受高等教育，还通过不断的交往，逐渐丰富自身的知识信息储备。并且在交往的过程中，不可避免地互相影响。

在《交往与空间》中，扬·盖尔（Jan Gehl）提出不同活动类型需要相对应的物质环境来实现，并以此归纳了人在公共空间中的活动类型。根据上述理论，也可以把山地高校教学楼内师生的交往活动总结为：

（1）必要性活动：诸如常规的学习活动，考试、上课、课间休息等最基本活动都在教学空间内发生，相对使用者来说很少受到环境因素影响，因此需要相对固定的建筑空间。

（2）自发性活动：在客观物质条件允许的情况下，学生产生自愿参与的意愿。此类活动较依赖外部环境，比如静思养性、锻炼健身等。山地教学楼内适宜的空间环境、具备吸引力的场所能增加活动发生概率和频率。

（3）社会性活动：指的是交流交往、展览聚会、社团活动等发生于一定的空间内，需要他人共同参与的活动。要促成社会性活动的发生，提高交往活动的频率，就需要设计者更为周全地考虑建筑空间的物质条件，提升空间品质，增添人文关怀[①]。

① 宋佳颖．带中庭的大学教学楼[D].上海：同济大学，2008.

3. 使用者心理需求

“心理效应”即是社会心理学领域描述社会环境对个人行为的影响。可以通俗地解释为人的行为具备某种反应性。环境心理学家指出，空间中的物质环境正是能引起特定“空间效应”的因素。

教学楼交往空间需要兼顾私密性与公共性，具体见表 8-5，师生在“看”与“被看”中体现人的自尊和对自我价值认可的满足。通过较强限定感的半围合空间，给予师生足够的心理安全感与个人空间，与外界保证视线交流的同时又不用担心被干扰。

表 8-5　高校教学建筑内部空间私密性、公共性分析

| 项目 | 门厅 | 教室 | 报告厅 | 办公空间 | 中庭共享空间 | 走廊空间 | 会议室 |
|---|---|---|---|---|---|---|---|
| 公共空间 | ● | | | | ● | ● | |
| 半公共空间 | ○ | ○ | ● | | ○ | | ● |
| 半私密空间 | | ○ | ● | ○ | | | ○ |
| 私密空间 | | ● | | ● | | | |

注：● 表示程度较大　　○ 表示程度较小

使用者对自己在某一场景中自身资格和地位的确认，和他对这一团体的依赖感就是归属感。对外的区别和对内的认同是其产生的两大前提。其次，教学建筑空间应具有供师生可识别的信息，增强场所的可信度。增加开放性的学习空间，引导师生的交往行为、停留，从而产生归属感。

### （四）多功能适应性空间设计

多功能适应性空间设计在教学楼中的设置一般呈现出空间限定模糊、功能复合等特点。交通空间、中庭大空间、适应地形而产生的消极空间，可以经过优化赋予其新的功能，既满足基本功能，又能丰富单一空间层次，赋予师生交往活动必要的物质条件。也有结合展览活动设置的方式，布置了雕塑或学生作品等，使学生在无形中受到了专业教育的感染与熏陶。

1. 多功能适用的交通空间

教学楼入口是内、外部空间的交通联系枢纽，是信息的汇聚点，也肩负着引导师生从较封闭的教室向室外校园环境过渡的使命。为师生提供进行交往和

休息等待的重要场所便成了其基本功能之外的重点考虑。设计师可将入口空间划分出交通区域与可停留区域，增加空间的层次和领域界限。

走廊是水平向延伸的线形通道，主要供人流步行通过。传统教学楼受教学理念和经济因素等影响，一般采用“重教室、轻走道”的方式，走廊空间仅满足疏散功能的最小尺寸。当前的高等教育模式下，其走廊不再仅仅承载交通功能，它可以容纳更多积极的活动。综合考虑各种因素，限制走廊长度的同时有目的地放大节点尺寸，增加师生可停留的空间。

楼梯是山地教学楼的最重要的垂直交通空间，是连通各层空间的枢纽。在满足最基本的疏散宽度和疏散距离前提下，可通过合理设计引导人停留、交谈、休憩，达到促进交往的目的。

2. 庭院空间

山地高校教学楼往往会设置庭院这样的共享大空间。教学楼根据地形、地势采用错层、架空、筑台等适应地形手段。主体建筑之间产生的庭院空间具有层次感与动感，视线流通，适宜交往、停留与展示。此类空间除起到人流集散引导作用之外，也是师生课间交流、信息交换、休闲娱乐的重要社交性场所。设计中需要保证其充分的自然采光和适宜宽敞的空间感。

3. 消极空间积极利用

高校教学楼为适应特殊的山地地形，丰富建筑形体与空间层次，常采用架空，屋顶露台等设计手段。架空是建筑“灰空间”的一种，是外部山地地形与教学楼内部空间的过渡。南方地区夏季高温炎热，其兼顾了自然通风与遮阳等优点。若能营造舒适的空间环境，不失为师生课余交往的好场所。相较平地大学校园，山地教学楼的屋顶平台是连接不同标高层的交通纽带，这种屋顶平台一面与相邻道路相接，另一面则高出地面几层，空间感极强，师生可从室外直接由屋顶平台进入教学楼内部。同时，屋顶平台又具有视野开阔、光线充足等优点，可通过绿化设计与铺装变化赋予屋顶平台更多的交流功能。

## 三、可持续的山地大学教学楼设计的目标

“可持续建筑”是建筑学对可持续发展思想的一种回应。在山地高校教学楼建筑实践中，强调建筑、人与自然的和谐共生关系。山地高校教学楼设计过程中，须将生态作为先导，合理优化有限的山地自然资源配置，在保护中开发，既满足当前使用者的需要，又保证子孙后代的发展需求。

### （一）生态效益——保护山地生态环境

山地生态系统因其垂直高差，较平地更为复杂与脆弱。布局与设计时，设

计师应尽量减少对原有山地自然地形地貌的干预与破坏，并合理利用特殊的地形地貌；设计师充分考虑山地气候与环境的影响；设计师选择当地的绿色材料，绿色营建并能循环使用，以期减少山地生态系统的承载压力。

山地校园环境受到大气候、区域气候以及地方气候与山地小气候的多重影响。因此，合理的山地高校教学楼设计策略的制定，源于对基地特有的山地地形、生态植被、气候因素系统的分析与综合的考量。如何在大学校园内部适应新的需求，充分保护脆弱的山地生态环境，合理利用有限的资源，建设可持续的山地高校教学楼，具有不言而喻的重要作用。

### （二）经济、社会效益——有限资源合理利用

地球生态系统具有一定的“生态承载力”，它指的是不能无限量要求地球给予资源，同时也意味着地球生态系统存在某种自我净化的极限。我们须将生产建设活动控制在地球可承载限度内，才能实现可持续发展的目标。将经济社会的有限增长建立在资源的无限消耗上，会导致生态失衡，这是传统经济发展模式的弊端。伴随经济社会增长放慢的同时，环境生态问题凸显并反过来制约经济、社会的进一步发展。

山地高校教学楼营建过程中，我们应把自然资源的消耗、生态系统退化的代价引入对社会经济效益的综合评价中。在向自然界索取资源的同时，必须考虑生态系统的承载能力。

在设计前期就把控制能量消耗视为教学楼设计的基本要求，通过建筑设计手段引入自然通风采光，合理组织室内、外能量交换，提高人体舒适度，运用适宜技术最大限度减少教学楼运行时的能耗。

### （三）人的发展——满足使用者多重需求

可持续发展是以人本理念为出发点，既满足当前需求又不削弱子孙后代发展能力的思想。本文的研究对象——山地高校教学楼，其使用者即大学师生。当下，高校教学理念和教育方式发生了巨大的变化，人们更注重提高教学质量与培养学生综合素质，更强调交互的教学方式与新兴媒体技术的引入，从被动灌输式的应试教育向自主学习的素质教育转变。教学楼建筑客体条件的营造促成大学师生多层级行为需求的实现，进而满足其自身多元的心理需求。

山地高校教学楼设计的最高目标就是为人的全面发展提供客观有利的物质条件。除满足基本的日常学习、科研活动之外，设计中还应该考虑如何满足较高层次的行为需求，如交往与自主学习。

大学生渴求多层次的学习与交往场所的心理需求，反映到建筑层面即为涵

盖从公共到私密不同层级的空间领域。可持续设计要求我们对空间的私密性体现出应有的尊重，同时又需要保证“自我的实现”前提下的空间公共性。

## 四、可持续的山地大学教学楼设计的策略

### （一）把握山地特征组织总体布局

“大音希声，大象无形”，这是中国传统哲学思想所提倡“和谐”的最高境界。针对山地高校教学建筑总体布局，力求达到建筑与山体共融，以“谦逊、对话”的姿态，将建筑隐身于群山之中，以展现山地高校教学建筑“集自然之秀，汇人文之灵”的特质。

相较平原地区，山地平缓用地显得特别珍贵。设计师应尽量争取布置较多主要建筑物于较大块的坡度平缓地段，合理组织各建筑物间的交通联系，缩短线路管网的铺设。场地内地形复杂，教学楼因地势局限，可根据实际情况开辟出不同高程的台地，再于其上集中布置教学楼。紧凑的布局形式，在无形中增加了山地高校校园内各学科之间的横向联系，增进了学科、院系间互动，使得有限的教学设施得到最大化利用。

1. 掌握山地风气候，整合建筑布局

高校教学建筑整体布局首先应考虑建筑所处的山地大气候环境，这是确保建筑适应本土，为大学师生提供更为优质服务的前提。我国幅员辽阔，地区间气候差异巨大，各地教学建筑形成多种布局方式以适应不同的气候条件。《民用建筑设计统一标准》将我国气候区划分为 7 个主气候区，20 个子气候区，并对各气候区的教学建筑设计提出了不同要求，具体见表 8-6 所示。

表 8-6　教学建筑针对不同气候分区的布局要求

| 建筑热工分区 | 对应设计原则 | 山地地形利用原则 | 建筑布局要求 |
|---|---|---|---|
| 严寒地区 | 利用太阳辐射，减轻寒风，做好保温 | 以位于向阳南坡中下腰为宜，避免寒风，同时减少峡谷底部沉积冷空气影响 | 保证日照间距，体形系数小 |
| 寒冷地区 | 最大限度利用太阳辐射，减轻寒风影响 | 位于南坡的中段斜坡以上增加太阳辐射，并且高足以防风，低可避免受峡谷底部沉积冷空气影响 | 中等密度布局，保证日照间距，体形系数小 |
| 夏热冬冷地区 | 夏季遮阳促进自然通风，冬季增加日照，减轻寒风影响 | 以位于可获得充足日照的山坡中段为宜，视斜坡上段或者下段风实际情况而定，兼顾夏季通风 | 松散布局和较低的建筑密度，日照间距和通风间距兼顾，体形系数适中 |

续　表

| 建筑热工分区 | 对应设计原则 | 山地地形利用原则 | 建筑布局要求 |
|---|---|---|---|
| 夏热冬暖地区 | 最大限度遮阳和通风，减少太阳辐射 | 选择山坡上段和顶部以获得直接的通风，利用东、南向以减少午后太阳辐射 | 大分散、小聚合的松散布局，低建筑密度，保证通风间距 |
| 温和地区 | 最大限度在冬季获得太阳辐射，避免冬季寒风的影响 | 位于东南、南向的山地以获得冬季充足的日照，尽量选择山腰坡地的适中地段，以避免冬季寒风和谷底冷空气的影响 | 适中密度布局，保证日照间距，体形系数小 |

除宏观层面的大气候风环境因素对于教学建筑的布局影响较大之外，由地形及温差产生的局部风对于山地高校教学楼的通风具有更为直接而深远的影响。由温差引起气流运动产生的局部风有：山阴风、山谷风、顺坡风、水陆风、林源风等；由压力差产生的局部风有：越山风、山垭风等。风气候包括风向、风速及风质三方面，与教学楼群体布置有着十分紧密的联系。选择教学楼朝向时，除了考虑风向、风速之外，还必须考虑风质的变化。

气流经过山体时，受到地形下垫面的影响，风向产生了不同的变化。结合地形和风向进行总体布局，以获得良好的通风效果，提高环境舒适度。

理想状态下，迎风坡风向垂直等高线，建筑宜平行或斜交于等高线布置，通风间距可以随坡度加大而缩小。背风坡则恰好相反，可运用风向及其投射角以缩小通风间距；采用交错行列式或斜列式布置，提高通风效果；将较短或较低建筑布置在迎风面，减少遮挡，提高后面建筑通风效率。顺风坡气流沿等高线运动，建筑宜斜交等高线布置。尽可能避免在涡风区域布置教学建筑，可将不需要通风的辅助用房置于涡风区。

为保证群体或独栋建筑的良好通风性能，需要一定的间距才能满足要求，如图 8-3，以下为山地建筑通风间距计算公式：

迎风坡间距计算公式：$D=[H-(d+d')\cdot\tan\theta]/[(1/L)+\tan\theta]$

背风坡间距计算公式：$D=[H+(d+d')\cdot\tan\theta]/[(1/L)-\tan\theta]$

式中，

$D$：坡地两建筑的通风间距（m）；

H：迎风面前排建筑高度（m）；

$O$ 及 $O'$：分别为前后排建筑地面设计基准标高点；

$d$ 及 $d'$：分别为前后排建筑地面设计基准标高点与外墙的距离（m）；

$L$：平地环境时所需（或选用）建筑物间距与迎风面前建筑物高度的比值，$L=D'/H$；

$\theta$：建筑物法线面（即与建筑物纵轴垂直的面）的地面坡度角，$\tan\theta=\sin\alpha\cdot\tan\beta$

$\beta$：地面坡度角；

$\alpha$：地形坡向与建筑墙面的夹角[①]。

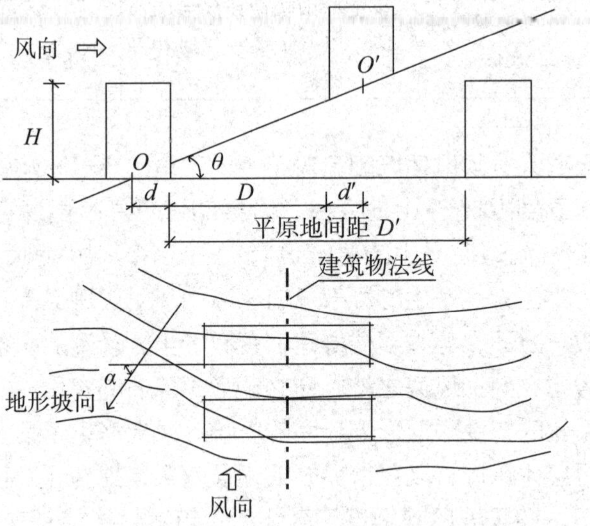


**图 8-3　山地建筑通风间距**

由此可见，迎风坡上的通风条件优于平原地区更优于背风坡，其通风间距随地面坡度角的增大而减小。在平原地区，当 $D=2H$ 时，通风效率可视为良好；当 $D=H$ 时，通风效率下降明显；对于山地建筑，处在迎风坡时，$D$ 只需要大于 $H$，通风效率即可视为良好，由此可提高有限用地的建筑密度。需要说明的是，上述公式，适用于理想条件下位于坡度均匀的山坡上、平行的行列式建筑布局模式，而大多数情形则需要根据实际情况对结果进行修正。

然而山地风气候的影响因素复杂，既需要考虑气候、局部风，又需要考虑高校教学建筑所处的地形地貌、建筑自身条件（建筑高度、宽度、屋顶斜度等因素）。因此，应用便捷、易于操作的数字化技术辅助研究并分析复杂的信息，将会事半功倍。当前，设计者可将采集的研究区域内气候、地形地貌等基

① 《建筑设计资料集》编委会．建筑设计资料集 1[M]．北京：中国建筑工业出版社，1994：106.

础数据资料，运用 GIS（地理信息系统），搭建快速可靠的模型系统，然后利用 CFD（计算流体动力学）进行模拟分析以得出最佳的建筑布局[①]。

综合考虑教学建筑与场地周边现有建筑间的风环境，结合倾斜的地形特征，利用风压或热压，促进场地内的空气流通，提高人体舒适度[②]。建筑适应山地地形时，需为局部山地风气候的形成营造有利条件；平面布局上，尽可能引导夏季风穿越场地，避免较宽、较高的建筑体产生不利遮挡；剖面上，因势利导，利用地形高差和建筑竖向变化，结合天井或中庭增强自然通风。

2. 利用朝向与坡向提高基地利用率

山地高校教学楼布局的基本原则就是依据场地内的地形、地势变化因势利导，尽量减少土石方量。在组织建筑总体布置时，需要综合考虑相关因素以确定合理的间距。一方面，山地地形坡度、坡向，建筑布置形式及朝向等因素主导着教学楼之间的间距；另一方面，也不应忽视采光、通风、防火、工程间距及建筑投资等因素对其产生的影响。

建筑朝向是指教学建筑多数采光窗的朝向，其对于建筑本身意义重大，不仅关乎建筑物夏季通风防热与冬季室内得热，还直接影响到教学环境的舒适度与大学师生的身心健康。对于北方采暖地区，应以尽量获得太阳辐射为主，可提高室内温度，降低供暖能耗；南方非采暖地区，则考虑自然通风为先。重庆潮湿闷热，流动的空气是保证良好的人体舒适度，健康的学习、生活的大前提。

地形坡向不仅对山地生态存在较大影响，对合理组织教学建筑整体布局，提高土地利用率也有积极作用。笼统地可以把山地地形坡向分为南、北、东、西四个主坡向，还可以细分出东北、东南、西北、西南四个坡向。从日照角度分析，南、东南、西南向坡最佳，为全日向阳坡；东、西向坡次之，为半日向阳坡；北、东北及西北向坡获得日照最少，为背阳坡。相比其他朝向，南向坡吸收的阳光最多，东、西向吸收的阳光随太阳高度角的变化而变化，故西向坡的建筑需要在下午遮挡过多的太阳辐射。从卫生观点来分析，向阳坡最好，半阳坡次之，背阳坡最差。然而，坡度对于东西朝向上的太阳日辐射总量的影响较小。这说明地貌对于低纬度地区的太阳辐射水平影响很小，随着纬度的不断增加，这种影响逐渐增大。高纬度地区，较陡的山坡比平坦的地方可以吸收更多阳光。

坡度与朝向是相对于太阳而言的，垂直于太阳光线的表面的单位表面积上吸收的辐射最多。建筑朝向与地形坡向越一致，建筑间距可以越小。

日照间距随坡度增大而缩小，向阳坡地应尽可能利用这一有利条件，节约

---

① 赵万民．山地大学校园规划理论与方法[M]．武汉：华中科技大学出版社，2007：9.

② 纽曼．学院与大学建筑[M]．薛力，孙世界，译．北京：中国建筑工业出版社，2007：101.

有限的可建设用地资源；背阳陡坡地，若要求同样的冬季日照时间标准，平行于等高线的布置方式会增大间距，宜采用斜交等高线方式布置教学楼建筑。设计中应从日照面积、时间、质量等诸多因素综合考虑，使之既符合高校教学楼建筑日照标准，又可节地。

此外，日照间距系数决定了日照间距，面对复杂多变的山地地形，相同建筑高度在南向坡满足日照要求所需间距最小，北向坡最大。因此，可灵活利用地形坡度，合理布局教学楼建筑，最大限度利用有限的土地资源。

3. 选择适宜接地方式减少生态破坏

山地高校教学楼设计宜最大程度保留基地内的地貌与植被，这些山地环境所呈现优美的多层次景色是师生缓解学习、工作压力的好去处。山地生态环境，其美感源于对自然的理解和尊重，设计者需持敬畏感与谦卑感，使教学建筑与山地环境有机结合。

（1）建筑适应山地的手法

提高勒脚法：提高勒脚是为了调整建筑物四周勒脚高度到同一标高作为建筑基底的处理手法。提高勒脚法对于山地校园环境的保护和山体稳定性都是有利的。勒脚高度的最大值是随坡度大小与建筑进深而变化的，该手法多用于坡度平缓地段的建筑，还有的建筑将勒脚做成台阶状来适应坡度较大的基地，比如新加坡国际学校（香港）。学校根据场地地势，将六层高的裙房作为主体建筑的“勒脚”，利用裙房屋顶作为广场，连接勒脚层以上的图书馆和教学楼。

吊脚：建筑局部以支柱的形式架空，使得建筑本体局部脱离地面。吊脚型的山地教学楼一部分直接与山体地表发生接触，一部分与山体地表脱开，适宜建于坡度约为 30° 的地段上。采用吊脚接地的建筑，因其局部脱离地面，平面布局受地形限制较少，“吊脚 + 院落”的形式更是成为应对复杂地形环境的最佳方式。把握场地特有的地形特征，灵活采用吊脚形式，可使建筑与自然更为紧密地融合。如位于面海山坡上的香港国际学校，教学楼采用四周吊脚的形式，将自然的地形与山水景观引入建筑特征，以达到建筑与自然共融的目的。

架空：全部以柱子支撑并落地的建筑模式就是架空，并且建筑水平基面架于支柱之上。采用这种方式，可极大减少建筑活动对于山地环境的破坏，保持原有地貌与生态环境。重庆湿度较高，夏季闷热，冬季阴冷，底层架空引入外部空气，促进建筑内部自然通风，保证良好的人体舒适度。同时，架空层拥有开阔的视野，成为教学建筑的“灰空间”，点缀绿化植被可成为师生思想学术交流的公共空间；或成为联系不同标高、平面的交通枢纽，方便组织多个不同标高不同方向的人流，促进各学科院系之间的联系。

（2）山地适应建筑的手法

筑台式：通过对地表进行开挖和筑填的方式，使变化的山地形成平整台地。脱离不利地形条件的束缚，教学建筑的设计更为纯粹而出彩。根据不同的地形坡度变化，合理布局使用空间标高，提高建筑与山地地形的有机结合程度。山地高校常常平整出一个或多个台地供教学建筑使用，使得建筑空间呈现立体感、多层次感等特点。

覆土法：把建筑整体置于地表之内的手法就是“覆土法”。采用这种方式的山地建筑在保留基地原生自然植被、自然地形的同时，也保持了原有环境轮廓线。按其形成过程分为两类：一类是维持原有地貌不变，另一类便是采用先开挖、后回填的方式。覆土建筑在山地大学校园建设中有很多优势。首先，它可以节约山地大学用地资源，缓解高校扩招、建设量增加带来的山地校园土地资源供需矛盾。其次，将覆土建筑的屋顶作为绿地的延伸，增加了山地校园有限的绿化和休闲活动场所，在保持基地原有的生态系统平衡的前提下，为大学师生创造了学术生活交流的条件。

（3）建筑山地互相适应

错层法：以同一建筑的内部形成不同标高的底面的方式来适应地形较陡的山地环境，同时可以避免较多的土方工程量，这就形成了错层。根据山地坡度大小，依靠垂直交通的合理设置与组织，做出不同高度的错层处理，使得教学建筑内部呈现出丰富的空间层次。

掉层法：建筑基底做成阶梯状，使阶差等于建筑层高，就形成了掉层。一般适用于地形高低悬殊的山地场地，并且建筑内部的接地面标高达到一层或以上。这种布局手法的建筑内部空间特征是楼面平而地面不平，俗称“天平地不平”。

多变的山地地形，导致基地条件形态多样，根据不同条件，可因地制宜，形成丰富的空间表现形式。减少对于山地场地的破坏，合理利用地形高差，保护山地生态环境，同时提高教学建筑的经济性，形成具有山地特色的高校教学建筑形态。通过对建筑自身的形态特征塑造，使得建筑与山体共构，进而对山地自然环境起到美化作用。

### （二）顺应教学特质，把控建筑设计

1. 适宜的建筑轮廓尺寸

轮廓尺寸是影响教学楼经济性的因素之一。在山地地区，教学楼轮廓尺寸的变化不仅影响每平方米建筑面积所占外墙比重，还影响到土石方、堡坎、挡土墙和道路工程量的多少。同时，复杂的建筑形体与结构加固较平地区更增加了经济负担。由于建筑通常建于岩石上，需要对岩石进行爆破开挖处理，较一

般的挖土成本大幅提高。为保证基础稳定，还需要对基础土质进行处理，必要时需要设挡土墙。并且，墙体与山体的接触部分需进行防潮处理。因此，需要综合考虑多种相关因素，才可能制定出经济合理的轮廓尺寸。

建筑物体形系数是建筑物与室外大气接触的外表面积与其所包围的体积的比值。通过对建筑的体形系数控制，则可以更好地使教学建筑适应大的山地气候环境，其大小对建筑的得热和散热能力有很大的影响。属于夏热冬冷地区的重庆，空气湿度大，既需要满足夏季除湿降温要求，又要保证冬季保温需要。故体形系数的设定需要兼顾通风散热和采光保温双重因素，以达到合理状态。

山地校园常见布局有 U 形布局、L 形布局与四边围合庭院形式。从通风角度来看，U 形与 L 形布局对于场地通风环境影响较小，通风效果好。四边围合庭院形式对风的遮挡面积较大。对于 U 形布局，当建筑的开口一侧面向下风向时，其挡风面积最大；而开口一侧面向上风向时，遮挡较少。当教学建筑所处区域夏季与冬季主导风向不一致时，U 形布局可以有效提高场地内的环境舒适度。在 L 形布局形态下，当建筑物外角正对主导风向时，产生了最大的挡风区域。采用四边围合庭院式布局，依据庭院和风的相对方向会在建筑一侧形成较大挡风区域，增加建筑的高度则会扩大遮挡区域面积。四边围合庭院空间通风效果较差，适宜对冬季保温需求较高的山地高校。

从辐射得热角度看，四边围合庭院形式因具有更大的受辐射面积，得热多于其他两类而不利于建筑节能。对于四边围合的建筑形体，可利用场地内地形高差，形成前低后高的建筑递增关系，减少前部建筑对风的遮挡，改善庭院自然通风环境；同时需要在外墙面进行遮阳处理，缓解太阳辐射量过大的问题。U 形和 L 形可采取建筑局部架空或在体块上开洞的处理手法，引导气流，改善通风质量。当然，山地教学建筑不应局限于这几种基本形态，针对复杂的地形地貌，灵活布置建筑形体，营造多层次的山地空间，满足学生对审美和空间多重感受的需求。

以节能设计作为出发点考虑，要求建筑形体变化不宜过多，平面形式追求平整、简洁。然而对于山地建筑，必须综合考虑形体与地形等多种因素，不能以偏概全，一味追求简洁的形体关系，而需找到建筑与山地环境契合的平衡点。教学建筑可因势利导，利用转折的形体适应地形，尽可能以最小的代价最大限度地解决实际问题。山地校园可建设用地少，因此可根据高校教学规模等实际情况适量发展综合化、集约化的教学建筑，但要注意建筑与山地大背景的关系，还需要考虑新建教学建筑对既有校园周边建筑的影响，做到和谐共存。

2. 教育特质与山地融合

场所是具备一定结构的空间形式，也可解释为人们对于一个地方的认同感与归属感。场所精神根植于其所处的山地自然环境、人文历史背景、原有校园建筑、环境风貌以及特有的办学理念与教育模式（如图 8–4）。它是一种抽象的概念，需要通过具象的建筑手法表达出来，诸如控制建筑色彩与材料，形体的高低与错落，光影的变化等。

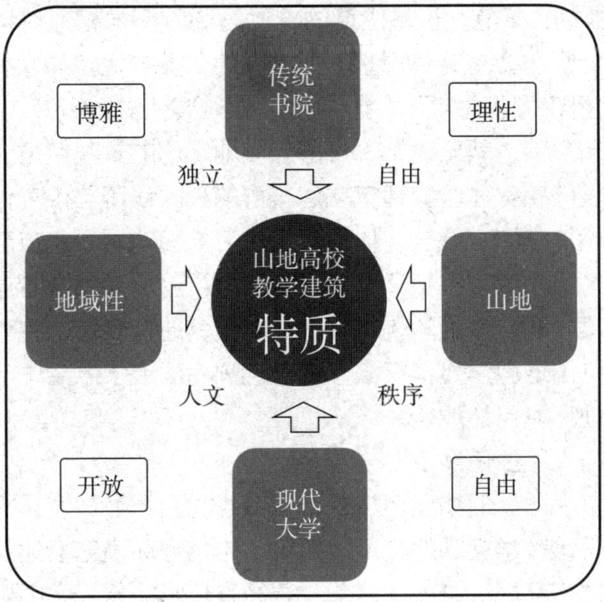


图 8–4　山地高校教学建筑特质示意

大学具有教化功能。教学建筑应具备鲜明的精神立场，向大学师生传达一种明确的思想。如通过形体组合、立面开窗形式组合、建筑色彩搭配等手段，营造具有最广泛教育内涵的空间品质和氛围。

高校教学建筑满足的不应仅限于基本的使用功能或者面积指标需求，更应富有典雅端庄、秀丽大气的性格特质，使其区别于其他类型的公共建筑。大学师生对所处校园的认同感和归属感是建立在以文化性为实质的校园场所精神层面的基础之上。独立理解与思想自由具有至高无上的价值，在满足社会对开放资源、空间需求的同时，也能保持其自身相对独立性——“独立之精神，自由之思想”，不受过于直接的干预。既有脱离外界的明确领域界限，也秉持高度的开放性，更容易产生自由的学术氛围。

教学建筑的外部形式应反映内部功能空间，体现的是讲求实用的美学。结构功能、建筑实体构成元素都应以精密、理性逻辑为主，这是对中国传统书院建筑内部空间与序列的理性与秩序的一种传承（尽管历史上传统私塾、书院与现代大学相距甚远）。在此基础上，对现代高等教育自由开放的理念加以更新，空间形式和构成肌理上呈现出一种均等的姿态，没有等级之分；重视对地域建筑文化与高校校园文脉的提炼。

另一方面，山地高校教学楼也需要反映其所处基地自然环境的特征，成为“设计结合自然”的典范。正是山地的特质与场所精神相互作用形成了教学建筑的结构。设计师需要充分尊重基地现状条件，保护地貌与原有地表植被，结合山地地形布置和设计建筑，才能达到经济、合理的要求。

而在通常情况下，教学建筑本身即为山地环境的景观组成元素，其形体需要顾及多个角度的感官体验。建筑或建筑群的天际线可与山势保持一致，或局部变化以活跃山地环境。并且，作为建筑第五立面的屋顶也应满足人们的观赏需求，尽量保持与山体形态相适应。可采用坡屋顶、错跌或者退台的形式，显山露水，既能柔化建筑生硬的体块感，又能丰富造型以增加室外活动空间，带给使用者完整的山地教学建筑意象。如以色列海法大学学生中心，通过层层退台的形式与山地环境自然融合。

3. 确保室内人体舒适度

教学建筑室内适宜的物理环境保证了良好的人体舒适度，提升教学空间的品质，有利于日常教学活动的开展。建筑室内物理环境包括建筑光环境、建筑声环境与建筑热工环境三方面。这三个方面直接影响着大学师生的学习、工作效率，生活质量，身心健康等。

（1）建筑光环境。教学建筑室内的光线来源于自然采光与人工照明。日常学习、阅读需要充足的自然采光来实现。自然光作为全光谱光线，能保证大学师生的视觉健康。通过教室采光口的合理设计，优化采光覆盖面，从而降低不必要的照明能耗。高度“工业标准”的照明反而会产生眩光。而对于人工照明，光线配置应允许教师在播放幻灯的同时，还可以在黑板上写字。照明设计需选择具有适合的照明度、亮度对比、光色与显色性的光源。

需要注意的是，天然采光远离窗户时，无论其被用来满足工作照明还是用作要求较低的环境照明，照度都会降低。人工照明可以在需要辅助照明的区域由光敏元件控制开关，可以节约可观的照明用电量。

可持续的教学建筑要求设计人员在满足大部分日常教学功能需求的同时，考虑做到低成本、易维护。减少教室的进深，采用高侧窗引入自然光线，同时注意遮阳处理，夏季阻挡过多太阳辐射进入教室。室内窗帘的遮阳系数随颜色与窗帘质地透明程度变化而变化；树木遮阳伴随季节与种类变化，如冬季落叶植物可保证教室内足够的日照。水平遮阳适用于南向建筑，北向建筑宜采用垂直遮阳。需要注意的是，遮阳设计需考虑如何保证建筑造型的美观，同时兼顾景观视线与潜在日照。比如加利福尼亚大学圣迭戈分校，教学楼体量巨大，出挑深远形成了自遮阳，为学生活动提供了遮蔽。采用多种遮阳手段相结合，遮阳构件恰到好处地成为建筑本身的一部分，具有极强的建筑美感。

（2）建筑声环境。对于声环境的慎重考虑对教学建筑的设计至关重要。当前情况是，大多数教学建筑等到落成使用一段时间以后，才能意识到这方面的问题。相邻教室、教室与过道之间的隔声的重要性常被忽视，特别是在夏季，噪声通过开启的门窗传播。所以，在平面布局时，应尽量避免内走廊两侧教室相对开设门窗。教室内的隔墙都应从地板延伸到顶棚结构中去，并且采取声学密封措施。植物具有良好的吸声作用，场地内部可通过栽植植物分隔动静分区，减少彼此干扰。更为细致的吸声处理对于用作视频会议和远程教学的教室是有必要的。

（3）建筑热工环境。诚然，寒暑假可以使得教学建筑减少应对一年中最极端气候的时间段，但可持续的教学建筑，在设计之初就应对建筑热工环境作详尽的考虑。夏季，要注意做好教学建筑的防热措施。可综合采取自然通风、窗户遮阳、围护结构隔热和建筑绿化等多种手段。冬季，应在注意建筑防风的同时，获得更充足的日照。利用自然通风降温可以有效降低制冷设备的能耗。因此，如何更为有效地将室外自然风导入教学建筑内部，提高室内热环境舒适度，成为设计者追求的目标。

室内通风质量很大程度上取决于平面或立面上门、窗开口的位置。门、窗的位置直接决定室内风流的走向，门、窗正对的形式不宜在风力较强的条件下采用，宜错开两侧门、窗，合理引导进入室内的风，使学习区域得以覆盖自然通风。当风向与教室垂直时，采用对位或错位的方式，出风口的最佳位置处于中间。与风向方向一致的错位布置在风向与教室斜交时效果最佳。除了利用自然条件外，还可采用适当的人工设施来辅助通风。如安的列斯与圭亚那大学，让相对的墙面完全开放，并在其上安装活动百叶，让大量空气流入室内而保持较小流速，并通过百叶深度减少太阳辐射得热。此外，翼墙可以改变建筑物周围的正压区与负压区，进而引导自然通风进入室内，当开口不能朝向主导风方向以及教室内只能有一面墙开窗时可以采用翼墙①。

确保围护结构的保温隔热性能对于改善教学建筑热工环境也具有重要意义，可降低采暖与制冷能耗。围护结构应保证各部分的传热系数、热惰性指标、窗墙面积比、窗户气密性等。因不同纬度、不同朝向墙面的太阳辐射变化不同，不同地区的教学建筑窗墙比应有所差别，北方地区应控制窗墙比以减少室内外温差传热导致的热量损耗，南方地区则应更多考虑减少太阳辐射所带来的空调负荷。GB50189-2015《公共建筑节能设计标准》规定：建筑每个朝向的窗（包括透明幕墙）墙面积比均不应大于 0.70。

设置墙体外保温系统，选用热阻值和热惰性指标较大的墙体材料、双层呼吸墙体等；采用种植屋面起到良好的隔热作用；加强门窗的保温性能，保证良好的气密性，控制好窗墙面积比，可采用双层或者中空玻璃。

4. 满足行为心理需求的空间

（1）教学建筑空间形态要求。高等教育建筑为适应新时期、新环境的教育理念和教育模式，其建筑空间形态需要具备共享的资源、开放的教学、研究性和人际互动交流等特质。高校教学楼的空间构成方式一般有连接、分离、复合、聚集和并联等。

第一，空间有序与无序。山地高校教学楼的设计是人造空间与山地自然环境密切融合的产物，因此它的空间特性是复杂、变化的，有序或无序都并非绝对的。在确保场所具备一定程度可识别性的前提下，在无序中营造有序空间，有序空间又包含无序元素，这正是多变的山地高校教学空间与因势利导的人造空间相互结合的和谐效果。

第二，空间层次化。高品质空间设计需具有不同等级与节奏的序列，从公共到私密过渡的序列感是对多样复杂的教学功能空间的回应。而使用者自我价值的实现得益于场所的高识别性。

第三，空间灵活性与多适性。日本建筑师桢文彦提出应提升教学楼空间结构的弹性，增强其空间分隔的通用性，可促进灵活的教学方式和多变的教学模式开展。在具体操作层面，通过设置通用化与模数化的空间，使得教学单元具备较强的可适应性与改造性，具备空间弹性与发展的可能性。功能上的多适性，意味着容纳活动的多样性。

---

① 布朗，德凯．太阳辐射·风·自然光：建筑设计策略[M]. 常志刚，刘毅军，朱宏涛，译．北京：中国建筑工业出版社，2008：123.

第四，空间的开放性。知识经济强调公平与开放、共享与交流；现代高等教育讲求多学科交叉，注重团队协作，学术思想自由交流更为频繁与广泛。因此，促使师生自发交流产生的开放空间的营造就显得尤为重要。同时，大学也不应狭义地将其自身禁锢于校园范围内，需与社会保持一定程度的接触，营造更多适宜的条件与开放空间，促进高校与社会的联系与发展。

（2）重点公共空间设计

第一，教学楼入口空间设计。山地高校教学楼入口空间起到山地校园外环境与教学楼室内空间的分界作用，既是两者过渡环节和中介空间，又是教学楼环境和校园景观的重要组成部分①。山地环境中的入口组织是山地高校教学楼设计的关键。利用不同高差的入口组织，可方便人流交通、功能空间的组织，使得空间灵活多变。场地、台阶、坡道、平台、雨棚、构架、门、墙面等实体要素是构成入口空间形态的物质基础，可选取不同的组合方式以限定不同的入口空间层次。

建筑入口的本质是通过建筑师有意识地处理，完成人们游走于不同行为类型和心理模式之间的过渡。人行为心理的过渡在诸如建筑入口这类具备中介性质的空间中得以发生。实际设计过程中，教学楼室内和校园外部空间的相互联系和过渡，可通过空间序列中空间构成要素的合理组织和适当的空间层次来完善。

入口空间可灵活结合多种建筑接地方式，化不利地形为独特建筑风貌。针对山地地区常见的底层架空接地处理手法，可将入口空间结合架空空间一并设计。底层空间通透，视线开阔，改善了建筑底层的通风采光条件。山地高校教学建筑也有采用覆土接地的处理手法，其入口方式因势利导、灵活多样。

提高空间的舒适度与趣味性是优化山地高校教学楼入口的重要手段。在确保建筑整体造型协调统一的大前提下，入口空间可局部打破原有的形式语言，完成引导、提示作用，成为教学建筑的视觉重心。例如，精心设计踏步形式，也可结合踏步、坡道、植被、人造景观等要素组织空间，使空间充满情趣，增强人与自然的亲和力。

同时，设计中还需注重出入口的安全性需求。其一，关于使用者行走的安全，加强无障碍设计的配备，为行动不便者提供安全便捷的入户空间。其二，需要考虑教育建筑疏散的安全。提供足够规模的疏散空间，避免突发情况时瞬时人流过大，因疏散问题产生意外。最后，则需照顾到教学楼自身管理安全问

---

① 谢晓璐．大学建筑入口空间形态解析——以同济大学为例 [D]. 上海：同济大学，2008.

题。山地教学楼有多个不在同一平面的出入口，通过合适的功能布局、流线引导手段，优化资源配置，有效减轻管理压力。

第二，教学楼庭院（中庭）布置。教学楼的庭院以实体为边界，其最主要的特性是空间的内聚性和开敞性。使用者位于其中，庭院空间向心、内聚的性质使得师生驻足停留，各种交往活动发生。交往活动的发生依赖于阳光、空气等自然要素，大学生更倾向于在没有束缚与压力的环境中自发交往，开敞的庭院便成为该区域的活力发生器。庭院式（中庭）的空间布局在山地高校中应用广泛，建筑内外空间采用分台、错层、吊层等手法化解地形高差。

教学楼庭院按平面形式可分为核心式、线式和复台式三类。庭院空间在教学楼内部具有最强的公共性，在空间布局上统率其他功能空间。教学楼内部以庭院为核心的公共空间系统有机联系其他各功能空间系统，使得不同功能性质的空间形态在此高度集中并相互关联，同时使得师生聚集，促进多元信息的交流。因此庭院空间需要具备良好的可达性与可识别性。庭院内部亦可布置花坛、树木、主题雕塑等小尺度景观，使庭院成为视觉中心、活力发散点。

第三，天台空间（屋顶平台）。教学建筑的天台空间是连接不同标高层的交通纽带，一面与相邻道路联系，另一面则高出地面几层，空间感极强。师生可从室外直接经天台进入教学楼内部，优美的屋顶平台环境促进了更多交往活动的产生。

5. 多维度建筑绿化

（1）基地绿化。绿化途径：保留基地树木和植物，活化栽植技术，合理搭配结构。追求生态效益最大化则可以采用“乔木 + 灌木 + 草地”的复层绿化搭配方式。设计师应考虑选用适应当地气候又能兼顾观赏作用的树种，并且使其与教学楼比例协调。以高大的乔木遮挡教学建筑的西晒面，减少太阳直接辐射，控制夏季能耗。落叶乔木布置于建筑南面，保证教学楼冬季充足的日照。常绿植物常布置于建筑的北面，起到夏季冷却热风，冬季阻滞寒风的双重作用。在对教学建筑基地进行绿化布置时还需注意，山地可用建设用地紧张，应尽量利用不利的地形加以绿化，如对陡坡、堡坎、崖壁等绿化。

基地绿化还具备改变风向的作用。通过不同的绿化布置方式，不同程度改善教学楼室内外的风环境，一方面可以减少建筑的辐射得热，另一方面可加快室内的外、热交换，从而提高人体舒适度。热压通风与风压通风是植被主要的两种导风形式，前者是利用植被降温，后者则是通过植物布置直接阻滞或引导气流产生的结果。乔木与灌木拥有各自不同的生长特点，引导作用差别较大，使得气流流经运动方向不同。因此，为提升夏季教学楼室内的自然通风条件，同时兼顾冬季日照采光因素，宜在夏季主导风向上种植落叶乔木；为减少冬季教学楼室内热量散失，宜在冬季主导风向上栽植灌木与常绿植物，阻挡寒风灌入。

（2）庭院绿化。教学楼庭院尺度受限于山地地形及建设条件，因此适宜的植被尺度对于山地庭院空间的塑造极其重要。这就要求对植物的观赏性、颜色搭配、高低疏密变化具有综合的把控。一般以中等尺度树木配以各种花草形成多层次绿化，使得院落成为室内外空气与能流交换的有机缓冲体。

（3）界面绿化。山地教学楼界面包括屋顶平台（广场）、建筑立面等。

屋顶绿化：屋顶界面承受太阳辐射量最大，采取绿化的方式一定程度上可以改善室内热环境和降低能耗负荷。在充分考虑屋面结构承载力的前提下，选择合适的植物与种植材料。并且，为了有效利用土地资源，提高城市绿化水平，应扩大屋顶绿化量。

立面绿化：利用阳台、窗台、墙面甚至棚架进行垂直绿化，可以扩大绿化面积，降温滞尘、减少风压、缩小室内外温差、缓解城市热岛现象、提高生物多样性、降低噪音、减少光污染。据相关测定，以枝叶稠密的植物攀附于墙面，夏季一般温度能够降低 5~14℃，室内温度降低 2~3℃，可节约空调耗电量 20%~40%，噪声减小 26% 左右。这主要得益于植被的热反应机理。其中，建筑西立面的绿化改善效果最为显著。立面绿化应注意植物的生长形态、光照要求、避荫反应、土壤条件等。

（4）室内绿化。室内绿化可水平、可悬挂、可垂直，同时植物的布置还需结合房间使用特征、光线强弱和季节特征。设计者需要从构图、色彩、形态及质感等多方面进行把握，对室内绿化植物的选择也需要考虑，如按观赏性分成观叶、观花、观果植物，或按其生态功能选择清除有害气体、抑制细菌滋生等。室内绿化设计形式多样，如陈列式、攀附式、悬垂式、壁挂式、栽植式等，可根据实际需求选取不同的设计方式或进行组合。如“生态墙”设计，将草籽埋入空心砖，砌在教学建筑的表面层，也可采用攀附式设计，完全利用绿色植物作为分隔空间的隔墙。当然，室内绿化还需要注意对植物生长的管理与室内卫生的把控，需要有固定人员照料与配合。

### （三）材料与结构、营建方式

1. 材料

（1）低蕴能材料。山地高校建设活动选材应尽可能考虑就地取材、就地开发，加工当地自然材料，不仅节省运输费用，也能使得教学建筑与山地环境更加协调与融洽，体现出山地环境下教学建筑独特的地域风格。随着建筑技术的不断进步，针对传统建材的创新利用可以使得教学建筑更富有人情味，同时降低建筑成本。

（2）智能材料。智能材料是根据外界变化（压力、声音、温度、湿度、光强、电磁波等物理量）而改变自身性状的材料。经实践验证，其具有传感、回馈、信息识别、积累、响应、自我诊断、自修复与自适应能力 7 种功能。智能材料可分为敏感材料与驱动材料两类。将智能材料应用于建筑结构工程中，能及时感知材料自身所受的外力、震动、温度、裂纹等变化情况，可通过自身应变能力提前预报、自适应调整、自修复补救等。不仅可以节约建筑结构的维护费用，避免结构破坏，还可以减少能耗。

废混凝土块、散落的砂浆和混凝土、碎砖渣、金属、竹木材、装饰装修产生的废料、各种包装材料和其他废弃物等，是在建筑物营建或者拆除过程中最常见的建筑废料。伴随城市化进程，建筑活动产生了大量的建筑废料，其占城市垃圾的比例较高，增加了能流循环压力。因此，高校教学楼应在营建过程中最大程度利用过程废料，减少对城市垃圾的输出。

2. 建筑结构

选择合理结构形式并使之轻量化。轻量化的结构，其“轻”体现在能以尽量少的材料覆盖尽可能大的空间、跨越尽可能大的跨度的经济性和结构效率。选用轻质高强材料并且搭建合理经济的轻型结构体系可减少建筑对于山地的破坏。钢结构较钢筋混凝土结构具备更好的环保效益，可多采用钢结构或者钢与其他材料的组合结构以及由此产生的梁柱结构、核心结构、管式结构等合理可行的结构系统。现阶段结构轻量化的主要实践还有钢骨化结构和金属化外墙的设计。

钢结构耐久且布局灵活，可应对不断变化的功能需求，从经济上考量可以节省投资，在生态上具有更加积极的环保意义，同时也是对既有建筑文脉的传承。设计过程应充分考虑山地自然环境，建筑结构尽可能简单，便于山地施工，在结构设计之初就应考虑今后功能的通用性，为今后校园发展留有余地。正如黑川纪章的“新陈代谢”理论所述，选用诸如混凝土等永久性的材料，以构建重要的建筑空间或结构，这些是在使用过程中无需大变化的；将木质板材或塑料用于服务空间或其他功能变化可能性较大的空间，以便日后更新应变。

3. 营建方式——预制化、标准化

按建筑广义生命周期的观点，建筑设计之初就应考虑对建筑营运过程的影响。教学建筑功能类型较为单一，空间重复，可尽量采用标准化、模数化的设计，减少构件数量、类型。实行建筑部件预制化，可大大减少现场施工污染和建筑废料。我国早在宋朝就已经掌握了标准化的建筑营建方式，《营造法式》确立了“材分模数制”，以“材”为基准，类似现代建筑设计中的模数概念。施工过程中，还需要尽量提高生产中的能源利用效率。采用耐久性模板，结合脱模剂增强模板的寿命或使用组合材料，减少对森林木材资源的破坏。

（四）绿色节能技术与系统

1. 绿色校园生活技术

我国高校扩招，用水量骤增。水资源的利用率较低，学生的节水意识淡薄又加重了这一现象。若将全国高校雨水和排水两项均加以收集利用，每年有总量客观的水可供收集利用，可以大幅减少对于水资源的需求。

因此，引导高校校园低消费生活方式刻不容缓。采用中水及雨水处理方式，教学建筑内设置中水系统，监控方便，可以将废水处理再利用，形成更为经济环保的复式供水系统。除此之外，利用集水、储水设施将雨水收集存储，并经过简单处理后作厕所用水，也是节约用水的一个不错途径。

（1）中水（再生水）处理。教学建筑用水简单，主要为盥洗用水与卫生间用水。盥洗用水水质较好，水量充足，便于回收处理再利用。可将其经过简单物理净化处理，用于卫生间等对水质要求不高的地方，有效减少教学建筑用水量，实现水资源的循环利用。简单物化处理工艺适合中水原水为优质杂排水①，也可采用普通生物处理与物化处理相结合的方式，将景观水池结合中水池布置，回用水直接从景观水池中抽取。当然采用中水系统对建筑规模也具有一定的要求，当教学建筑面积大于 30000 ㎡或回收水量大于等于 $100m^3/d$ 时，宜配套建设中水设施。

（2）雨水回收。雨水经过去除砂石、落叶等简单的物理化处理之后，用于日常的灌溉、冲洗等。基地范围内尽量采用透水铺装来加速场地的雨水回渗，避免地表径流的泛滥。回收后的雨水可用于水质要求较低的地方，如清洗道路、绿化浇灌、冲厕所等。

2. 节能技术

（1）太阳能系统。太阳能系统有主动与被动之分。被动式太阳能设计不需要增加设备与运行成本，更适应于经济技术发展不均的山地地区。它依靠建筑物自身空间布置及巧妙地处理，使得热量产生自然循环，进而对太阳能吸收、传递与存储。为了更好地储存热量，往往以装有蓄热材料或以集热墙作为

① 优质杂排水：民用建筑中除粪便污水外的各种排水，如冷却排水、泳池排水、沐浴排水、盥洗排水、洗衣排水、厨房排水等。

建筑物的围护结构内表皮。具体设计手法分成三种：直接型，把太阳能直接导入室内；间接型，把建筑向阳面吸收的太阳能分不同时间导入内部；隔离型，从其他地方采热，经过相关设备或装置导入。

（2）设备系统。结合节能控制管理系统安装控制装置，如光敏元件、空调自控系统、日光检测系统、节水器具等，能及时有效减少热能、电能及其他能源的浪费。同时，通过实时监测，了解各类能耗情况，做到及时反馈，便于有效优化资源配置以提高利用率。

（3）环境控制技术。通过建筑构造处理和设备系统来满足控制环境的要求。诸如采取均匀散布自然光的光导管应用技术，具有提高室内环境自然照度、节约人工照明能耗的作用。该装置主要由三部分组成：采光装置、导光装置、漫射装置。环境控制还可以采用生物技术，如生态墙。由动植物有机组成的微型生态系统可以有效改善室内的环境。

## 第五节　山地大学校园建筑设计的典型案例——香港科技大学

### 一、校园概况

我国香港西贡区的清水湾半岛山水相依，风景秀丽。香港科技大学就坐落在此，位于半岛的北部，背山面海，安宁清净，在喧嚣的繁华闹市之中，为莘莘学子提供着一方静雅而辽阔的学术空间。香港在 20 世纪 80 年代末已经成为亚洲的金融中心，被誉为“亚洲四小龙”之一。香港在全世界的金融领域也有着举足轻重的地位，香港政府为了培养优秀的金融和科技人才开始筹建一批高质量学校，香港科技大学成为香港政府建设的第三所重点高校。香港科技大学在办学之初就是要创办理工类的高等学府，陆续组建了以理学院、工学院、工商管理学院为主的 19 个学院。

在整个建设过程中受到了全社会的广泛关注，香港皇家赛马会捐赠了几乎全部的建设费用，同时也邀请了建筑界的多个公司参与校园设计。在众多方案设计中共有 54 个设计方案入围，入围的方案由建筑评审小组进行选评，有六个方案被选中，其中资艺顾问公司与王欧阳有限公司合作的设计方案获得冠军，关善明建筑师楼有限公司与唐姆斯公司合作的设计方案虽然屈居亚军，但是经过校方和专家的权衡最终被采纳并实施。该设计方案强调校园的时代性。

作为年轻的大学，建筑师希望展现校园自己特有的个性和风格，运用现代建筑常用的几何造型表达校园对山地环境的尊重，通过山地环境将高山、大海、天空和建筑融合成了一个有机的整体，反映了建筑与自然协调统一的哲学思想，该方案成为山地校园建筑设计的经典实例。

## 二、总体布局

香港科技大学校园总体规划以山地与校园紧密结合为基本，主动放弃了传统校园中轴左右对称的布局形式，香港科技大学将校园布局看作是一个不断生长的动态发展过程，采用两条轴线作为空间发展的导向。一条轴线沿山脊连接南北，所形成的条状空间作为教学楼之间的共享大厅，衔接周围的教学用房；另一条轴线利用垂直于等高线的步行走廊，沿东西向逐层而下连接教学主楼和游泳馆、体育场。通过两条轴线的发展，显示出布局的灵活性及时代特征。根据地形条件呈现不对称的特征，沿着两条轴线发展的布局既与山地这种地理环境的特点相协调，又符合学校的发展条件。学校的建设分为三个阶段，建筑物都是沿着这两条轴线逐渐扩展，体现出了山地校园可弹性发展的空间特征。这也正是“因地制宜、灵活布局”的体现，在空间发展形态上属于顺坡分台型。

香港科技大学的总体布局是既集中又分散。学生及教师宿舍等其他配套建筑物散布在校园各处，这种随机而具有层次的布置方式既适应了山地地形特征，又增加了土地的利用率，合理利用山地脉络解决了建筑的功能与地形之间的矛盾，体现了强烈的山地特色。

## 三、校园的建筑形态

香港科技大学在建筑设计时，建筑师希望将校园建筑“与大自然和谐共处，而大自然成为它的装饰”，建筑形态的设计考虑山体的形态结构，与山地形态构成共同的整体。

香港科技大学的校园建筑结合山地形态逐层而上，与地形形成和谐统一的整体，体现了“共构型”山地建筑形态特色。校园建筑基本有六层，沿着山地地形走势，利用高差处理成掉层的形式，合理地利用山地空间，使局部建筑高度达十余层。从海边远望整个校园，建筑群沿山脊展开，层层而上的建筑形态与山地地形相互依靠、相互衬托，形成层次分明的山地环境新景观，校园建筑与山地形态形成了完美的共构。

## 四、校园的交通组织

香港科技大学的路网设计紧紧把握了山地地形的特征，其交通流线采取立体动态的组织方式。车行道沿着曲折的山势蜿蜒而上，减小与等高线的夹角，形成环状道路和尽端支状道路，将各个空间和建筑有效通达地联系起来。以步行长廊为主的步行道路系统，与等高线垂直架空，在步行长廊中利用垂直电梯组织上下交通，形成步行系统的动力化，可以使师生等使用者可以快速地到达山地各层面。步行空间与车行空间的立体交叉，完全实现了人车的分流。

步行廊道是香港科技大学步行系统的主要形式，步行廊道将校园内的各个功能空间联系起来，其中有四条主要廊道：第一条廊道连接主入口和教学主楼；第二条廊道连接体育活动区；第三条廊道从学生生活区连通到教学楼区；第四条连接着服务设施区。师生们在步行廊道内活动，既避免了日晒雨淋，又增进了交往，还可以观看美丽的风景。这几条步行廊既是山地校园步行空间的多样化体现，又是步行系统与交往空间形成的完全共生，步行廊顺应山势成为香港科技大学的一大特色。

## 五、校园的景观

蜿蜒起伏的山脉、秀美的山坡与台地、蔚蓝的大海、郁郁葱葱的树木为香港科技大学的校园提供了秀丽的自然景观。香港科技大学将美丽的山地环境与校园建筑融为一个整体，使这美丽的自然条件充分得到利用。浅灰色的建筑成为山地自然环境的美丽图案，形成了良好的图底关系；远处蔚蓝的海面和绿色的球场，红色的跑道色彩明快，成为校园的海岸风景；教学主楼的景观视域极其开阔，联系着体育设施的步行长廊在联系着校园建筑的同时，也成为校园的景观长廊。站在步行长廊最顶端，可以看到远处开阔的海面和操场，顺廊而下两边的山地自然景观也在随着脚步变化，人在观景的同时也成为景观的一部分。下到运动场上，远处海上的帆船也成为校园景观的一部分，大海似乎也是校园的一部分。隔海远眺香港科技大学，校园建筑的轮廓与蜿蜒起伏的山体共同构筑了富有节奏的天际线，校园、山地和大海共同构成了一幅美丽的风景。

## 六、校园的风貌

依山就势的校园，建筑起伏错落，利用基地的坡地与台地形成了曲折多变的外部空间形态。利用校园建筑围合成一个扇形广场，广场呈下沉式，与广场上点缀着的绿化和雕塑，形成丰富的空间层次；通过下沉广场进入面向海面的中庭，作为聚集的场所具有开敞通透的空间、开放的视野，将远处的海景收到建筑中来。山坡的公寓建筑则采用高层的设计形式。从海面上望去，整个校园沿山脊展开，层层而上建筑布局与山地形态相互衬托，形成了依山而建、层次分明的校园。完全共生的交往空间与步行空间，将校园内部各个小的庭院空间有序地串联起来。师生在步行廊沿着山势爬行时，不仅可以遮挡日晒和风雨，增添交往机会，同时还可以观赏秀丽的风景。

## 七、校园总结

香港科技大学作为新建立的校园，所具有的现代的建筑风格，简洁的几何造型，与香港的城市大环境相统一，用最简单的校园设计方法表达了自己的地域特色。根据山势形态巧妙地利用了步行廊道进行连接，山地校园建筑的高差问题和校园的功能问题得到很好的解决。人在廊道行走，视角产生俯视、平视、仰视的不同交替变化，形成山地校园特有的视觉立体效果。运动场设置在最平整土地上，合理地利用了土地资源，减少了土方量，也保护了自然环境。运动场地与海面的结合营造了良好的校园滨水景观，宽阔的海面扩大了校园视觉空间，水体与运动场地的结合使人们产生出美妙的运动感受，同时湿润的海风又改善了校园运动区的小气候环境。

# 参考文献


[1] 张玉钧．设计结合自然，让民众在游玩中受到教育 [N]. 中国绿色时报，2013-09-17（A04）.

[2] 李聚刚．孔孟生态伦理思想探析 [J]. 廊坊师范学院学报（社会科学版），2013，29（3）：81-85.

[3] 陈烈荣．“美丽中国”视域下的大学生思想政治教育 [J]. 思想教育研究，2013（1）：36-38.

[4] 张海涛．宋庄的生态艺术与艺术生态的焦虑 [J]. 美术文献，2012（3）：12-17.

[5] 丛玮．论生态电影之和谐重生美学精神 [D]. 南京：南京师范大学，2012.

[6] 郭继民．先秦儒家生态思想探微——以孔、孟、荀为例 [J]. 华南理工大学学报（社会科学版），2011，13（5）：73-79，87.

[7] 王万发．《林泉高致》的“和谐”之美探析 [J]. 艺术探索，2011，25（1）：13-14.

[8] 魏玉东．孟子的生态和谐意识及其历史启示 [J]. 沈阳师范大学学报（社会科学版），2010，34（5）：125-126.

[9] 张志刚．共建和谐世界的中国文化资源——我国前辈学者探索成果评述 [J]. 北京大学学报（哲学社会科学版），2010，47（1）：67-75.

[10] 王万发．从《画山水序》看中国山水画的生态审美观 [J]. 铜仁学院学报，2008（5）：96-98，101.

[11] 董西彩．简论佛教生态观中的和谐思想 [J]. 传承，2007（5）：62-63.

[12] 刘成纪．重新认识中国当代美学中的自然美问题 [J]. 郑州大学学报（哲学社会科学版），2006（5）：121-127.

[13] 王茜．现代艺术的生态审美批判 [J]. 云南大学学报（社会科学版），2006（4）：53-59，93，95.

[14] 欧宗启，庄小彤．论自然美与自然生态美 [J]. 广西社会科学，2006（2）：133-136.

[15] 蔡述明．人与自然和谐相处是社会可持续发展的核心——“构建社会主义和谐社会”学习心得 [J]. 世纪行，2005（9）：6-9.

[16] 白奚 . 儒家的人类中心论及其生态学意义——兼与西方人类中心论比较 [J]. 中国哲学史，2004（2）：22-28.

[17] 白奚 . 仁爱观念与生态伦理 [J]. 首都师范大学学报（社会科学版），2002（1）：98-102.

[18] 龙延 . 儒家中庸思想与佛教中道观 [J]. 南通师范学院学报（哲学社会科学版），2001（3）：7-11.

[19] Yahner T，Korostoff N，Johnson T，et al. Cultural landscapes and landscape ecology in contemporary greenway planning，design and management：a case study [J]. Landscape and Urban Planning，1995，33(1):295-316.

[20] 刘家明，季任钧 . 旅游度假区开发的选址研究 [J]. 人文地理，2001（5）：49-52，71.

[21] 黄光宇 . 山地城市空间结构的生态学思考 [J]. 城市规划，2005（01）：57-63.

[22] 宋佳颖 . 带中庭的大学教学楼 [D]. 上海：同济大学，2008.

[23] 赵万民 . 山地大学校园规划理论与方法 [M]. 武汉：华中科技大学出版社，2007.

[24] 谢晓璐 . 大学建筑入口空间形态解析——以同济大学为例 [D]. 上海：同济大学，2008.

[25] 郭红雨 . 山地建筑意义的探寻 [J]. 华中建筑，2000（3）：28-29.

[26] 陈瑞芳，陈刚，谭志云，张笑 . 基于GIS的江苏省公共文化服务供给新模式研究 [J]. 现代城市研究，2016（6）：106-113.

[27] 张金海，王湘安，王亨，单玉坤，魏强，刘燕茹，孟范辉 . 河北联合大学图书馆主楼结构设计 [J]. 建筑结构，2016，46（3）：70-75.

[28] 周恺，吕俊杰 . “以学生为本”的新型图书馆——天津大学新校区图书馆 [J]. 建筑学报，2016（10）：44-45.

[29] 李俊霞 . 建筑的比例和尺度 [D]. 南京：东南大学，2004.

[30] 于培杰 . 造型艺术节奏论略 [J]. 昌潍师专学报，2001（1）：107-115.

[31] 戴志中 . 现代山地建筑接地诠释 [J]. 城市建筑，2006（8）：20-24.

[32] 曾永生 . 山地住宅将成为中国人居发展的主流 [J]. 今日国土，2004（4）：40-44.

[33] 陈志尚，路日亮 . 生态伦理学的价值取向 [J]. 北京交通大学学报（社会科学版），2010，9（4）：73-77.

[34] 王茜 . 现代艺术的生态审美批判 [J]. 云南大学学报（社会科学版），2006（4）：53-59，93，95.

[35] 曲宾，刘波．对山地环境中建筑设计的研究 [J]. 黑龙江科技信息，2009（24）：343.
[36] 郑小东．建构语境下当代中国建筑中传统材料的使用策略研究 [D]. 北京：清华大学，2012.
[37] 布朗，德凯．太阳辐射·风·自然光：建筑设计策略 [M]. 常志刚，刘毅军，朱宏涛，译．北京：中国建筑工业出版社，2008.
[38] 中国科学院水利部成都山地灾害与环境研究所．山地学概论与中国山地研究 [M]. 成都：四川科学技术出版社，2000.
[39] 马库斯，弗朗西斯．人性场所——城市开放空间设计导则 [M]. 俞孔坚，王志芳，孙鹏，等译．北京：中国建筑工业出版社，2001.
[40] 王琰．普通高校整体化教学楼群优化设计策略研究 [M]. 上海：同济大学出版社，2012.
[41] 宋泽方，周逸湖．大学校园规划与建筑设计 [M]. 北京：中国建筑工业出版社，2006.
[42] 纽曼．学院与大学建筑 [M]. 薛力，孙世界，译．北京：中国建筑工业出版社，2007.
[43] 林奇．城市意象 [M]. 方益萍，何晓军，译．北京：华夏出版社，2001.
[44] 哈姆林．建筑形式美的原则 [M]. 邹德侬译．北京：中国建筑工业出版社，1982.
[45] 陈镌，莫天伟．建筑细部设计 [M]. 上海：同济大学出版社，2008.
[46] 梁思成．凝动的音乐 [M]. 天津：百花文艺出版社，2006.
[47] 张建涛，刘文佳．现代建筑的地域性表达——日本关西地区安藤忠雄建筑作品解读 [M]. 北京：中国水利水电出版社，2010.
[48] 宗轩．图说山地建筑设计 [M]. 上海：同济大学出版社，2013.
[49] 张国强，徐峰，周晋，等．可持续建筑技术 [M]. 北京：中国建筑工业出版社，2009.
[50] 邹经宇，许溶烈，金德钧．第五届中国城市住宅研讨会论文集——城市化进程中的人居环境和住宅建设：可持续发展和建筑节能 [M]. 北京：中国建筑工业出版社，2005.
[51] 谷衍奎．汉字源流字典 [M]. 北京：语文出版社，2008.
[52] 麦克哈格．设计结合自然 [M]. 黄经纬，译．天津：天津大学出版社，2006.
[53] 瑟尔沃．增长与发展（第 6 版）[M]. 郭熙保，译．北京：中国财政经济出版社，2001.

[54] 单军. 建筑与城市的地区性——一种人居环境理念的地区建筑学研究 [M]. 北京: 中国建筑工业出版社，2010.

[55] 庄子. 庄子（双色插图版）[M]. 北京：中国致公出版社，2003.

[56] 老子. 道德经 [M]. 北京：中国社会出版社，1999.

[57] 普济. 五灯会元 [M]. 北京：中华书局，1984.

[58] 刘晓陶. 生态设计 [M]. 济南：山东美术出版社，2006.

[59] 徐肇忠. 城市环境规划 [M]. 武汉：武汉大学出版社，2004.

[60] 赵世伟. 园林工程景观设计——植物配置与栽培应用大全 [M]. 中国农业科技出版社，2000.

[61] Sim Van der Ryn, Stuart Cowan. Ecological Design[M]. Washington D.C.: Island Press, 1996: 5-15.